中国高等职业技术教育研究会推荐

高职高专系列规划教材

数控加工与编程

（第三版）

詹华西　主　编

李艳华　黄堂芳　副主编

西安电子科技大学出版社

内容简介

本书是根据中国高等职业技术教育研究会与西安电子科技大学出版社合作成立的"高职高专机电类专业教材编审委员会"审定的教材编写大纲组织编写的。

全书共分六章,内容包括:数控加工实用基础、数控车床的操作与编程、数控铣床的操作与编程、加工中心的操作与编程、宏编程技术及其应用、微机自动编程与应用。

本书可用作高职高专院校数控、模具、机电等专业数控加工课程的教材,也可作为数控加工技术职业鉴定的培训教材,同时可供一般工程技术人员参考。

图书在版编目(CIP)数据

数控加工与编程 / 詹华西主编. —3 版. —西安:西安电子科技大学出版社,2014.1(2020.4 重印)
高职高专系列规划教材
ISBN 978–7–5606–3253–7

Ⅰ. ① 数… Ⅱ. ① 詹… Ⅲ. ① 数控机床—程序设计—高等职业教育—教材 Ⅳ. ① TG659

中国版本图书馆 CIP 数据核字(2014)第 004979 号

策划编辑 云立实
责任编辑 云立实
出版发行 西安电子科技大学出版社(西安市太白南路 2 号)
电 话 (029)88242885 88201467 邮 编 710071
网 址 www.xduph.com 电子邮箱 xdupfxb001@163.com
经 销 新华书店
印刷单位 咸阳华盛印务有限责任公司
版 次 2014 年 1 月第 3 版 2020 年 4 月第 16 次印刷
开 本 787 毫米×1092 毫米 1/16 印 张 19
字 数 444 千字
印 数 65 001~67 000 册
定 价 38.00 元

ISBN 978-7-5606-3253-7/TG

XDUP 3545003–16

*** 如有印装问题可调换 ***

本社图书封面为激光防伪覆膜,谨防盗版。

前　言

本书是根据中国高等职业技术教育研究会与西安电子科技大学出版社合作成立的"高职高专机电类专业教材编审委员会"审定的教材编写大纲组织编写的。

本书于 2004 年 1 月推出第一版，2007 年 7 月推出修订后的第二版。该书出版以来一直深受广大读者的欢迎，对于读者的支持，编者在此深表感谢。

由于数控加工技术的发展，需要不断地对知识和技能进行更新，编者在第二版的基础上进行了本次修订。本书面向机电类相关专业，以了解和掌握数控加工综合技术为宗旨，修订后的第三版保持了已有版本对知识内容编排的特色，在章节结构上并未做较大调整，主要从以下几方面进行了修改和补充：

(1) 就每章中相关知识内容进行了适当的更新，对已有编程指令功能的用法进行了完善，并介绍了相关数控系统的部分新增功能。

(2) 在手工及自动编程方面对多轴加工技术进行了拓展，增加了部分五轴加工的编程应用知识。

(3) 对自动编程章节进行了较大的更新，将 Master CAM V9 版相关知识更新到了X3 版。

希望修订后的第三版会更加符合读者的需要。

参加本书编写的有：黄堂芳(第 1 章)、江洁(第 2 章)、王军(第 3 章)、詹华西(第 4、5 章及附录)、李艳华(第 6 章)。全书由詹华西任主编并负责统稿，李艳华、黄堂芳任副主编。

限于编者的水平和经验，书中难免存在一些不足或错误，恳请读者批评指正。

编　者

2013 年 8 月

第 一 版 前 言

　　本书是根据中国高职研究会与西安电子科技大学出版社合作成立的"高职高专机电类专业教材编审委员会"审定的教材编写大纲组织编写的。它既可作为高职高专教材，也可作为数控加工技术职业鉴定的培训教材，同时可供一般工程技术人员参考。

　　本书从了解数控加工实用基础知识入手，分别就数控车床、数控铣床、加工中心和数控线切割机床等的操作与编程等具体实用性技术进行了介绍，最后还介绍了微机自动编程软件在数控加工方面的具体应用。书中所有编程实例都经作者上机调试通过。各章均附有思考与练习题，供教学参考。

　　参加本书编写的有：黄堂芳(第 1 章)、王青云(第 2 章)、马保振(第 3 章)、詹华西(第 4 章，第 5 章，第 6 章 8、9 节)、叶正环(第 6 章 1～7 节)。全书由詹华西统稿主编，马保振、黄堂芳担任副主编。

　　本书由宋文学主审。

　　限于编者的水平和经验，书中难免存在一些错误，恳请读者批评指正。

编　者

2003 年 8 月

第二版前言

本书是根据中国高等职业技术教育研究会与西安电子科技大学出版社合作成立的"高职高专机电类专业教材编审委员会"审定的教材编写大纲组织编写的。

本书第一版于 2004 年 1 月出版。该书是编者依据多年课程教学经验，按照当时各学校所具有的教学设施条件编写的，出版后深受广大读者的欢迎。对于广大读者的支持，编者在此表示衷心的感谢。

随着数控技术的快速发展以及数控系统的升级换代，基于知识同步更新的需要，在广大读者的敦促下，编者对第一版进行了修订。修订后的第二版保持了第一版的写作风格和特点，并在以下几方面作了较大的修改和补充：

(1) 有关数控车、铣的章节采用华中世纪星系统更替了原华中—1 型的相关内容。

(2) 有关加工中心的章节仍以介绍 FANUC 系统为主，增加了图标式面板操作使用的内容，并就立、卧式四轴数控加工技术做了一定的介绍。

(3) 本书新增一章"宏编程技术及其应用"，介绍了宏编程技术规则及其在数控车、铣加工中的应用，对提高读者手工编程的能力具有一定的帮助。并且编者基于自身的探索经验，特别介绍了宏指令扩展的二次开发技术。

(4) 考虑到线切割加工的特殊性，很多学校将其纳入到其他课程的教学内容中，因此，本书删去了"数控线切割机床的操作与编程"这一章及其相关内容。

相信修订后的第二版会更加符合读者的需要。

本书从了解数控加工实用基础知识入手，分别就数控车床、数控铣床、加工中心等的操作与编程、宏编程和微机自动编程技术的应用进行了介绍。书中所有编程实例都经作者上机调试通过。各章均附有思考与练习题，供学习参考。

参加本书编写的有：黄堂芳(第 1 章)、江洁(第 2 章)、王军(第 3 章)、詹华西(第 4、5 章和附录)、叶正环(第 6 章)。全书由詹华西任主编并负责统稿，王军、黄堂芳任副主编。

限于编者的水平和经验，书中难免存在一些不足或错误，恳请读者批评指正。

编 者

2007 年 3 月

目　　录

第1章　数控加工实用基础 1

1.1　数控加工概述 1

1.1.1　数控加工原理和特点 1

1.1.2　数控加工常用术语 2

1.1.3　数控加工技术的发展 4

1.2　数控系统控制原理 6

1.2.1　CNC硬件组成与控制原理 6

1.2.2　CNC系统的软件结构 8

1.2.3　插补原理 9

1.2.4　典型数控系统 11

1.3　数控机床及其坐标系统 13

1.3.1　数控机床及其分类 13

1.3.2　数控机床的进给伺服系统 15

1.3.3　数控机床的主轴驱动 16

1.3.4　数控机床的坐标轴与运动方向 18

1.3.5　机床原点、参考点和工件原点 20

1.3.6　绝对坐标编程和相对坐标编程 21

1.4　数控编程基础 22

1.4.1　数控加工程序的格式 22

1.4.2　程序编制的过程及方法 24

1.4.3　程序传送的载体 24

1.5　数控加工的工艺处理 26

1.5.1　数控加工零件及加工方法的选定 26

1.5.2　加工工序的划分 27

1.5.3　工件的安装与夹具的选择 28

1.5.4　对刀点与换刀点的确定 29

1.5.5　加工路线的确定 30

1.5.6　刀具与切削用量的选择 33

1.6　数控加工的工艺指令和工艺文件 37

1.6.1　程序中常用的工艺指令 37

1.6.2　数控加工的工艺文件 38

思考与练习题 41

第 2 章 数控车床的操作与编程 43

2.1 数控车床及其组成 43

    2.1.1 数控车床的类型及基本组成 43

    2.1.2 数控车床的传动及速度控制 44

    2.1.3 数控车床的控制面板及其功能 46

    2.1.4 控制软件界面和菜单结构 46

2.2 数控车床的位置调整与坐标系的设定 47

    2.2.1 手动位置调整及 MDI 操作 47

    2.2.2 数控车床坐标系统的设定 50

    2.2.3 刀具装夹与对刀调整 54

2.3 基本编程指令与程序调试 56

    2.3.1 程序中用到的各功能字 56

    2.3.2 车床的编程方式 57

    2.3.3 基本编程指令 58

    2.3.4 编程实例 60

    2.3.5 程序输入及上机调试 61

2.4 车削循环程序编写与调试 62

    2.4.1 简单车削循环 63

    2.4.2 粗车复合循环程序 65

    2.4.3 上机编程实例 67

2.5 螺纹车削程序的编写与调试 69

    2.5.1 基本螺纹车削指令 G32 69

    2.5.2 螺纹车削的简单固定循环 G82 73

    2.5.3 车螺纹复合循环 G76 74

    2.5.4 标准管螺纹及其加工编程 75

    2.5.5 程序调试说明 76

2.6 刀具补偿与换刀程序的处理 77

    2.6.1 刀具的几何补偿和磨损补偿 77

    2.6.2 刀尖半径补偿 78

    2.6.3 多把刀具的对刀 82

    2.6.4 换刀程序的编写与上机调试 83

2.7 综合车削技术 86

    2.7.1 子程序调用 86

    2.7.2 程序的单段、跳段和空运行 87

    2.7.3 切槽和钻孔的处理 87

    2.7.4 综合加工应用实例 89

思考与练习题 94

第 3 章　数控铣床的操作与编程 97

3.1　数控铣床及其组成 97
3.1.1　数控铣床的类型及基本组成 97
3.1.2　数控铣床的传动及速度控制 98
3.1.3　操作面板及其基本控制功能 100
3.1.4　控制软件界面与菜单结构 102

3.2　对刀调整及坐标系设定 102
3.2.1　数控铣床的位置调整 103
3.2.2　机床坐标系统的设定 104
3.2.3　钻铣用刀具及对刀 106

3.3　基本功能指令与程序调试 111
3.3.1　程序中用到的各功能字 111
3.3.2　直线和圆弧插补指令 112
3.3.3　其他常用指令 114
3.3.4　编程实例与上机调试 116

3.4　刀具补偿及程序调试 121
3.4.1　刀具半径补偿 121
3.4.2　刀具长度补偿 125
3.4.3　刀具数据库的设置 127
3.4.4　刀补程序的编写与上机调试 128

3.5　综合铣削加工技术 130
3.5.1　子程序及其调用 130
3.5.2　缩放、镜像和旋转程序指令 132
3.5.3　综合加工应用实例 134
3.5.4　加工进程控制 137

思考与练习题 138

第 4 章　加工中心的操作与编程 142

4.1　数控加工中心及其组成 142
4.1.1　加工中心的类型及其组成 142
4.1.2　加工中心的自动换刀装置 144
4.1.3　机床技术规格及其功能 148

4.2　机床控制面板及其操作 149
4.2.1　数控操作面板 149
4.2.2　手动操作面板 150
4.2.3　基本操作方法 152

4.3　加工中心的工艺准备 154
4.3.1　加工中心的工艺特点 154

    4.3.2   刀具及刀库数据设置 155

    4.3.3   机床及工件的坐标系统 157

  4.4 加工中心编程与上机调试 158

    4.4.1   基本程序指令 158

    4.4.2   自动换刀程序的编写 163

    4.4.3   程序输入与上机调试 166

    4.4.4   加工中心的编程与调试要点 168

  4.5 钻、镗固定循环及程序调试 169

    4.5.1   钻、镗固定循环的实现 169

    4.5.2   点位加工编程实例与调试 173

  4.6 多轴数控加工技术 174

    4.6.1   多轴加工机床及其特点 174

    4.6.2   四轴数控加工的编程 177

    4.6.3   五轴加工的编程 180

    4.6.4   四轴加工中心的操作 183

  思考与练习题 185

第5章　宏编程技术及其应用 188

  5.1 宏编程技术规则 188

    5.1.1   宏编程的概念 188

    5.1.2   宏编程的技术规则 188

    5.1.3   宏编程的数学基础 190

  5.2 车削宏编程技术及其应用 193

    5.2.1   车削加工的宏编程技术 193

    5.2.2   车削宏编程的基本示例 193

    5.2.3   宏编程的子程序调用及传值 196

    5.2.4   弧面螺旋线加工的宏编程应用 198

  5.3 铣削宏编程技术及其应用 200

    5.3.1   铣削加工的宏编程技术 200

    5.3.2   铣削加工动态刀补的实现 200

    5.3.3   均布孔加工的宏编程实例 203

    5.3.4   空间轨迹的宏编程加工 206

  5.4 系统编程指令功能扩展的宏实现 208

    5.4.1   编程指令功能扩展的对象 208

    5.4.2   扩展编程的技术基础 210

    5.4.3   编程指令功能扩展示例 212

    5.4.4   刀具寿命管理的宏应用 221

  思考与练习题 223

第 6 章　微机自动编程与应用 225

 6.1　自动编程概述 225

  6.1.1　自动编程原理及类型 225

  6.1.2　Master CAM 软件系统概述 226

 6.2　零件基本几何图形的绘制 229

  6.2.1　基本线圆定义 229

  6.2.2　图形修整与变换 233

 6.3　空间立体图形的绘制 236

  6.3.1　构图平面与工作深度 236

  6.3.2　3D 线架结构和曲面模型 237

  6.3.3　实体模型 241

 6.4　CAM 基础 241

  6.4.1　刀具平面及工作坐标系的设定 241

  6.4.2　共同的刀具参数设置 242

 6.5　2D 刀 路 定 义 244

  6.5.1　外形铣削 244

  6.5.2　挖槽加工 246

  6.5.3　钻孔加工 248

  6.5.4　铣平面 249

  6.5.5　2D 加工实例 249

 6.6　3D 曲面加工刀路 252

  6.6.1　基本概念 252

  6.6.2　曲面粗加工 253

  6.6.3　曲面精加工 255

  6.6.4　线框模型和实体模型刀路 257

 6.7　多轴加工刀路 257

  6.7.1　四轴加工刀路 257

  6.7.2　五轴加工刀路 259

 6.8　后置处理 260

  6.8.1　刀路加工的仿真检查 260

  6.8.2　刀具路径的编辑(Edit NCI) 263

  6.8.3　工件材质设定(Material) 264

  6.8.4　后置处理(Post Proc) 265

  6.8.5　数据传送与 DNC 加工 266

 6.9　车削自动编程系统简介 268

  6.9.1　车削零件图形的生成 268

  6.9.2　车削刀路的定义 269

  6.9.3　车削程序的生成 273

 思考与练习题 273

附录 A　数控操作工职业资格鉴定要求 277

附录 B　HNC-22T/M 控制软件菜单 290

附录 C　TSG 工具系统 291

参考文献 292

第1章 数控加工实用基础

1.1 数控加工概述

1.1.1 数控加工原理和特点

1. 数控加工原理

当我们使用机床加工零件时，通常都需要对机床的各种动作进行控制，一是控制动作的先后次序，二是控制机床各运动部件的位移量。采用普通机床加工时，开车、停车、走刀、换向、主轴变速、开/关切削液等操作都是由人工直接控制的；采用自动机床和仿形机床加工时，上述操作和运动参数则是通过设计好的凸轮、靠模、挡块等装置以模拟量的形式来控制的，它们虽能加工比较复杂的零件，且有一定的灵活性和通用性，但是零件的加工精度受凸轮、靠模制造精度的影响，而且工序准备时间也很长。

采用数控机床加工零件时，只需要将零件图形和工艺参数、加工步骤等以数字信息的形式，编成程序代码输入到机床控制系统中，再由其进行运算处理后转成驱动伺服机构的指令信号，从而控制机床各部件协调动作，自动地加工出零件来。当更换加工对象时，只需要重新编写程序代码，输入给机床，即可由数控装置代替人的大脑和双手的大部分功能，控制加工的全过程，制造出任意复杂的零件。数控加工的原理如图 1-1 所示。

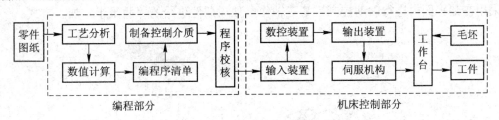

图 1-1 数控加工原理框图

由图 1-1 可以看出，数控加工过程总体上可分为数控程序编制和机床加工控制两大部分。

数控机床的控制系统一般都能按照数字程序指令控制机床实现主轴自动启停、换向和变速，能自动控制进给速度、方向、加工路线进行加工，能选择刀具并根据刀具尺寸调整吃刀量及行走轨迹，能完成加工中所需要的各种辅助动作。

2. 数控加工的特点

总的来说，数控加工有如下特点：

(1) 自动化程度高，具有很高的生产效率。除手工装夹毛坯外，其余全部加工过程都可由数控机床自动完成。若配合自动装卸手段，则是无人控制工厂的基本组成环节。采用数控加工减轻了操作者的劳动强度，改善了劳动条件；省去了划线、多次装夹定位、检测等工序及其辅助操作，有效地提高了生产效率。

(2) 对加工对象的适应性强。改变加工对象时，除了更换刀具和解决毛坯装夹方式外，只需重新编程即可，不需要作其他任何复杂的调整，从而缩短了生产准备周期。

(3) 加工精度高，质量稳定。加工尺寸精度在 0.005～0.01 mm 之间，不受零件复杂程度的影响。由于大部分操作都由机器自动完成，因而消除了人为误差，提高了批量零件尺寸的一致性，同时精密控制的机床上还采用了位置检测装置，更加提高了数控加工的精度。

(4) 易于建立与计算机间的通信联络，容易实现群控。机床采用数字信息控制，易于与计算机辅助设计系统连接，形成 CAD/CAM 一体化系统，并且可以建立各机床间的联系，容易实现群控。

1.1.2　数控加工常用术语

1. 坐标联动加工

数控机床加工时的横向、纵向等进给量都是以坐标数据来进行控制的。像数控车床、数控线切割机床等是属于两坐标控制的，数控铣床则是三坐标控制的(如图 1-2 所示)，还有四坐标轴、五坐标轴甚至更多的坐标轴控制的加工中心等。坐标联动加工是指数控机床的几个坐标轴能够同时进行移动，从而获得平面直线、平面圆弧、空间直线、空间螺旋线等复杂加工轨迹的能力(如图 1-3 所示)。当然也有一些早期的数控机床尽管具有三个坐标轴，但能够同时进行联动控制的可能只是其中两个坐标轴，那就属于两坐标联动的三坐标机床。像这类机床就不能获得空间直线、空间螺旋线等复杂加工轨迹。要想加工复杂的曲面，只能采用在某平面内进行联动控制，第三轴作单独周期性进给的"两维半"加工方式。

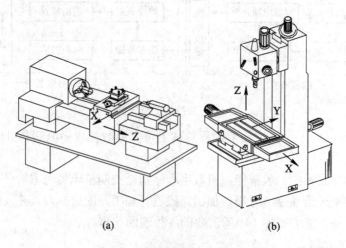

(a)　　　　　　　　　　　　　(b)

图 1-2　数控机床的控制坐标数

(a) 两坐标数控车床；(b) 三坐标数控铣床

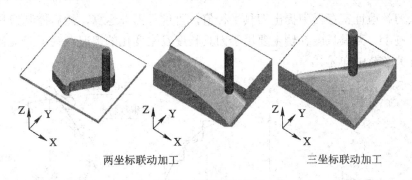

两坐标联动加工　　　　　　　三坐标联动加工

图 1-3　坐标联动加工

2．脉冲当量与速度修调

数控机床各轴采用步进电机、伺服电机或直线电机驱动，是用数字脉冲信号进行控制的。每发送一个脉冲，电机就转过一个特定的角度，通过传动系统或直接带动丝杠，从而驱动与螺母副连结的工作台移动一个微小的距离。单位脉冲作用下工作台移动的距离就称之为脉冲当量。手动操作时数控坐标轴的移动通常采用按键触发或采用手摇脉冲发生器(手轮方式)产生脉冲，采用倍频技术可以使触发一次的移动量分别为 0.001 mm、0.01 mm、0.1 mm、1 mm 等，相当于触发一次分别产生 1、10、100、1000 个脉冲。

进给速度是指单位时间内坐标轴移动的距离，也就是切削加工时刀具相对于工件的移动速度。如某步进电机驱动的数控轴，其脉冲当量为 0.002 mm，若数控装置在 0.5 分钟内发送出 20000 个进给指令脉冲，那么其进给速度应为：20000 × 0.002/0.5 = 80 mm/min。加工时的进给速度由程序代码中的 F 指令控制，但实际进给速度还是可以根据需要作适当调整的，这就是进给速度修调。修调是按倍率来进行计算的，如程序中指令为 F80，修调倍率调在 80%挡上，则实际进给速度为 80 × 80% = 64 mm/min。同样地，有些数控机床的主轴转速也可以根据需要进行调整，那就是主轴转速修调。

3．插补与刀补

数控加工直线或圆弧轨迹时，程序中只提供线段的两端点坐标等基本数据。为了控制刀具相对于工件走在这些轨迹上，就必须在组成轨迹的直线段或曲线段的起点和终点之间，按一定的算法进行数据点的密化工作，以填补确定一些中间点，如图 1-4(a)、(b)所示，各轴就以趋近这些点为目标实施配合移动，这就称之为"插补"。这种计算插补点的运算称为插补运算。早期 NC 硬线数控机床的数控装置中采用专门的逻辑电路器件进行插补运算，称之为插补器。现代 CNC 软线数控机床的数控装置中则是通过软件来实现插补运算的。现代数控机床大多都具有直线插补和平面圆弧插补的功能，有的机床还具有一些非圆曲线的插补功能。插补加工原理见本章 1.2 节。

刀补是指数控加工中的刀具半径补偿和刀具长度补偿功能。具有刀具半径补偿功能的机床数控装置能使刀具中心自动地相对于零件实际轮廓向外或向内偏离一个指定的刀具半径值，并使刀具中心在这偏离后的补偿轨迹上运动，刀具刃口正好切出所需的轮廓形状，如图 1-4(c)所示。编程时直接按照零件图纸的实际轮廓大小编写，再添加上刀补指令代码，然后在机床刀具补偿寄存器对应的地址中输入刀具半径值即可。加工时由数控机床的数控装置临时从刀补地址寄存器中提出刀具半径值，再进行刀补运算，然后控制刀具中心走在补偿后的轨迹上。刀具长度补偿主要用于刀具长度发生变化的情况。关于刀具补偿的用法将在以后有关章节中详述。

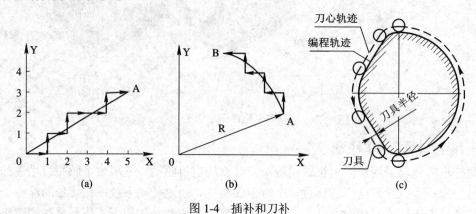

图 1-4　插补和刀补

(a) 直线插补；(b) 圆弧插补；(c) 刀具半径补偿

1.1.3　数控加工技术的发展

1. 数控加工技术的发展历程

1949 年美国 Parson 公司与麻省理工学院开始合作，历时三年于 1952 年研制出能进行三轴控制的数控铣床样机，取名"Numerical Control"。

1953 年麻省理工学院开发出只需确定零件轮廓、指定切削路线，即可生成 NC 程序的自动编程语言。

1956 年德、日、苏等国分别研制出本国第一台数控机床。

1959 年美国 Kearney&Trecker 公司开发成功了带刀库、能自动进行刀具交换，一次装夹中即能进行铣、钻、镗、攻丝等多种加工功能的数控机床，这就是数控机床的新种类——加工中心。

1968 年英国首次将多台数控机床、无人化搬运小车及自动仓库在计算机控制下连接成自动加工系统，这就是柔性制造系统(FMS)。

1974 年微处理器开始用于机床的数控系统中，从此 CNC(计算机数控系统)软线数控技术随着计算机技术的发展得以快速发展。

1976 年美国 Lockhead 公司开始使用图像编程。利用 CAD(计算机辅助设计)绘出加工零件的模型，在显示器上"指点"被加工的部位，输入所需的工艺参数，即可由计算机自动计算刀具路径，模拟加工状态，获得 NC 程序。

DNC(直接数控)技术始于 20 世纪 60 年代末期，它使用一台通用计算机，直接控制和管理一群数控机床及数控加工中心，进行多品种、多工序的自动加工。DNC 群控技术是FMS(柔性制造技术)的基础，现代数控机床上的 DNC 接口就是机床数控装置与通用计算机之间进行数据传送及通信控制用的，也是数控机床之间实现通信用接口。随着 DNC 数控技术的发展，数控机床已成为无人控制工厂的基本组成单元。

1986 年以来 32 位 CPU 在 CNC 系统中得到了应用，CNC 系统进入了面向高速度、高精度、柔性制造系统(FMS)、计算机集成制造系统(CIMS)和自动化工厂(FA)的发展阶段。

20 世纪 90 年代，基于 PC-NC 的智能数控系统开始得到发展，它打破了原数控厂家各自为政的封闭式专用系统结构模式，提供开放式基础，使升级换代变得非常容易；充分利用现有 PC 机的软硬件资源，使远程控制、远程检测诊断能够得以实现。

我国虽然早在 1958 年由清华大学和北京第一机床厂合作研制了第一台数控铣床，但由于历史原因，一直没有取得实质性成果。20 世纪 70 年代初期，曾掀起研制数控机床的热潮，但当时是采用分立元件，性能不稳定，可靠性差。1980 年北京机床研究所引进日本 FANUC5、7、3、6 数控系统，上海机床研究所引进美国 GE 公司的 MTC-1 数控系统，辽宁精密仪器厂引进美国 Bendix 公司的 Dynapth LTD10 数控系统。在引进、消化、吸收国外先进技术的基础上，北京机床研究所开发出 BS03 经济型数控和 BS04 全功能数控系统，航天部 706 所研制出 MNC864 数控系统。"八五"期间国家又组织近百个单位进行以发展自主版权为目标的"数控技术攻关"，从而为数控技术产业化建立了基础。20 世纪 90 年代末，华中数控自主开发出基于 PC-NC 的 HCNC 数控系统，达到了国际先进水平，加大了我国数控机床在国际上的竞争力度。

近年来，我国的数控机床无论从产品种类、技术水平、质量和产量上都取得了很大的发展，在中高档数控机床的开发如五轴联动、复合加工、高速加工、超精加工和数字化设计等关键技术上取得了突破，自主开发了包括大型多轴联动数控机床、超精密数控机床和一些成套生产线。据统计，目前我国可供市场销售/应用的数控机床有 1500 种，几乎覆盖了整个金属切削机床的品种类别和主要的锻压机械；2009 年我国数控机床年产量达 15.3 万台，比 2001 年的 1.8 万台增长了 7 倍多；2002～2009 年，数控机床产量年均增长率高达 31.86%，国内数控机床已进入快速发展时期。

2．数控加工技术的发展方向

现代数控加工正在向高速化、高精度化、高柔性化、高一体化、网络化和智能化等方向发展。

1) 高速化

受高生产率的驱使，高速化已是现代机床技术发展的重要方向之一。高速切削可通过高速运算技术、快速插补运算技术、超高速通信技术和高速主轴技术等来实现。高主轴转速可减少切削力，减小切削深度，有利于克服机床振动，传入零件中的热量大大减低，排屑加快，热变形减小，加工精度和表面质量得到显著改善。因此，经高速加工的工件一般不需要精加工。日本新潟铁工所生产的 UHSIO 型超高速数控立式铣床主轴最高转速高达 100000 r/min。中等规格加工中心的快速进给速度从过去的 8～12 m/min 提高到 60 m/min。

2) 高精度化

高精度化一直是数控机床技术发展追求的目标。它包括机床制造的几何精度和机床使用的加工精度控制两方面。

提高机床的加工精度，一般是通过减少数控系统误差，提高数控机床基础大件结构特性和热稳定性，采取补偿技术和辅助措施来达到的。目前精整加工精度已提高到 0.1 μm，进入了亚微米级，不久超精度加工将进入纳米时代(加工精度达 0.01 μm)。

3) 高柔性化

柔性是指机床适应加工对象变化的能力。目前，在进一步提高单机柔性自动化加工的同时，正努力向单元柔性和系统柔性化发展。

数控系统在 21 世纪将具有最大限度的柔性，能实现多种用途。具体指具有开放性体系结构，通过重构、编辑，系统的组成视需要可大可小；功能可专用也可通用，功能价格比可调；可以集成用户的技术经验，形成专家系统。

4) 高一体化

CNC 系统与加工过程作为一个整体，实现机电光声综合控制；测量造型、加工一体化；加工、实时检测与修正一体化；机床主机设计与数控系统设计一体化。

5) 网络化

实现多种通信协议，既能满足单机需要，又能满足 FMS、CIMS 对基层设备的要求；配置网络接口，通过 Internet 可实现远程监视和控制加工，进行远程检测和诊断，使维修变得简单；建立分布式网络化制造系统，便于形成"全球制造"。

6) 智能化

21 世纪的 CNC 系统将是一个高度智能化的系统。具体指系统应在局部或全部实现加工过程的自适应、自诊断、自调整；多媒体人机接口使用户操作简单，智能编程使编程更加直观，可使用自然语言编程；加工数据的自生成及智能数据库；智能监控；采用专家系统以降低对操作者的要求等。

7) 绿色化

通过结构优化或采用新结构、新材料等，使得机床制造过程中能量消耗更低，材料更少，重量更轻；机床使用时驱动能量更小，效率更高；不用或少用冷却液，实现干切削、半干切削等节能环保的绿色加工制造方式。

1.2　数控系统控制原理

1.2.1　CNC 硬件组成与控制原理

CNC 即计算机数控系统(Computerized Numerical Control)的缩写，它是在硬线数控(NC)系统的基础上发展起来的，由一台计算机完成早期 NC 机床数控装置的所有功能，并用存储器实现了零件加工程序的存储。

图 1-5 为小型计算机 CNC 系统构成。数控系统的核心是计算机数字控制装置，即CNC 装置，其由硬件(数控系统本体器件)和软件(系统控制程序，如编译、中断、诊断、管理、刀补、插补等)组成。系统中的一种功能，可用硬件电路实现，也可用软件实现。新一代的 CNC 系统，大都是采用软件来实现数控系统的绝大部分功能。要增加或更新系统功能时，只需要更换控制软件即可，因此 CNC 系统较之 NC 系统具有更好的通用性和灵活性。

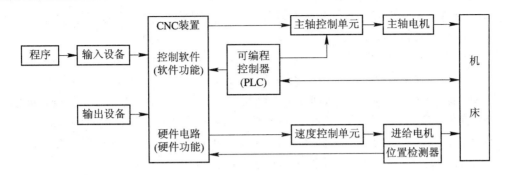

图 1-5　CNC 系统构成

图 1-6 为典型的微处理器数控系统框图。

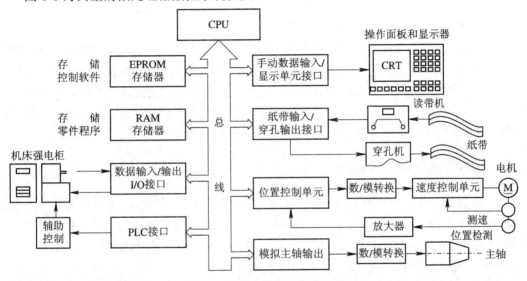

图 1-6　微处理器数控系统框图

其各组成部分功用如下所述：

(1) 微处理器 CPU 及其总线。它是 CNC 装置的核心，由运算器及控制器两大部分组成。运算器负责数据运算；而控制器则是将存储器中的程序指令进行译码并向 CNC 装置的各部分发出执行操作的控制信号，且根据所接收的反馈信息决定下一步的命令操作。总线则是由物理导线构成的，分成数据线、地址线、控制线三组。

(2) 存储器。它用以存放 CNC 装置的数据、参数和程序，包括存放系统控制软件的只读存储器(EPROM)、存放中间运算结果的随机读写存储器(RAM)、存放零件加工程序信息的磁泡存储器或带后备电池的 CMOS RAM。

(3) MDI/CRT 接口。MDI 即手动数据输入单元，CRT 为显示器。由数控操作面板上的键盘输入、修改数控程序及设定加工数据，同时通过 CRT 显示出来。CRT 常用于显示字符或图形信息。

(4) 输入装置(纸带读入和穿孔输出接口)。光电阅读机可将由其他纸带凿孔机所制作的纸带上的程序信息读入到 CNC 装置中，可直接用于控制加工或将程序转存到存储器中。有的机床还备有穿孔输出的纸带凿孔机，可将本机上编好的程序制成纸带，用于其他数控系统中。纸带输入/输出曾经是数控机床和其他计算机控制系统交换信息的主要媒介。也有的机床采用磁带机或磁盘驱动器等媒介，较之纸带输入/输出更方便。

(5) 数据输入/输出(I/O)接口。它是 CNC 装置和机床驱动部件之间来往传递信息的接口，主要用于接收机械操作面板上的各种开关、按钮以及机床上各行程限位开关等信号，或将 CNC 装置发出的控制信号送到强电柜以及将各工作状态指示灯信号送到操作面板等。

(6) 位置控制及主轴控制。它将插补运算后的坐标位置与位置检测器测得的实际位置值进行比较、放大后得到速度控制指令，去控制速度控制单元，驱动进给电机，修正进给误差，保证精度，主要在闭环或半闭环数控机床上使用。

(7) 可编程控制器(PLC)接口。它用来代替传统机床强电部分的继电器控制，利用逻辑运算实现各种开关量的控制。

上述(1)、(2)、(3)、(4)几部分和 PC 电脑的功用一样，所以现代 PC-NC 数控系统是直接用通用 PC 机来取代这几个组成部分的。

当操作者按下机床操作面板上的"循环启动"按钮后，就向 CNC 装置发出中断请求。一旦 CNC 装置所处状态符合启动条件，CNC 装置就响应中断，控制程序转入相应的控制机床运动的中断服务程序，进行插补运算，逐段计算出各轴的进给速度、插补轨迹等，并将结果输出到进给伺服控制接口及其他输出接口，控制工作台(或刀具)的位移或其他辅助动作。这样机床就自动地按照零件加工程序的要求进行切削运动。

1.2.2　CNC 系统的软件结构

CNC 系统软件是为实现 CNC 系统各项功能所编制的专用软件，也叫控制软件，存放在计算机 EPROM 中。各种 CNC 系统的功能设置和控制方案各不相同，它们的系统软件在结构和规模上差别很大，但是一般都包括输入数据处理程序、插补运算程序、速度控制程序、管理程序和诊断程序。

1. 输入数据处理程序

它接收输入的零件加工程序，将标准代码表示的加工指令和数据进行译码、数据处理，并按规定的格式存放。有的系统还要进行补偿计算，或为插补运算和速度控制等进行预计算。

(1) 输入程序。它主要有两个任务，一个任务是从光电阅读机或键盘输入零件加工程序，并将其存放在零件程序存储器中；另一个任务是从零件程序存储器中把零件程序逐段往外调出，送入缓冲区，以便译码时使用。

(2) 译码程序。在输入的零件加工程序中含有零件的轮廓信息、加工速度及其他辅助功能信息，这些信息在计算机作插补运算与控制操作前必须翻译成计算机内部能识别的语言，译码程序就承担着此项任务。

(3) 数据处理程序。它一般包括刀具半径补偿计算、速度计算以及辅助功能的处理等。刀具半径补偿计算是把零件轮廓轨迹转化为刀具中心轨迹。速度计算是解决该加工数据段以什么样的速度运动。另外，诸如换刀、主轴启/停、切削液开/停等辅助功能也在此程序中处理。

2．插补运算程序

CNC 系统根据零件加工程序中提供的数据，如线段轨迹的种类、起点、终点坐标等进行运算。根据运算结果，分别向各坐标轴发出进给脉冲。进给脉冲通过伺服系统驱动工作台或刀具做相应的运动，完成程序规定的加工任务。

CNC 系统一边进行插补运算、一边进行加工，是一种典型的实时控制方式，所以插补运算的快慢直接影响机床的进给速度。尽可能地缩短运算时间，是插补运算程序的关键。

3．速度控制程序

速度控制程序根据给定的速度值控制插补运算的频率，以保证预定的进给速度。在速度变化较大时，需要进行自动加减速控制，以避免因速度突变而造成驱动系统失步。

4．管理程序

管理程序负责对数据输入、数据处理、插补运算等为加工过程服务的各种程序进行调度管理。管理程序还要对面板命令、时钟信号、故障信号等引起的中断进行处理。有的管理程序可以使多道程序并行工作，如在插补运算与速度控制的空闲时间进行数据输入处理，即调用各种功能子程序，完成下一数据段的读入、译码和数据处理工作，并且保证在数据段加工过程中将下一数据段准备完毕，一旦本数据段加工完毕就立即开始下一数据段的插补加工。

5．诊断程序

诊断程序的功能是在程序运行中及时发现系统的故障，并指出故障的类型。也可以在运行前或故障发生后，检查系统各主要部件(如 CPU、存储器、接口、开关、伺服系统等)的功能是否正常，并指出发生故障的部位。

CNC 系统软件在整体结构上可有前后台型和中断型两种不同的处理方式。

前后台型结构是将整个 CNC 系统软件分为前台程序和后台程序。前台程序为实时中断程序，承担了几乎全部实时任务，实现插补、位置控制即数控机床开关逻辑控制等实时功能；后台程序又称背景程序，实现零件程序的输入、预处理和管理的各项任务。通常情况下是在背景程序控制中，需要实时加工等操作时就调用前台程序，前台程序完成或强行中断后即返回背景程序控制状态。

中断型结构将 CNC 的各功能模块分别安排在不同级别的中断程序中，无前后台之分。但中断程序有不同的中断级别，级别高的可以打断级别低的中断程序，系统通过各级中断服务程序间的通信来进行处理。

1.2.3 插补原理

如前所述，插补是在组成轨迹的直线段或曲线段的起点和终点之间，按一定的算法进行数据点的密化工作，以确定一些中间点。将其应用于数控加工中就是：CNC 装置根据程序中给定的线段方式及端点信息进行相应的数学计算，亦即是以插补运算出的中间密化点为趋近目标，不断地向各个坐标轴发出相互协调的进给脉冲或数据，使被控机械部件按趋近指定的路线移动，从而最大限度地保证加工轨迹与理想轨迹相一致。

插补运算可有硬件插补(插补器)和软件插补两种实现方式。而按插补计算方法又可细分为逐点比较法、数字积分法、时间分割法和样条插补法等多种。下面仅以逐点比较法为例简单介绍一下插补运算的原理。

逐点比较法是以区域判别为特征,每走一步都要将加工点的瞬时坐标与相应给定的图形上的点相比较,判别一下偏差,然后决定下一步的走向。如果加工点走到图形外面去了,那么下一步就要向图形里面走;如果加工点已在图形里面,则下一步就要向图形外面走,以缩小偏差,这样就能得到一个接近给定图形的轨迹,其最大偏差不超过一个脉冲当量(一个进给脉冲驱动下工作台所走过的距离)。

如图 1-7 所示的直线 OA,取起点 O 为坐标原点,终点 $A(X_e, Y_e)$ 已知,m 点(X_m, Y_m)为动态加工点,若 m 点正好在 OA 直线上,则有:

$$\frac{X_m}{Y_m} = \frac{X_e}{Y_e}$$

即

$$X_e Y_m - X_m Y_e = 0$$

可取 $F_m = X_e Y_m - X_m Y_e$ 作为直线插补的偏差判别式。

若 $F_m = 0$,则表明 m 点正好在直线上;

若 $F_m > 0$,则表明 m 点在直线的上方;

若 $F_m < 0$,则表明 m 点在直线下方。

对于第一象限的直线,从起点(原点)出发,当 $F_m \geq 0$ 时,应沿 +X 方向走一步;当 $F_m < 0$ 时,应沿 +Y 方向走一步;当两个方向所走的步数和终点坐标(X_e, Y_e)值相等时,发出终点到达信号,停止插补。

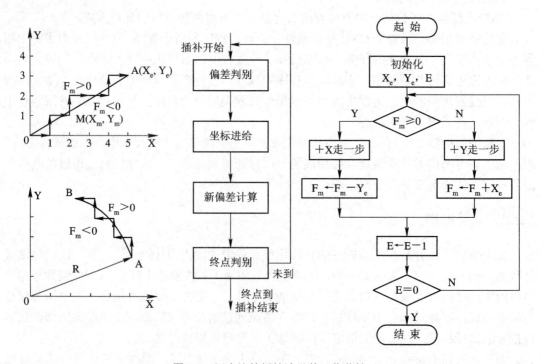

图 1-7　逐点比较插补法及其工作节拍

由于 F_m 的计算式中同时有乘法和减法，计算处理较为复杂，因此实际应用中常采用迭代法或递推法进一步推算。

若某处有 $F_m \geq 0$，应沿 +X 方向走一步到达新点 m+1(X_{m+1}, Y_m)，则新偏差为

$$F_{m+1} = X_e Y_m - X_{m+1} Y_e = X_e Y_m - (X_{m+1}) Y_e = F_m - Y_e$$

若某处有 $F_m < 0$，应沿 +Y 方向走一步到达新点 m+1(X_m, Y_{m+1})，则新偏差为

$$F_{m+1} = X_e Y_{m+1} - X_m Y_e = X_e(Y_m +1) - X_m Y_e = F_m + X_e$$

这样偏差计算式中只需要进行加、减运算，只要将前一点的偏差值与已知的终点坐标值相加或相减，即可求得新的偏差值。

可用四个节拍来说明逐点比较法插补运算的过程，如图 1-7 所示。

对于其他三个象限的直线插补运算，可用相同的原理获得。关于圆弧的插补运算，如图 1-7 中所示，方法类似，只是其偏差判别式有所不同，圆弧的偏差判别式为 $F_m = X_m^2 + Y_m^2 - R^2$。

逐点比较法能实现直线、圆弧和非圆二次曲线的插补，插补精度较高，在我国和日本数控机床中多用；在欧美则多用数字积分法；而对于闭环控制的机床中，则多采用时间分割法。现代大部分数控机床都具有直线和圆弧插补功能，也就是说，现代数控机床大都能加工由直线和圆弧所组成的任意轨迹图形。当需要加工非圆二次曲线轨迹时，大都是在编程计算的时侯就将其采用拟合逼近的方法转化为直线或圆弧后再进行加工的。

1.2.4　典型数控系统

1. 日本 FANUC 公司系列数控系统

FANUC 公司生产的 CNC 产品主要有 FANUC 3/6/9、FANUC 0、FANUC 10/11/12、FANUC 15/16/18/21、FANUC 160/180/210 等系列。目前我国用户主要使用的有 FANUC 0 系列、FANUC 16/18/21、FANUC160/180/210 等系列。

(1) FANUC 0 系列。它最多可进行 4 轴控制，在我国应用最广泛。有高可靠性的 Power Mate 0 系列、普及型 0−D 系列、全功能型 0−C 系列、高性价比 0i 系列。系列内又分 T、M、G、P、F 等类型，其中 T 型用于单刀架单主轴的数控车床，TT 型用于单主轴双刀架或双主轴双刀架的数控车床，M/ME 型用于数控铣床或加工中心，G 型用于数控磨床，P 型为数控冲床，F 型是对话型 CNC 系统。

(2) FANUC 15 系列。它是 FANUC 公司较新的 32 位 CNC 系统，被称为 AICNC 系统（人工智能 CNC）。该系列是按功能模块结构构成的，可以根据不同的需要组合成最小至最大系统，控制轴数从 2 根到 15 根，同时还有 PMC 的轴控制功能，可配备有 7、9、11 和 13 个槽的控制单元母板，用于插入各种印刷电路板，采用了通信专用微处理器和 RS422 接口，并有远距离缓冲功能。该系列 CNC 系统主要适用于大型机床、复合机床的多轴控制和多系统控制。

(3) FANUC16i/18i/21i 系列。它是以纳米为单位实施插补检测控制的超小、超薄型 CNC 系统，其控制单元与 LCD 集成于一体，采用光纤超高速串行数据通信，具有丰富的网络功能，可通过因特网对数控系统进行远程诊断，通过 C 语言编程和宏编程，可实现 CNC 功能的个性化定制。FANUC 公司最新推出的 Series160i/180i/210i 是与 Windows 2000 对应的

高功能开放式 CNC，其个性化和智能化得到进一步的加强。

FANUC 新推出高性能的 30i Model A 数控系统，采用最新的超高速微处理器和高速总线技术，适合于高速、复合、多轴、多通道、纳米 CNC 加工控制场合，最多可配合控制 40 轴(32 个伺服轴、8 个主轴)、24 轴联动控制，同时执行 10 个不同的 CNC 程序，是世界上单个 CNC 控制器可控制轴数之最。

2. 德国 SIEMENS 公司的 SINUMERIK 系列数控系统

SINUMERIK 系列数控系统主要有 SINUMERIK3、SINUMERIK8、SINUMERIK810/820、SINUMERIK850/880 和 SINUMERIK840 等产品。

(1) SINUMERIK8 系列。该系列产品生产于 20 世纪 70 年代末。SINUMERIK 8M/8ME/8ME-C、Sprint 8M/8ME/8ME-C 主要用于钻床、镗床和加工中心等机床。Sinumerik 8MC/8MCE/8MCE-C 主要用于大型镗铣床。Sinumerik 8T/Sprint 8T 主要用于车床。其中 Sprint 系列具有蓝图编程功能。

(2) SINUMERIK802 系列。其中 SINUMERIK 802S/C 系统是专门为低端数控机床市场而开发的经济型 CNC 控制系统。SINUMERIK 802S 使用步进驱动系统，可带 3 个步进驱动轴及一个模拟伺服主轴；SINUMERIK 802C 使用模拟伺服驱动系统，最多可带 3 个伺服驱动轴及一个伺服主轴；SINUMERIK 802D 系统属于中低档系统，采用全数字驱动，结构简单，调试方便；SINUMERIK 802D 可带 5 个 NC 驱动轴和一个 PLC 轴，其中 5 个 NC 轴可以是 4 进给轴 +1 个数字/模拟主轴，或 3 个进给轴 +2 个数字/模拟主轴，可任意 4 轴联动进行插补运算，另一个作为定位轴使用。

(3) SINUMERIK840D/810D/840Di 系列。840D/810D 是 1994～1996 年推出的，具有非常高的系统一致性，其操控面板、S7-300PLC、输入/输出模块、PLC 编程语言、参数设定、诊断、伺服驱动等许多部件均相同。SINUMERIK 810D 是 840D 的 CNC 和驱动控制集成型，SINUMERIK 810D 系统没有驱动接口，SINUMERIK 810D NC 软件选件基本包含了 840D 的全部功能。810D 配备了功能强大的软件，提供了很多新的使用功能，如提前预测、坐标变换、固定点停止、刀具管理、样条插补、压缩、温度补偿等功能，极大地提高了其应用范围。采用 PROFIBUS-DP 现场总线结构的西门子 840Di 系统，是基于 PC 控制的全 PC 集成的数控系统。

1998 年，在 810D 的基础上，SIEMENS 公司又推出了基于 810D 系统的现场编程软件 ManulTurn 和 ShopMill。前者适用于数控车床的现场编程，后者适用于数控铣床的现场编程。操作者无需专门的编程培训，使用传统操作机床的模式即可对数控机床进行操作和编程。

2012 年，SIEMENS 公司又面向中国市场，由中德两国工程师联手打造，推出了新款的经济型 SINUMERIK808D 系统，将逐步替代现有的 SINUMERIK802S 系统，它提供包括 PLC 的输入和输出在内所有必要的控制或通信接口，极大地简化了系统接线，并在系统面板前端配有 USB 接口，可方便地在日常使用中传输零件程序、刀具数据等加工数据。SINUMERIK808D 最多配置三个进给轴和一个主轴，能实现高加工精度和高加工效率。

3. 西班牙的 FAGOR 数控系统

(1) FAGOR CNC8025/8035 系列。该系列是中档数控系统，可控制 2～5 轴，用于车床、铣床、加工中心、冲床、激光切割等设备。

(2) FAGOR CNC8040 系列。该系列是 2001 年投放市场的中高档数控系统，中央单元与显示单元合为一体，可控 4 轴 4 联动+主轴+2 个手轮。

(3) FAGOR CNC8055 系列。该系列是高档数控系统，可实现 7 轴 7 联动+主轴+手轮控制，具高速通信功能，是一种可定制开发的开放式数控系统。

(4) FAGOR CNC8070 系列。该系列是最高档数控系统，代表 FAGOR 顶级水平，是 PC-NC 技术的结晶，可运行 Windows 和 MS-DOS，控制 16 轴 + 3 手轮 + 2 主轴。

4．华中数控系统 HNC

HNC 是武汉华中数控研制开发的国产型数控系统，它是我国 863 计划的科研成果在实践中应用的成功项目，已开发和应用的产品有 HNC-18/19、世纪星 HNC-21/22、HNC210、HNC-8 等普及型及中、高档多个系列。

(1) 华中 HNC-18/19 普及型数控系统。该系统有 HNC-18/19T 两轴联动车床数控系统、HNC-18/19M 三轴联动铣床、加工中心数控系统，采用开放式体系结构，内置嵌入式工业 PC，配置 5.7 英寸液晶显示屏和通用工程面板，集成进给轴接口、主轴接口、手持单元接口、内嵌式 PLC 接口于一体，采用电子盘程序存储方式以及 CF 卡、DNC、以太网等程序交换功能，结构紧凑、易于使用。

(2) 华中世纪星 HNC-21/22 型数控系统。该系统属中低档数控系统，最多联动轴数为 3～6 轴，支持 USB 接口，不需要 DNC，具巨量程序加工能力(最大可直接加工单个高达 2 GB 的 G 代码程序)，主要用于车、铣、加工中心等各种机床控制。

(3) 华中 HNC-210 型数控系统。该系统属中高档数控系统，最多联动轴数为 3～8 轴，支持远程 I/O 扩展功能，主要用于车、铣、加工中心、车削中心等各种机床控制。

(4) 华中 HNC-8 型数控系统。该系统属高档数控系统，支持多轴多通道车铣复合的设计，最大 10 个通道，每通道最多 9 轴联动、4 主轴。该系统采用全数字总线式模块化结构，基于自主产权的 NCUC 工业现场总线技术，支持总线式全数字伺服驱动单元和绝对值式伺服电机、总线式远程 I/O 单元，主要应用于数控车削中心、多轴、多通道等高档数控机床。

其他典型数控系统还有日本的三菱(MITSUBISHI)、马扎克(MAZAK)、大隈(OKUMA)，德国的海德汉(HEIDENHAIN)、德马吉(DMG)，美国的法道(FADAL)，法国的扭姆(NUM)等；国产的数控系统还有广州数控(GSK)、凯恩帝(KND)、航天数控(CASNUC2100)和蓝天数控(LT)等。

1.3　数控机床及其坐标系统

1.3.1　数控机床及其分类

从机械本体的表面上看，很多数控机床都和普通的机床一样，看不出有多大的差别。但事实上它们已经有了本质上的不同，驱动坐标工作台的电机已经由传统的三相交流电机换成了步进电机或交、直流伺服电机，由于电机的速度容易控制，所以传统的齿轮变速机构已经很少采用了。还有很多机床取消了坐标工作台的机械式手摇调节机构，取而代之的是按键式的脉冲触发控制器或手摇脉冲发生器。坐标读数也已经是精确的数字显示方式，而且加工轨迹及进度也能非常直观地通过显示器显示出来，采用数控机床控制加工已经相当安全方便了。

由前述图 1-1 的原理框图中可以看出，数控机床包括数控程序输入装置、数控装置、伺服放大及执行机构、坐标工作台及床身本体等。

数控机床通常可从以下不同角度进行分类。

1. 按加工工艺方法分类

按加工工艺方法分类，有数控车床、数控钻床、数控镗床、数控铣床、数控磨床、数控齿轮加工机床、数控冲床、数控折弯机、数控电加工机床、数控激光与火焰切割机、加工中心等。其中，现代数控铣床基本上都兼有钻镗加工功能。当某数控机床具有自动换刀功能时，即可称之为"加工中心"。

2. 按加工控制路线分类

按加工控制路线分类，有点位控制机床、直线控制机床和轮廓控制机床。

(1) 点位控制机床：如图 1-8(a)所示，只控制刀具从一点向另一点移动，而不管其中间行走轨迹的控制方式。在从点到点的移动过程中，只作快速空程的定位运动，因此不能用于加工过程的控制。属于点位控制的典型机床有数控钻床、数控镗床和数控冲床等。这类机床的数控功能主要用于控制加工部位的相对位置精度，而其加工切削过程还得靠手工控制机械运动来进行。

(2) 直线控制机床：如图 1-8(b)所示，可控制刀具相对于工作台以适当的进给速度，沿着平行于某一坐标轴方向或与坐标轴成 45° 的斜线方向作直线轨迹的加工。这种方式是一次同时只有某一轴在运动，或让两轴以相同的速度同时运动以形成 45° 的斜线，所以其控制难度不大，系统结构比较简单。一般地，都是将点位与直线控制方式结合起来，组成点位直线控制系统而用于机床上，这种形式的典型机床有车阶梯轴的数控车床、数控镗铣床、简单加工中心等。

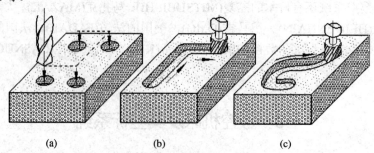

(a)　　　　　　　　　(b)　　　　　　　　　(c)

图 1-8　按加工控制路线分类

(a) 点位控制；(b) 直线控制；(c) 轮廓控制

(3) 轮廓控制机床：又称连续控制机床。如图 1-8(c)所示，可控制刀具相对于工件作连续轨迹的运动，能加工任意斜率的直线，任意大小的圆弧，配以自动编程计算，可加工任意形状的曲线和曲面。典型的轮廓控制机床有数控铣床、功能完善的数控车床、数控磨床、数控电加工机床等。

3．按机床所用进给伺服系统不同分类

按机床所用进给伺服系统不同分类，有开环伺服系统型、闭环伺服系统型和半闭环伺服系统型，见 1.3.2 节。

4．按所用数控装置的不同分类

按所用数控装置的不同分类，有 NC 硬线数控和 CNC 软线数控机床。

(1) NC 硬线数控。它是早期五、六十年代采用的技术，其计算控制多采用逻辑电路板等专用硬件的形式。要改变功能时，需要改变硬件电路，因此通用性差，制造及维护难，成本高。

(2) CNC 软线数控。它是伴随着计算机技术而发展起来的。其计算控制的大部分功能都是通过小型或微型计算机的系统控制软件来实现的。不同功能的机床其系统软件就不同。当需要扩充功能时，只需改变系统软件即可。

5．按控制坐标轴数目分类

按控制坐标轴数目分类，有两坐标联动数控机床、三坐标联动数控机床、多坐标联动数控机床。

1.3.2　数控机床的进给伺服系统

数控机床的进给伺服系统由伺服电路、伺服驱动装置、机械传动机构及执行部件组成。它的作用是：接收数控系统发出的进给速度和位移指令信号，由伺服驱动电路作一定的转换和放大后，经伺服驱动装置(直流、交流伺服电机、电液动脉冲马达、功率步进电机等)和机械传动机构，驱动机床的工作台等执行部件实现工作进给和快速运动。

1．开环伺服系统

开环伺服系统的伺服驱动装置主要是步进电机、功率步进电机、电液脉冲马达等。如图 1-9 所示，由数控系统送出的进给指令脉冲，通过环形分配器，按步进电机的通电方式进行分配，并经功率放大后送给步进电机的各相绕组，使之按规定的方式通、断电，从而驱动步进电机旋转。再经同步齿形带、滚珠丝杠螺母副驱动执行部件。每给一脉冲信号，步进电机就转过一定的角度，工作台就走过一个脉冲当量的距离。数控装置按程序加工要求控制指令脉冲的数量、频率及通电顺序，达到控制执行部件运动的位移量、速度和运动方向的目的。由于它没有检测和反馈系统，故称之为开环。其特点是结构简单、维护方便、成本较低。但加工精度不高，如果采取螺距误差补偿和传动间隙补偿等措施，定位精度可稍有提高。

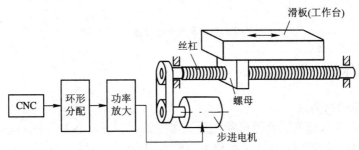

图 1-9　开环进给伺服系统

2．半闭环伺服系统

半闭环伺服系统有检测和反馈系统，如图 1-10 所示。测量元件(脉冲编码器、旋转变压器、圆感应同步器等)装在丝杠或伺服电机的轴端部，通过检测丝杠或电机的回转角，间接测出机床运动部件的位移，经反馈回路送回控制系统和伺服系统，并与控制指令值相比较。如果二者存在偏差，便将此差值信号进行放大，继续控制电机带动移动部件向着减小偏差的方向移动，直至偏差为零。由于只对中间环节进行反馈控制，丝杠和螺母副部分还在控制环节之外，故称半闭环。对丝杠螺母副的机械误差，需要在数控装置中用间隙补偿和螺距误差补偿来减小。

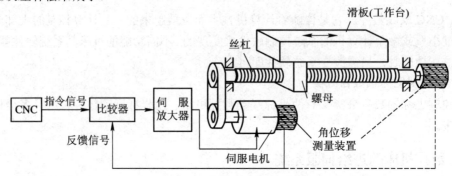

图 1-10　半闭环伺服系统

3．闭环伺服系统

闭环伺服系统如图 1-11 所示，其工作原理和半闭环伺服系统相同，但测量元件(直线感应同步器、长光栅等)装在工作台上，可直接测出工作台的实际位置。该系统将所有部分都包含在控制环之内，可消除机械系统引起的误差，精度高于半闭环伺服系统，但系统结构较复杂，控制稳定性较难保证，成本高，调试维修困难。

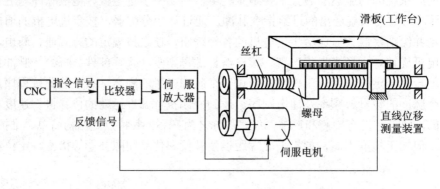

图 1-11　闭环伺服系统

1.3.3　数控机床的主轴驱动

1．对主轴驱动的要求

(1) 要有较宽的调速范围及尽可能实现无级变速。为适应各种工序和不同材料加工的要求，需要较宽的变速范围，且要求在整个速度范围内均能够提供切削所需的功率或扭矩。

(2) 有较高的回转精度和良好的动态响应性能。减少传动链，提高主轴部件刚度和抗振性、热稳定性，变速时自动加减速时间应短，调速运转平稳。应能对主轴负载进行检测控制，有过载报警功能。

(3) 有旋转进给轴(C 轴)的控制功能。要求主轴能与其他进给轴同时实现联动控制，如车螺纹、攻丝等加工时，主轴转速与直线坐标轴进给速度之间应保持一定的联动关系。

(4) 具有恒线速切削功能。如端面车削加工时，有时要求采用恒定的表面线速度，这就要求主轴转速能随着车削直径的改变而自动变化。

(5) 有主轴准停控制功能。在加工中心上自动换刀或执行某些特定的加工动作时，要求主轴须停在一个固定不变的方位上，这就需要主轴有高精度的准停控制功能。

2．主轴调速与驱动

主轴驱动的调速电机主要有直流电动机和交流电动机两大类。

直流电动机可采用改变电枢电压(降压调速)或改变励磁电流(弱磁调速)的方法实现无级调速。降压调速可获得恒转矩，弱磁调速可获得恒功率输出。

交流电动机目前广泛采用矢量控制的变频调速方法。变频器应同时有调频兼调压的功能，以适应负载特性的要求。

仅采用无级调速，虽然可使主轴齿轮箱大为简化，但其低速段输出扭矩常常无法满足机床强力切削的要求。数控机床常用机电结合的方法，即同时采用电动机无级调速和机械齿轮变速两种方法，按照控制指令自动调速，以同时满足对主传动调速和输出大扭矩的要求。

数控机床的主轴驱动主要有以下四种配置方式。

(1) 带有变速齿轮的主传动，如图 1-12(a)所示。通过少数几对齿轮降速，增大输出扭矩，以满足主轴低速时有足够的扭矩输出。滑移齿轮的移动大都采用开关量信号控制的液压拨叉或直接由液压缸带动齿轮来实现。

(2) 通过带传动的主传动，如图 1-12(b)所示。电动机与主轴通过形带或同步齿形带传动，不用齿轮传动，可避免振动和噪声。适用于高速、低转矩特性要求的主轴。

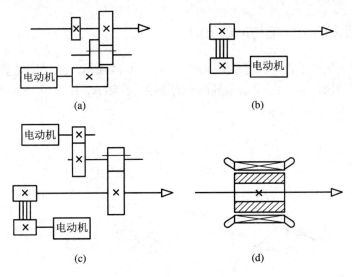

图 1-12　数控机床的主轴驱动方式

(3) 用两个电动机分别驱动主轴，如图 1-12(c)所示。高速时通过皮带直接驱动主轴旋转；低速时，另一个电动机通过齿轮传动驱动主轴旋转。

(4) 内装电动机主轴传动结构，如图 1-12(d)所示。这种主传动方式大大简化了主轴箱体与主轴的结构，提高了主轴部件的刚度，但输出扭矩小，电动机发热对主轴的影响较大。

3. 主轴准停装置

加工中心的主轴部件上的主轴准停装置，就是使主轴每次都能准确地停在固定不变的周向位置上，以保证自动换刀时主轴上的端面键能对准刀柄上的键槽。

主轴准停装置一般分为机械式和电气式两种。图 1-13 所示是一电气式准停装置的原理图。在带动主轴旋转的带轮的端面上装有一个厚垫片，垫片上装有一个体积很小的永久磁铁，在主轴箱体对应与主轴准停的位置上，装有一磁传感器。当主轴需要停转换刀时，数控装置发出主轴准停的指令，电机降速，在主轴以最低转速慢转几圈、永久磁铁对准磁传感器时，磁传感器发出回应信号，经放大后，有定向电路控制主轴电机停在规定的周向位置上。

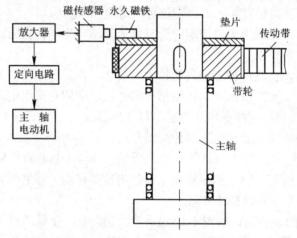

图 1-13　主轴准停装置

1.3.4　数控机床的坐标轴与运动方向

数控机床是采用右手直角笛卡尔坐标系的。如图 1-14 所示，X、Y、Z 直线进给坐标系按右手定则规定，而围绕 X、Y、Z 轴旋转的圆周进给坐标轴 A、B、C 则按右手螺旋定则判定。

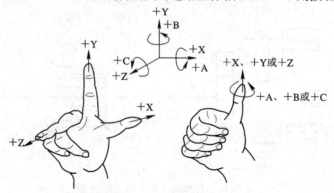

图 1-14　笛卡尔直角坐标系

机床各坐标轴及其正方向的确定原则如下。

(1) 先确定 Z 轴。以平行于机床主轴的刀具运动坐标为 Z 轴，若有多根主轴，则可选垂直于工件装夹面的主轴为主要主轴，Z 坐标则平行于该主轴轴线。若没有主轴，则规定垂直于工件装夹表面的坐标轴为 Z 轴。Z 轴正方向是使刀具远离工件的方向。如立式铣床，主轴箱的上、下或主轴本身的上、下即可定为 Z 轴，且是向上为正，若主轴不能上下动作，则工作台的上、下便为 Z 轴，此时工作台向下运动的方向定为正向。

(2) 再确定 X 轴。X 轴为水平方向且垂直于 Z 轴并平行于工件的装夹面。在工件旋转的机床(如车床、外圆磨床)上，X 轴的运动方向是径向的，与横向导轨平行。刀具离开工件旋转中心的方向是正方向。对于刀具旋转的机床，若 Z 轴为水平(如卧式铣床、镗床)，则沿刀具主轴后端向工件方向看，右手平伸出方向为 X 轴正向，若 Z 轴为垂直(如立式铣、镗床，钻床)，则从刀具主轴向床身立柱方向看，右手平伸出方向为 X 轴正向。

(3) 最后确定 Y 轴。在确定了 X、Z 轴的正方向后，即可按右手定则定出 Y 轴正方向。图 1-15 是机床坐标系示例。

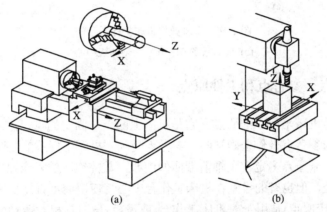

(a)　　　　　　　　　　　　　(b)

图 1-15　数控机床坐标系示例

(a) 卧式车床；(b) 立式铣床

上述坐标轴正方向，均是假定工件不动，刀具相对于工件作进给运动而确定的方向，即刀具运动坐标系。但在实际机床加工时，有很多都是刀具相对不动，而工件相对于刀具移动实现进给运动的情况。此时，应在各轴字母后加上"'"表示工件运动坐标系。按相对运动关系，工件运动的正方向恰好与刀具运动的正方向相反，即有

$$+X = -X' \quad +Y = -Y' \quad +Z = -Z' \quad +A = -A' \quad +B = -B' \quad +C = -C'$$

事实上不管是刀具运动还是工件运动，在进行编程计算时，一律都是假定工件不动，按刀具相对运动的坐标来编程。机床操作面板上的轴移动按钮所对应的正负运动方向，也应该和编程用的刀具运动坐标方向相一致。比如对立式数控铣床而言，按 +X 轴移动钮或执行程序中 +X 移动指令，应该是达到假想工件不动，而刀具相对工件往右(+X)移动的效果。但由于在 X、Y 平面方向，刀具实际上是不移动的，所以相对于站立不动的人来说，真正产生的动作却是工作台带动工件在往左移动(即 +X' 运动方向)。若按 +Z 轴移动钮，对工作台不能升降的机床来说，应该就是刀具主轴向上回升；而对工作台能升降而刀具主轴不能上下调节的机床来说，则应该是工作台带动工件向下移动，即刀具相对于工件向上提升。

另外，如果在基本的直角坐标轴 X、Y、Z 之外，还有其他轴线平行于 X、Y、Z，则附加的直角坐标系指定为 U、V、W 和 P、Q、R，如图 1-16 所示。

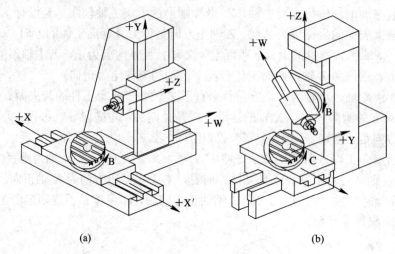

图 1-16　多轴数控机床坐标系示例

(a) 卧式镗铣床；(b) 六轴加工中心

1.3.5　机床原点、参考点和工件原点

机床原点就是机床坐标系的原点。它是机床上的一个固定的点，由制造厂家确定。机床坐标系是通过回参考点操作来确立的，参考点是确立机床坐标系的参照点。

数控车床的机床原点多定在主轴前端面的中心，数控铣床的机床原点多定在进给行程范围的正极限点处，但也有的设置在机床工作台中心，使用前可查阅机床用户手册。

参考点(或机床原点)是用于对机床工作台(或滑板)与刀具相对运动的测量系统进行定标与控制的点，一般地都是设定在各轴正向(或负向)行程极限点的位置上。该位置是在每个轴上用挡块和限位开关精确地预先调整好的，它相对于机床原点的坐标是一个已知数，一个固定值。每次开机启动后，或当机床因意外断电、紧急制动等原因停机而重新启动时，都应该先让各轴回参考点，进行一次位置校准，以消除上次运动所带来的位置误差。

在对零件图形进行编程计算时，必须要建立用于编程的坐标系，其坐标原点即为程序原点。而要把程序应用到机床上，程序原点应该放在工件毛坯的什么位置，其在机床坐标系中的坐标是多少，这些都必须让机床的数控系统知道，这一操作就是对刀。编程坐标系在机床上就表现为工件坐标系，坐标原点就称之为工件原点。工件原点一般按如下原则选取：

(1) 工件原点应选在工件图样的尺寸基准上，这样可以直接用图纸标注的尺寸作为编程点的坐标值，减少数据换算的工作量。

(2) 能使工件方便地装夹、测量和检验。

(3) 尽量选在尺寸精度、光洁度比较高的工件表面上，这样可以提高工件的加工精度和同一批零件的一致性。

(4) 对于有对称几何形状的零件，工件原点最好选在对称中心点上。

车床的工件原点一般设在主轴中心线上，多定在工件的左端面或右端面。铣床的工件原点，一般设在工件外轮廓的某一个角上或工件对称中心处，进刀深度方向上的零点，大多取在工件表面，如图 1-17 所示。对于形状较复杂的工件，有时为编程方便可根据需要通过相应的程序指令随时改变新的工件坐标原点；对于在一个工作台上装夹加工多个工件的情况，在机床功能允许的条件下，可分别设定编程原点独立地编程，再通过工件原点预置的方法在机床上分别设定各自的工件坐标系。

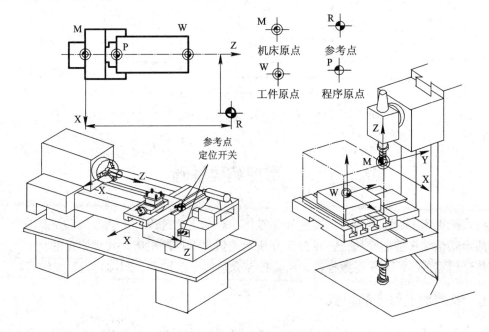

图 1-17　坐标原点与参考点

对于编程和操作加工采取分开管理机制的生产单位，编程人员只需要将其编程坐标系和程序原点填写在相应的工艺卡片上即可。而操作加工人员则应根据工件装夹情况适当调整程序上建立工件坐标系的程序指令，或采用原点预置的方法调整修改原点预置值，以保证程序原点与工件原点的一致性。

1.3.6　绝对坐标编程和相对坐标编程

数控编程通常都是按照组成图形的线段或圆弧的端点的坐标来进行的。当运动轨迹的终点坐标是相对于线段的起点来计量时，称之为相对坐标或增量坐标表达方式，若按这种方式进行编程，则称之为**相对坐标编程**。当所有坐标点的坐标值均从某一固定的坐标原点计量时，就称之为绝对坐标表达方式，按这种方式进行编程即为**绝对坐标编程**。

例如要从图 1-18 中的 A 点走到 B 点，用绝对坐标编程为 X12.0 Y15.0，若用相对坐标编程则为 X-18.0 Y-20.0。

采用绝对坐标编程时，程序指令中的坐标值随着程序原点的不同而不同，而采用相对坐标编程时，程序指令中的坐标值则与程序原点的位置没有关系。同样的加工轨迹，既可用绝对编程也可用相对编程，但有时候，采用恰当的编程方式，可以大大简化程序的编写。

因此，实际编程时应根据使用状况选用合适的编程方式。这可在以后章节的编程训练中体会出来。

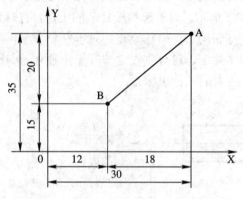

图 1-18 绝对坐标和相对坐标

1.4 数控编程基础

在数控机床上加工零件时，要把加工零件的全部工艺过程、工艺参数和位移数据，以信息的形式记录在控制介质上，用控制介质上的信息来控制机床，实现零件的全部加工过程。从分析零件图纸到获得数控机床所需控制介质的全部过程，即称之为数控编程。

1.4.1 数控加工程序的格式

数控程序按程序段(行)的表达形式可分为固定顺序格式、表格顺序格式、地址数字格式三种。

固定顺序格式属于早期采用的数控程序格式，因其可读性差、编程不直观等原因，现已基本不用。

表格顺序格式程序的每个程序行都具有统一的格式，加工用数据间用固定的分隔符分隔，其编程工作类似于填表。当某一项数值为零时，其数值虽然可省略，但分隔符却不能省略，否则数控装置读取数据时就会出错。比如国产数控快走丝线切割机床所采用的 3B、4B 程序格式，就是这种类型。

地址数字格式程序是目前国际上较为通用的一种程序格式。其组成程序的最基本的单位称之为"字"，每个字由地址字符(英文字母)加上带符号的数字组成。各种指令字组合而成的一行即为程序段，整个程序由多个程序段组成。即：字母+符号+数字→指令字→程序段→程序。

一般地，一个程序行可按如下形式书写：

N04 G02 X ± 43 Y ± 43 … F42 S04 T02 M02

其中：

N04——N 表示程序段号，04 表示其后最多可跟 4 位数，数字最前的 0 可省略不写；

G02——G 为准备功能字，02 表示其后最多可跟 2 位数，数字最前的 0 可省略不写。

　　X±43，Y±43——坐标功能字，±表示后跟的数字值有正负之分，正号可省略，负号不能省略。43 表示小数点前取 4 位数，小数点后可跟 3 位数。程序中作为坐标功能字的主要有作为第一坐标系的 X、Y、Z；平行于 X、Y、Z 的第二坐标字 U、V、W；第三坐标字 P、Q、R 以及表示圆弧圆心相对位置的坐标字 I、J、K；在五轴加工中心上可能还用到绕 X、Y、Z 旋转的对应坐标字 A、B、C；等等。坐标数值单位由程序指令设定或系统参数设定。

　　F42——F 为进给速度指令字，42 表示小数点前取 4 位数，小数点后可跟 2 位数。

　　S04——S 为主轴转速指令字，04 表示其后最多可跟 4 位数，数字最前的 0 可省略不写。

　　T02——T 为刀具功能字，02 表示其后最多可跟 2 位数，数字最前的 0 可省略不写。

　　M02——M 为辅助功能字，02 表示其后最多可跟 2 位数，数字最前的 0 可省略不写。

　　上述各代码字的功能含义将由后面的章节详细介绍，在此不赘述。

　　总体来说，地址数字格式程序中代码字的排列顺序没有严格的要求，不需要的代码字可以不写。整个程序的书写相对来说是比较自由的。如图 1-19 所示，要铣削一个轨迹为长 10 mm、宽 8 mm 的长方形，其程序可简单编写如下：

O0011	主程序番号
N1 G92 X10.0 Y5.0 Z50.0	建立工件坐标系
N2 S500 M03	让主轴以 500 r/min 正转
N3 G90 G00 Z10.0	快速下刀到上表面附近
G01 Z −5.0 F100 M08	工进下刀，同时开切削液
G91 G41 Y5.0 D01	切入，同时加刀补
G01 Y8.0	铣短边
X10.0	铣长边
Y −8.0	铣短边
X −10.0	铣长边
G40 Y −5.0 M09	切出，取消刀补，关切削液
G90 G0 Z50.0 M05	快速提刀，主轴停
M02	停机结束

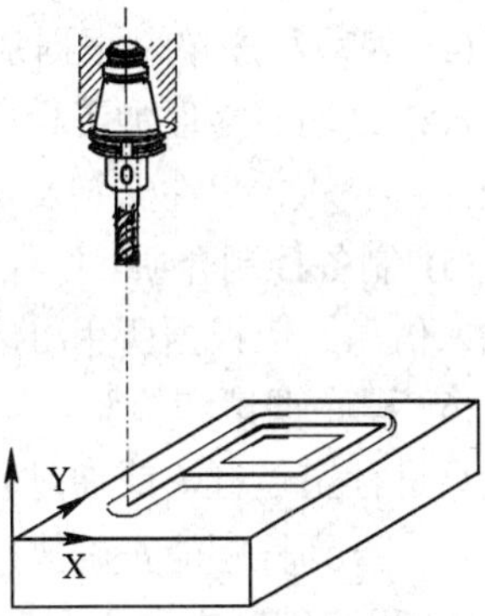

图 1-19　编程图例

　　另外，为了方便程序编写，有时也往往将一些多次重复用到的程序段单独抽出做成子程序存放，这样就将整个加工程序做成了主-子程序的结构形式。在执行主程序的过程中，如果需要，可多次重复调用子程序，有的还允许在子程序中再调用另外的子程序，即所谓的"多层嵌套"，从而大大简化了编程工作。至于主-子程序结构的程序例子，将会在后面实际加工应用中列举出来，到时再慢慢体会。

　　即使是广为应用的地址数字程序格式，不同的生产厂家，不同的数控系统，由于其各种功能指令的设定不同，所以对应的程序格式也有所差别。加工编程时，一定要先了解清楚机床所用的数控系统及其编程格式后才能着手进行。当然，有些机床的程序格式不一定都会采用上述那样的格式说明方法，可能会采用表格分别说明的方式。如某机床列出其编程指令方式是：最大指令值 ±99999.999 mm，即相当于 X ± 53 的坐标字要求。

1.4.2　程序编制的过程及方法

1．程序编制过程

数控程序的编制应该有如下几个过程：

(1) 分析零件图纸。要分析零件的材料、形状、尺寸、精度及毛坯形状和热处理要求等，以便确定该零件是否适宜在数控机床上加工，或适宜在哪类数控机床上加工。有时还要确定在某台数控机床上加工该零件的哪些工序或哪几个表面。

(2) 确定工艺过程。确定零件的加工方法(如采用的工夹具、装夹定位方法等)和加工路线(如对刀点、走刀路线)，并确定加工用量等工艺参数(如切削进给速度、主轴转速、切削宽度和深度等)。

(3) 数值计算。根据零件图纸和确定的加工路线，算出数控机床所需输入数据，如零件轮廓相邻几何元素的交点和切点，用直线或圆弧逼近零件轮廓时相邻几何元素的交点和切点等的计算。

(4) 编写程序单。根据加工路线计算出的数据和已确定的加工用量，结合数控系统的程序段格式编写零件加工程序单。此外，还应填写有关的工艺文件，如数控加工工序卡片、数控刀具卡片、工件安装及零点设定卡片等。

(5) 制备控制介质。按程序单将程序内容记录在控制介质(如穿孔纸带)上作为数控装置的输入信息。应根据所用机床能识别的控制介质类型制备相应的控制介质。

(6) 程序调试和检验。可通过模拟软件来模拟实际加工过程，或将程序送到机床数控装置后进行空运行，或通过首件加工等多种方式来检验所编制出的程序，发现错误则及时修正，一直到程序能正确执行为止。

2．程序编制方法

数控程序的编制方法有手工编程和自动编程两种。

(1) 手工编程。从零件图样分析及工艺处理、数值计算、书写程序单、制穿孔纸带直至程序的校验等各个步骤，均由人工完成，则属手工编程。对于点位加工或几何形状不太复杂的零件来说，编程计算较简单，程序量不大，手工编程即可实现。但对于形状复杂或轮廓不是由直线、圆弧组成的非圆曲线零件；或者是空间曲面零件即使由简单几何元素组成，但程序量很大，因计算相当繁琐，手工编程困难且易出错，则必须采用自动编程的方法。

(2) 自动编程。编程工作的大部分或全部由计算机完成的过程称为自动编程。编程人员只要根据零件图纸和工艺要求，用规定的语言编写一个源程序或者将图形信息输入到计算机中，即可由计算机自动地计算出刀具中心的轨迹、编写出加工程序清单，或自动制成所需控制介质。由于走刀轨迹可由计算机自动绘出，所以可方便地对编程错误及时修正。

1.4.3　程序传送的载体

程序送入 CNC 装置是通过控制介质(即程序信息载体)来实现的。具体的载体有多种，如穿孔纸带、磁带、软磁盘、直接电缆连接、CF 卡或 USB 数据盘、MDI 手动数据输入等。

1．穿孔纸带、磁带、软磁盘

穿孔纸带、磁带、软磁盘等是早期数控机床上常用的控制介质。把数控程序按一定的规则制成穿孔纸带或将程序信息保存在数据磁带、软磁盘上，数控机床通过纸带阅读装置、磁带机或软盘驱动器，把程序信息读出或转存到机床系统的存储器中，然后由系统控制机床动作。图 1-20 所示是国际通用的八单位纸带代码两种标准格式(国际标准化组织(ISO)标准和美国电子工业学会(EIA))中的一种，它是以每排实有信息孔总数为奇数或偶数来区分的。为此，需要在系统中进行格式以及奇偶校验等选项的设置。

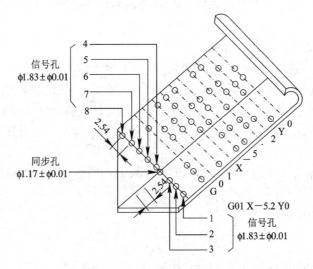

图 1-20　八单位数控纸带

2．直接电缆连接的 DNC 传送

大部分数控机床都具有直接用电缆线通过 RS232 端口实现 PC 与机床系统联接的 DNC 通信方式。编程人员可以在计算机上使用自动编程软件进行编程，然后通过软件传输模块，经通信端口实现计算机与机床之间的通信。这样就不需要额外地使用控制介质，而是采用计算机间通信的方式，把加工程序转存到数控机床系统中(DNC 转存)，或以 DNC 在线控制的方式联机实现机床的加工控制，有效地提高了程序信息的传递效率。

3．CF 卡、USB 数据盘

随着计算机技术的迅速发展，使用 CF 卡、USB 存储器等闪存作为控制介质的越来越多。由于它不需要额外的驱动器，存储容量较大，而且可以实现热插拔，因此，很多数控机床系统中也开始引入这一技术。编程人员只需将计算机自动编写的程序文件存入 CF 卡或 USB 数据盘，再通过数控机床上配备的 CF 卡或 USB 数据接口，将程序读入到数控机床系统中即可。

华中数控系统采用工业 PC 机作 CNC 控制系统，直接利用 PC 机的硬磁盘(或电子盘)作存储器，其控制软件和数控程序文件都可储存在硬磁盘中，存储容量巨大，可实现最大 20 亿行程序的"海量"加工。采用 PC-NC 技术的数控机床系统，其程序传送和文件管理就如 DOS、Windows 等磁盘操作系统一样便利，并且可以利用 Windows 的网络功能实现程序的远程传送控制。

4．MDI 手动输入

它是利用数控机床操作面板上的键盘，将编好的程序以手工方式直接输入到数控系统中，并可以通过 CRT 显示器显示有关内容，以便发现错误时能及时修改。

实际上不管采用以上何种程序传送方式，当已将其程序转存到系统存储器中后，大都能够通过显示器和键盘进行检查修改。

1.5　数控加工的工艺处理

数控加工工艺处理的主要内容有：

(1) 选择适合在数控机床上加工的零件，确定工序内容。

(2) 分析被加工零件图样，明确加工内容及技术要求，在此基础上确定零件的加工方案，制定数控加工工艺路线，如工序的划分、加工顺序的安排、与传统加工工序的衔接等。

(3) 设计数控加工工序，如工步的划分、零件的定位与夹具、刀具的选择、切削用量的确定等。

(4) 调整数控加工工序的程序，如对刀点、换刀点的选择、加工路线的确定、刀具的补偿等。

(5) 分配数控加工中的容差。

(6) 处理数控机床上部分工艺指令。

1.5.1　数控加工零件及加工方法的选定

一般来说，数控机床最适合加工具有如下特点的零件：

(1) 多品种、小批量生产的零件或新产品试制中的零件，短期急需的零件。

(2) 轮廓形状复杂，对加工精度要求较高的零件。

(3) 用普通机床加工较困难或无法加工(需昂贵的工艺装备)的零件。

(4) 价值昂贵，加工中不允许报废的关键零件。

加工方法的选择原则是保证加工表面的加工精度和表面粗糙度的要求。由于获得同样精度所用的加工方法很多，因而实际选择时，要结合零件的形状、尺寸大小和热处理要求等全面考虑。例如对 IT7 级精度的孔采用镗削、铰削、磨削等加工方法均可达到要求，但箱体上的孔一般采用镗削或铰削，而不宜采用磨削。一般小尺寸的箱体孔选择铰孔，当孔径较大时则应选择镗孔。此外，还应考虑生产率和经济性的要求，以及工厂的生产设备等实际情况。一般地，数控车床适合于加工形状比较复杂的轴类零件和由复杂曲线回转形成的模具内型腔，立式数控铣床适合于加工平面凸轮、样板、形状复杂的平面或立体零件，以及模具的内、外型腔等，卧式数控铣床则适合于加工箱体、泵体、壳体类零件，多坐标联动的加工中心还可以用于加工各种复杂的曲线、曲面、叶轮、模具等。

零件上比较精确表面的加工，常常是通过粗加工、半精加工和精加工逐步达到的。确定加工方案时，首先应根据主要表面的精度和表面粗糙度的要求，初步确定为达到这些要求所需的加工方法。表 1-1 列出了钻、镗、铰等几种加工方法所能达到的精度等级及其工序，可供参考。

表 1-1   H13～H7 孔加工方式(孔深/孔径≤5)

孔的精度	孔的毛坯性质	
	在实体材料上加工孔	预先铸出或热冲出的孔
H13，H12	一次钻孔	用扩孔钻钻孔或镗刀镗孔
H11	孔径≤10：一次钻孔 孔径>10～30：钻孔或扩孔 孔径>30～80：钻、扩或钻、扩、镗	孔径≤80：粗扩、精扩；或用镗刀粗镗、精镗；或根据余量一次镗孔或扩孔
H10 H9	孔径≤10：钻孔或铰孔 孔径>10～30：钻孔、扩孔或铰孔 孔径>30～80：钻、扩或钻、镗、铰(或镗)	孔径≤80：用镗刀粗镗(一次或二次，根据余量而定)；铰孔(或精镗)
H8 H7	孔径≤10：钻孔、扩孔、铰孔 孔径>10～30：钻孔或扩孔；一、二次铰孔 孔径>30～80：钻、扩或钻、扩、镗	孔径≤80：用镗刀粗镗(一次或二次，根据余量而定)或半精镗；精镗或精铰

1.5.2   加工工序的划分

根据零件图样，考虑被加工零件是否可以在一台数控机床上完成整个零件的加工工作，若不能，则应决定其中哪一部分在数控机床上加工，哪一部分在其他机床上加工。这就是对零件的加工工序进行划分。

1．按零件装夹定位方式与加工部位划分

由于每个零件结构形状不同，各表面的技术要求也有所不同，故加工时其定位方式各有差异，一般加工外形时，以内形定位；加工内形时则以外形定位。因而可根据定位方式的不同来划分工序。如图 1-21 所示的片状凸轮，按定位方式可分为两道工序，第一道工序可在普通机床上进行，以外圆表面和 B 平面定位，加工端面 A 和ϕ22H7 的内孔，然后再加工端面 B 和ϕ4H7 的工艺孔；第二道工序以已加工过的两个孔和一个端面定位，在数控铣上铣削凸轮外表面曲线。

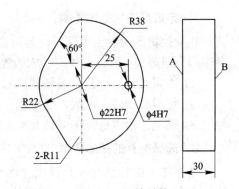

图 1-21   凸轮零件

先铣平面后，经一段时间释放残余变形，然后再加工孔，可保证加工出高精度的孔。所以，应先加工平面，定位面，再加工孔；先加工形状简单的几何形状，再加工复杂的几何形状；先加工低精度部位，再加工高精度部位。一般地，为提高机床寿命，保证精度、降低成本，通常把粗加工特别是零件的基准面、定位面在普通机床上加工。

2．按粗、精加工方式划分

根据零件的加工精度、刚度和变形等因素来划分工序时，可按粗、精加工分开的原则

来划分工序，即先粗加工再精加工，此时可用不同的机床或不同的刀具顺次同步进行加工。对单个零件要先粗加工、半精加工，而后精加工。或者一批零件，先全部进行粗加工、半精加工，最后再进行精加工。通常在一次安装中，不允许将零件某一部分表面粗、精加工完毕后，再加工零件的其他表面，否则可能会在对新的表面进行大切削量加工过程中，因切削力太大而引起已精加工完成的表面变形。如图 1-22 所示车削零件，应先切除整个零件的大部分余量，再将其表面精车一遍，以保证加工精度和表面粗糙度的要求。粗精加工之间，最好隔一段时间，以使粗加工后零件的变形能得到充分恢复，再进行精加工，以提高零件的加工精度。

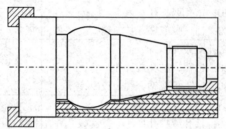

图 1-22　车削加工的零件

3．按所用刀具划分工序

为了减少换刀次数，压缩空程时间，减少不必要的定位误差，可按刀具集中工序的方法加工零件，即在一次装夹中，尽可能用同一把刀具加工完成所有可能加工到的部位，然后再换另一把刀具加工其他部位。在专用数控机床和加工中心上常采用此法。

1.5.3　工件的安装与夹具的选择

1．定位装夹的基本原则

在数控机床上加工零件时，定位安装的基本原则与普通机床相同。也要合理选择定位基准和夹紧方案。为提高数控机床的效率，在确定定位基准与夹紧方案时应注意下列三点：

(1) 力求设计、工艺与编程计算的基准统一。

(2) 尽量减少装夹次数，尽可能在一次定位装夹后，加工出全部待加工表面。

(3) 避免采用占机人工调整式加工方案，以充分发挥数控机床的效能。

2．选择夹具的基本原则

数控加工的特点对夹具提出了两个基本要求：一是要保证夹具的坐标方向与机床的坐标方向相对固定；二是要协调零件和机床坐标系的尺寸关系。除此之外，还要考虑以下几点：

(1) 当零件加工批量不大时，应尽量采用组合夹具、可调式夹具及其他通用夹具，以缩短生产准备时间，节省生产费用。当达到一定批量生产时才考虑用专用夹具，并力求结构简单。

(2) 零件的装卸要快速、方便、可靠，以缩短机床的停顿时间。

(3) 夹具上各零部件应不妨碍机床对零件各表面的加工。即夹具要开敞，其定位夹紧机构元件不能影响加工中的走刀(如产生碰撞等)。

此外，为提高数控加工的效率，在成批生产中，还可采用多位、多件夹具。例如在数控铣床或立式加工中心的工作台上，可安装一块与工作台大小一样的平板，既可用它作为大工件的基础板，也可用它作为多个中小工件的公共基础板，依次加工并排装夹的多个中小工件。

1.5.4 对刀点与换刀点的确定

在进行数控加工编程时，往往是将整个刀具浓缩视为一个点，那就是"刀位点"，它是在刀具上用于表现刀具位置的参照点。一般来说，立铣刀、端铣刀的刀位点是刀具轴线与刀具底面的交点；球头铣刀刀位点为球心；镗刀、车刀刀位点为刀尖或刀尖圆弧中心；钻头是钻尖或钻头底面中心；线切割的刀位点则是线电极的轴心与零件面的交点。

对刀操作就是要测定出在程序起点处刀具刀位点(即对刀点，也称起刀点)相对于机床原点以及工件原点的坐标位置。如图 1-23 所示，对刀点相对于机床原点为(X_0, Y_0)，相对于工件原点为(X_1, Y_1)，据此便可明确地表示出机床坐标系、工件坐标系和对刀点之间的位置关系。

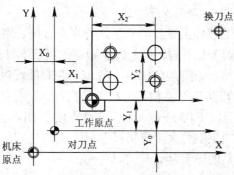

图 1-23 对刀点与换刀点

数控机床对刀时常采用千分表、对刀测头或对刀瞄准仪进行找正对刀，具有很高的对刀精度。对有原点预置功能的 CNC 系统，设定好后，数控系统即将原点坐标存储起来。即使你不小心移动了刀具的相对位置，也可很方便地令其返回到起刀点处。有的还可分别对刀后，一次预置多个原点，调用相应部位的零件加工程序时，其原点自动变换。在编程时，应正确地选择"对刀点"的位置。其大致选择原则是：

(1) 便于数学处理和简化程序编制。

(2) 在机床上找正容易，加工中便于检查。

(3) 引起的加工误差小。

对刀点可以设置在零件、夹具上或机床上面，尽可能设在零件的设计基准或工艺基准上。对于以孔定位的零件，可以取孔的中心作为对刀点。成批生产时，为减少多次对刀带来的误差，常将对刀点既作为程序的起点，也作为程序的终点。

换刀点则是指加工过程中需要换刀时刀具的相对位置点。换刀点往往设在工件的外部，以能顺利换刀、不碰撞工件及其其他部件为准。如在铣床上，常以机床参考点为换刀点；在加工中心上，以换刀机械手的固定位置点为换刀点，在车床上，则以刀架远离工件的行程极限点为换刀点。选取的这些点，都是便于计算的相对固定点。

1.5.5　加工路线的确定

加工路线是指刀具刀位点相对于工件运动的轨迹和方向。其主要确定原则如下：

(1) 加工方式、路线应保证被加工零件的精度和表面粗糙度。如铣削轮廓时，应尽量采用顺铣方式，可减少机床的"颤振"，提高加工质量。

(2) 尽量减少进、退刀时间和其他辅助时间，尽量使加工路线最短。

(3) 进、退刀位置应选在不太重要的位置，并且使刀具尽量沿切线方向进、退刀，避免采用法向进、退刀和进给中途停顿而产生刀痕。

对点位控制机床，只要求定位精度较高，定位过程尽可能快，而刀具相对于工件的运动路线无关紧要。因此，这类机床应按空程最短来安排加工路线。但对孔位精度要求较高的孔系加工，还应注意在安排孔加工顺序时，防止将机床坐标轴的反向间隙带入而影响孔位精度。如图 1-24 所示零件，若按(a)图所示路线加工时，由于 5、6 孔与 1、2、3、4 孔定位方向相反，Y 方向反向间隙会使定位误差增加，影响 5、6 孔与其他孔的位置精度。按(b)图路线，加工完 4 孔后往上多移动一段距离到 P 点，然后再折回来加工 5、6 孔，使方向一致，可避免引入反向间隙。

对于车削，可考虑将毛坯件上过多的余量，特别是含铸、锻硬皮层的余量安排在普通车床上加工。如必须用数控车加工时，则要注意程序的灵活安排。可用一些子程序(或粗车循环)对余量过多的部位先作一定的切削加工。在安排粗车路线时，应让每次切削所留的余量相等。如图 1-25 所示，若以 90° 主偏刀分层车外圆，合理的安排应是每一刀的切削终点依次提前一小段距离 e(e 可取 0.05 mm)。这样就可防止主切削刃在每次切削终点处受到瞬时重负荷的冲击。当刀具的主偏角大于但仍接近 90° 时，也宜作出层层递退的安排，经验表明，这对延长粗加工刀具的寿命是有利的。

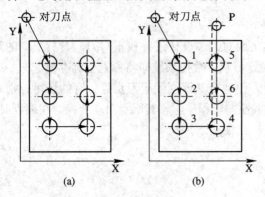

图 1-24　点位加工路线

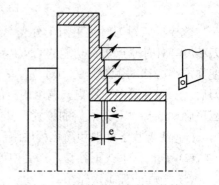

图 1-25　90° 主偏刀车外圆的情况

铣削平面零件时，一般采用立铣刀侧刃进行切削。为减少接刀痕迹，保证零件表面质量，应对刀具的切入和切出程序精心设计。如图 1-26(a)所示，铣削外表面轮廓时，铣刀的切入、切出点应沿零件轮廓曲线的延长线上切向切入和切出零件表面，而不应法向直接切入零件，引入点选在尖点处较妥。如图 1-26(b)所示，铣削内轮廓表面时，切入和切出无法外延，这时铣刀可沿法线方向切入和切出或加引入引出弧改向，并将其切入、切出点选在零件轮廓两几何元素的交点处。但是，在法向切入切出时，还应避免产生过切的可能性。

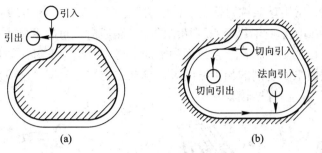

图 1-26　切入和切出

对于槽形铣削，若为通槽，可采用行切法来回铣切，走刀换向在工件外部进行，如图 1-27(a)所示。若为封闭凹槽，可有图示(b)、(c)、(d)三种走刀方案。图(b)为行切法，图(c)为环切法，图(d)为先用行切法，最后用环切法一刀光整轮廓表面。这三种方案中，图(b)方案最差，图(d)方案最好。如图 1-28 所示，若封闭凹槽内还有形状凸起的岛屿，则以保证每次走刀路线与轮廓的交点数不超过两个为原则，按图(a)方式将岛屿两侧视为两个内槽分别进行切削，最后用环切方式对整个槽形内外轮廓精切一刀。若按图(b)方式，来回地从一侧顺次铣切到另一侧，必然会因频繁地抬刀和下刀而增加工时。如图(c)所示，当岛屿间形成的槽缝小于刀具直径，则必然将槽分隔成几个区域，若以最短工时考虑，可将各区视为一个独立的槽，先后完成粗、精加工后再去加工另一个槽区。若以预防加工变形考虑，则应在所有的区域完成粗铣后，再统一对所有的区域先后进行精铣。

图 1-27　铣槽方案

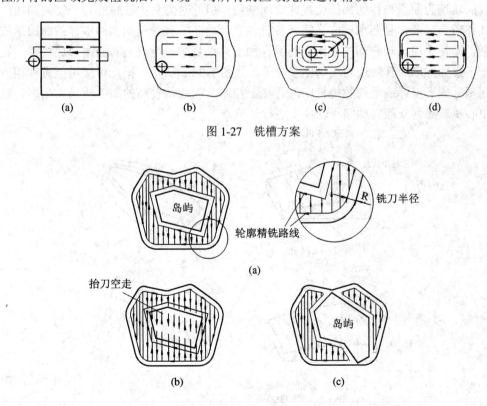

图 1-28　带岛屿的槽形铣削

对于曲面铣削，常用球头铣刀采用"行切法"进行加工。如图 1-29 所示的大叶片类零件，当采用图 1-29(a)所示的沿纵向来回切削的加工路线时，每次沿母线方向加工，刀位点计算简单，程序少，加工过程符合直纹面的形成，可以准确保证母线的直线度。当采用图 1-29(b)所示的沿横向来回切削的加工路线时，符合这类零件数据给出情况，便于加工后的检验，叶形准确度高，但程序较多。

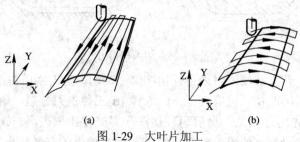

(a)   (b)

图 1-29 大叶片加工

对边界敞开的曲面，球头刀可由边界外开始加工。曲面加工若用两坐标联动的三坐标铣床，则采用任意两轴联动插补，第三轴作单独的周期性进刀的"两维半"联动加工方法，如图 1-30(a)所示。此时刀具中心轨迹为等距曲面与行切面的交线，是一条平面曲线，编程计算比较简单，但由于球头刀与曲面切削点的位置随曲率而不断改变，故切削刃形成的轨迹是空间曲线，曲面上有较明显的扭曲的残留沟纹。因此这种方法常用于曲率变化不大及精度要求不高的粗加工中。若用三坐标联动插补的行切加工方法，如图 1-30(b)所示，切削刃形成的轨迹为曲面与行切面的交线即平面曲线，但此时刀具中心轨迹是一空间曲线，其编程计算较为复杂，且要求机床必需具备三轴联动功能。有些空间曲面零件的曲面形成较为复杂，即使采用三轴联动的机床，其编程加工亦很复杂。但根据其曲面形成规律，旋转变动一下坐标方向后其轨迹曲线则比较简单，如图 1-30(c)所示，据此可采用能进行相应调整的四坐标或五坐标联动的数控机床进行加工控制，以获得较高的加工质量。当然，这种刀具中心轨迹必须依赖自动编程软件来进行计算。

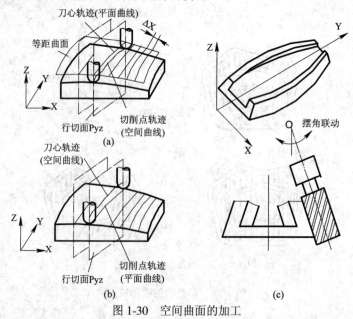

图 1-30 空间曲面的加工

1.5.6　刀具与切削用量的选择

1. 刀具的选择

选择刀具通常要考虑机床的加工能力、工序内容、工件材料等因素。数控加工不仅要求刀具的精度高、刚度好、耐用度高，而且要求尺寸稳定、安装调整方便。

由于数控加工一般不用钻模，钻孔刚度较差，所以要求孔的高径比应不大于 5，钻头两主刀刃应刃磨得对称以减少侧向力。钻孔前应用大直径钻头先锪一个内锥坑或顶窝，作为钻头切入时的定心锥面，同时也作为孔口的倒角。钻大孔时，可采用刚度较大的硬质合金扁钻，钻浅孔时宜用硬质合金的浅孔钻，以提高效率和质量。用加工中心铰孔可达 IT7～IT9 级精度，表面粗糙度 $R_a1.6～0.8\ \mu m$。铰前要求小于 $R_a6.3\ \mu m$。精铰可采用浮动铰刀，但铰前孔口要倒角。铰刀两刀刃对称度要控制在 0.02～0.05 mm 之内。镗孔则是悬臂加工，应采用对称的两刃或两刃以上的镗刀头进行切削，以平衡径向力，减轻镗削振动。振动大时可采用减振镗杆。对阶梯孔的镗削加工采用组合镗刀，以提高镗削效率。精镗宜采用微调镗刀。

数控车兼作粗精车削，粗车时要选强度高、耐用度好的刀具，以便满足粗车时大吃刀量、大进给量的要求，精车时，要选精度高、耐用度好的刀具，以保证加工精度的要求。此外，为减少换刀时间和方便对刀，应尽可能采用机夹刀和机夹刀片。夹紧刀片的方式要选择得比较合理，刀片最好选择涂层硬质合金刀片。刀片的选择是根据零件的材料种类、硬度、加工表面粗糙度要求和加工余量的已知条件来决定刀片的几何结构(如刀尖圆角)、进给量、切削速度和刀片型号。具体选择可参考相关切削用量手册。

铣削加工选取刀具时，要使刀具的尺寸与被加工工件的表面尺寸和形状相适应。生产中，平面零件周边轮廓的加工，常采用立铣刀。铣削平面时，应选硬质合金刀片铣刀；加工凸台、凹槽时，应选高速钢立铣刀；加工毛坯表面或粗加工孔时，可选镶硬质合金的立铣刀或玉米铣刀；对一些立体型面和变斜角轮廓外形的加工，常采用球头铣刀、环形铣刀、鼓形刀、锥形刀和盘形刀。曲面加工常采用球头铣刀，但加工曲面较平坦部位时，刀具以球头顶端刃切削，切削条件较差，因而应采用环形刀。在单件或小批量生产中，为取代多坐标联动机床，常采用鼓形刀或锥形刀来加工一些变斜角零件。若加镶齿盘铣刀，适用于在五坐标联动的数控机床上加工一些球面，其效率比用球头铣刀高近十倍，并可获得好的加工精度，如图 1-31 所示。常用立铣刀具的有关参数可按下述经验数据选取。

(1) 刀具半径 r 应小于零件内轮廓面的最小曲率半径 ρ，一般取 r = (0.8～0.9)ρ。

(2) 零件的加工高度 H = (1/4～1/6) r，以保证刀具有足够的刚度。

(3) 对深槽孔，选取 l = H + (5～10) mm。l 为刀具切削部分长度，H 为零件高度。

(4) 加工外形及通槽时，选取 l = H + r_e + (5～10) mm。r_e 为刀尖转角半径。

(5) 粗加工内轮廓面时，铣刀最大直径 $D_{粗}$ 可按下式计算：

$$D_{粗} = 2 \times \frac{\delta \cdot \sin\dfrac{\varphi}{2} - \delta_1}{1 - \sin\dfrac{\varphi}{2}} + D$$

式中：

  D —— 轮廓的最小凹圆角半径；

  δ —— 圆角邻边夹角等分线上的精加工余量；

  δ_1 —— 精加工余量；

  φ —— 圆角两邻边的最小夹角。

(6) 加工肋时，刀具直径为 D = (5～10) b (b 为肋的厚度)。

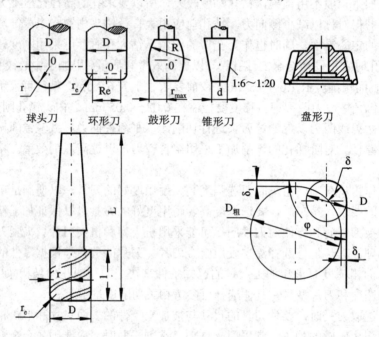

球头刀   环形刀   鼓形刀   锥形刀   盘形刀

图 1-31 铣刀类型及其尺寸关系

  在加工中心上，各种刀具分别安装在刀库上，按程序规定随时进行选刀和换刀工作。因此必须有一套连接普通刀具的接杆，以便使钻、镗、扩、铰、铣削等工序用的标准刀具，迅速、准确地装到机床主轴或刀库上去。作为编程人员应了解机床上所用刀杆的结构尺寸以及调整方法，调整范围，以便在编程时确定刀具的径向和轴向尺寸。目前我国的加工中心采用 TSG 工具系统，其柄部有直柄(三种规格)和锥柄(四种规格)两类，共包括 16 种不同用途的刀具。

2．切削用量的确定

  切削用量包括主轴转速(切削速度)、背吃刀量、进给量。对于不同的加工方法，需要选择不同的切削用量，并应编入程序单内。

  合理选择切削用量的原则是：粗加工时，一般以提高生产率为主，但也应考虑经济性和加工成本，通常选择较大的背吃刀量和进给量，采用较低的切削速度；半精加工和精加工时，应在保证加工质量的前提下，兼顾切削效率、经济性和加工成本，通常选择较小的背吃刀量和进给量，并选用切削性能高的刀具材料和合理的几何参数，以尽可能提高切削速度。具体数值应根据机床说明书、切削用量手册，并结合经验而定。

  (1) 背吃刀量 a_P (mm) 亦称切削深度，主要根据机床、夹具、刀具和工件的刚度来决定。

在刚度允许的情况下，应以最少的进给次数切除加工余量，最好一次切除余量，以便提高生产效率。精加工时，则应着重考虑如何保证加工质量，并在此基础上尽量提高生产率。在数控机床上，精加工余量可小于普通机床，一般取(0.2～0.5) mm。

(2) 主轴转速 n(r/min)主要根据允许的切削速度 v_c(m/min)选取。

$$n = \frac{1000\,v_c}{\pi\,D}$$

式中：

v_c——切削速度，由刀具的耐用度决定；

D ——工件或刀具直径(mm)。

主轴转速 n 要根据计算值在机床说明书中选取标准值，并填入程序单中。

(3) 进给量 f(mm/r)和进给速度 F(mm/min)是数控机床切削用量中的重要参数，主要根据零件的加工精度和表面粗糙度要求以及刀具、工件材料性质选取。

车削时：$F = f \cdot n$

铣削时：$F = f_z \cdot z \cdot n$

其中：z 为铣刀齿数；f_z 为每齿进给量(mm/z)。

当加工精度、表面粗糙度要求高时，进给速度(进给量)应选小些，一般在 20～50 mm/min 范围内选取。粗加工时，为缩短切削时间，一般进给量就取得大些。工件材料较软时，可选用较大的进给量；反之，应选较小的进给量。

车、铣、钻等加工方式下的切削用量可参考表 1-2、表 1-3、表 1-4 和表 1-5 选取。

表 1-2　数控车削用量推荐表

工件材料	加工方式	背吃刀量/mm	切削速度/(m/min)	进给量/(mm/r)	刀具材料
碳素钢 σ_b>600 MPa	粗加工	5～7	60～80	0.2～0.4	YT 类
	粗加工	2～3	80～120	0.2～0.4	
	精加工	0.2～0.3	120～150	0.1～0.2	
	车螺纹		70～100	导程	
	钻中心孔		500～800 r/min		W18Cr4V
	钻孔		～30	0.1～0.2	
	切断(宽度< 5 mm)		70～110	0.1～0.2	YT 类
合金钢 σ_b = 1470 MPa	粗加工	2～3	50～80	0.2～0.4	YT 类
	精加工	0.1～0.15	60～100	0.1～0.2	
	切断(宽度< 5 mm)		40～70	0.1～0.2	
铸　铁 200 HBS 以　下	粗加工	2～3	50～70	0.2～0.4	YG 类
	精加工	0.1～0.15	70～100	0.1～0.2	
	切断(宽度< 5 mm)		50～70	0.1～0.2	
铝	粗加工	2～3	600～1000	0.2～0.4	YG 类
	精加工	0.2～0.3	800～1200	0.1～0.2	
	切断(宽度< 5 mm)		600～1000	0.1～0.2	
黄铜	粗加工	2～4	400～500	0.2～0.4	YG 类
	精加工	0.1～0.15	450～600	0.1～0.2	
	切断(宽度< 5 mm)		400～500	0.1～0.2	

表 1-3　铣刀的切削速度　　　　　　　　　　m/min

工件 材料	铣　刀　材　料					
	碳素钢	高速钢	超高速钢	Stellite	YT	YG
铝	75～150	150～300		240～460		300～600
黄铜	12～25	20～50		45～75		100～180
青铜(硬)	10～20	20～40		30～50		60～130
青铜(最硬)		10～15	15～20			40～60
铸铁(软)	10～12	15～25	18～35	28～40		75～100
铸铁(硬)		10～15	10～20	18～28		45～60
铸铁(冷硬)			10～15	12～28		30～60
可锻铸铁	10～15	20～30	25～40	35～45		75～110
铜(软)	10～14	18～28	20～30		45～75	
铜(中)	10～15	15～25	18～28		40～60	
铜(硬)		10～15	12～20		30～45	

表 1-4　铣刀进给量　　　　　　　　　　mm/z

工件材料	圆柱 铣刀	面铣刀	立铣刀	杆铣刀	成形铣刀	高速钢 嵌齿铣刀	硬质合金 嵌齿铣刀
铸铁	0.2	0.2	0.07	0.05	0.04	0.3	0.1
软(中硬)钢	0.2	0.2	0.07	0.05	0.04	0.3	0.09
硬钢	0.15	0.15	0.06	0.04	0.03	0.2	0.08
镍铬钢	0.1	0.1	0.05	0.02	0.02	0.15	0.06
高镍铬钢	0.1	0.1	0.04	0.02	0.02	0.1	0.05
可锻铸铁	0.2	0.15	0.07	0.05	0.04	0.3	0.09
铸铁	0.15	0.1	0.07	0.05	0.04	0.2	0.08
青铜	0.15	0.15	0.07	0.05	0.04	0.3	0.1
黄铜	0.2	0.2	0.07	0.05	0.04	0.3	0.21
铝	0.1	0.1	0.07	0.05	0.04	0.2	0.1
Al-Si 合金	0.1	0.1	0.07	0.05	0.04	0.18	0.08
Mg-Al-Zn 合金	0.1	0.1	0.07	0.04	0.03	0.15	0.08
Al-Cu-Mg 合金 Al-Cu-Si 合金	0.15	0.1	0.07	0.05	0.04	0.2	0.1

表 1-5　　高速钢钻头的切削用量

切削速度 v：m/min，进给量 f：mm/r

工件 材料	σ_b/MPa	钻头直径/mm									
		2～5		6～11		12～18		19～25		26～50	
		v	f	v	f	v	f	v	f	v	f
钢	< 490	20～25	0.1	20～25	0.2	30～35	0.2	30～35	0.3	25～30	0.4
	490～686	20～25	0.1	20～25	0.2	20～25	0.2	25～30	0.2	25	0.2
	686～882	15～18	0.05	15～18	0.1	15～18	0.2	18～22	0.3	15～20	0.35
	882～1078	10～14	0.05	10～14	0.1	12～18	0.15	16～20	0.2	14～16	0.3
铸铁	118～176	25～30	0.1	30～40	0.2	25～30	0.35	20	0.6	20	1.0
	176～294	15～18	0.1	14～18	0.15	16～20	0.3	16～	0.3	16～18	0.4
黄铜	软	<50	0.05	<50	0.15	<50	0.3	<50	0.45	<50	—
青铜	软	<35	0.05	<35	0.1	<35	0.2	<35	0.35	<35	—

　　实际上现代数控机床的操作面板上一般都有主轴转速和进给速度等修调(倍率)开关，可在加工过程中人工随时调整修正，有较大的灵活性。

1.6 数控加工的工艺指令和工艺文件

1.6.1 程序中常用的工艺指令

1. 准备功能 G 指令

G 指令是用来规定刀具和工件的相对运动轨迹(即指令插补功能)、机床坐标系、坐标平面、刀具补偿、坐标偏置等多种加工操作的。它由字母 G 及其后面的两位数字组成,从 G00~G99 共有 100 种代码。这些代码中虽然有些常用的准备功能代码的定义几乎是固定的,但也有很多代码其含义及应用格式对不同的机床系统有着不同的定义,因此编程使用前必须熟悉了解所用机床的使用说明书或编程手册。常用 G 指令代码见表 1-6。

表 1-6 常用 G 指令代码

代码	组	意 义	代码	组	意 义	代码	组	意 义
G00	aa	快速点定位	G20	b	英制单位	G80	e	固定循环取消
G01		直线插补	G21		公制单位	G81~G89		固定循环
G02		顺圆插补	G27	00	回参考点检查			
G03		逆圆插补	G28		回参考点	G90	i	绝对坐标编程
G32~G33		螺纹切削	G29		参考点返回	G91		增量坐标编程
			G40	d	刀补取消	G92	00	预置寄存
G04	00	暂停延时	G41		左刀补			
G17	c	XY 平面选择	G42		右刀补			
G18		ZX 平面选择	G54~G59	f	零点偏置			
G19		YZ 平面选择						

注:组别为"00"的属非模态代码,其余为模态代码,同组可相互取代。

2. 辅助功能 M 指令

M 指令也是由字母 M 和两位数字组成的。该指令与控制系统插补器运算无关,一般书写在程序段的后面,是加工过程中对一些辅助器件进行操作控制用的工艺性指令。例如,机床主轴的启动、停止、变换,冷却液的开关,刀具的更换,部件的夹紧或松开等。在 M00~M99 的 100 种代码中,同样也有些因机床系统而异的代码,也有相当一部分代码是不指定的。常用 M 指令代码见表 1-7。

表 1-7 常用 M 指令代码

代码	作用时间	组别	意 义	代码	作用时间	组别	意 义	代码	作用时间	组别	意 义
M00	★	00	程序暂停	M06		00	自动换刀	M19	★		主轴准停
M01	★	00	条件暂停	M07	#	b	开切削液 1	M30	★	00	程序结束并返回
M02	★	00	程序结束	M08	#		开切削液 2	M60	★	00	更换工件
M03	#	a	主轴正转	M09	★		关切削液	M98		00	子程序调用
M04	#		主轴反转	M10		c	夹紧	M99		00	子程序返回
M05	★		主轴停转	M11			松开				

注:① 组别为"00"的属非模态代码,其余为模态代码,同组可相互取代。

② 作用时间为"★"号者,表示该指令功能在程序段指令运动完成后开始作用;为"#"号者,则表示该指令功能与程序段指令运动同时开始。

3. F、S、T 指令

F 指令为进给速度指令，表示刀具向工件进给的相对速度，单位一般为 mm/min，当进给速度与主轴转速有关(如车螺纹)时，单位为 mm/r。进给速度一般有如下两种表示方法。

代码法：即 F 后跟的两位数字并不直接表示进给速度的大小，而是机床进给速度序列的代号，可以是算术级数，也可以是几何级数。

直接指定法：即 F 后跟的数字就是进给速度的大小。如 F100 表示进给速度是 100 mm/min。这种方法较为直观，目前大多数数控机床都采用此方法。

S 指令为主轴转速指令，用来指定主轴的转速，单位为 r/min。同样也可有代码法和直接指定法两种表示方法。

T 指令为刀具指令，在加工中心机床中，该指令用以自动换刀时选择所需的刀具。在车床中，常为 T 后跟 4 位数，前两位为刀具号，后两位为刀具补偿号，在铣镗床中 T 后常跟两位数，用于表示刀具号，刀补号则用 H 代码或 D 代码表示。

在上述这些工艺指令代码中，有相当一部分属于模态代码(又称续效代码)，这种代码一经在一个程序段中指定，便保持有效到被以后的程序段中出现同组类的另一代码所替代。在某一程序段中一经应用某一模态代码，如果其后续的程序段中还有相同功能的操作，且没有出现过同组类代码时，则在后续的程序段中可以不再指令和书写这一功能代码。比如接连几段直线的加工，可在第一段直线加工时用 G01 指令，后续几段直线就不需再书写 G01 指令，直到遇到 G02 圆弧加工指令或 G00 快速空走等指令。

另一部分非模态代码功能只对当前程序段有效，如果下一程序段还需要使用此功能则还需要重新书写。

上述 F、S 指令和部分 G、M 指令代码都属于模态代码。

1.6.2　数控加工的工艺文件

数控加工工艺文件既是数控加工、产品验收的依据，也是操作者要遵守、执行的规程，同时还为产品零件重复生产做了技术上的必要工艺资料积累和储备。目前数控加工工艺文件尚未制定国家统一标准，各企业一般都根据本单位的特点制定了一些必要的工艺文件，主要包括数控加工工序卡、数控刀具调整单、机床调整单、零件加工程序单等。现以图 1-32 所示零件的加工为例作简单介绍，以供参考。

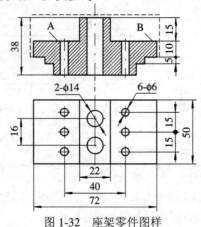

图 1-32　座架零件图样

1. 数控加工工件安装和零点设定卡片

该卡片应表示出数控加工零件定位方法和夹紧方法，并应标明工件零点设定位置和坐标方向、使用的夹具名称和编号等。假设上图座架零件的下台阶面已在其他机床上加工出，现需要在数控机床上一次装夹后加工剩下的表面和各个孔，采用通用台钳作为夹具，其工件装夹及零点设定卡如表 1-8 所示。

表 1-8　工件安装和零点设定卡片

零件图号	WD-9901	数控加工工件安装和零点设定卡		工序号	
零件名称	座架			装夹次数	
			2	台　钳	
编　制	审　核	批　准	第　页	1	紧定螺栓
			共　页	序　号	夹具名称	夹具图号

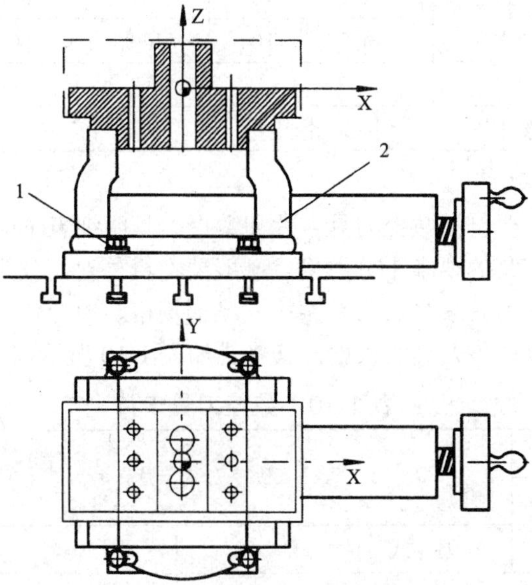

2. 工序卡

由编程员根据图纸和加工任务书编制数控加工工艺和作业内容，并反映使用的辅具、刃具和切削参数、切削液等，工序卡中应按已确定的工步顺序填写。如果在数控机床上只加工零件的一个工步时，也可不填写工序卡。不同的数控机床，其工序卡也有差别。

上述座架零件在数控机床上的加工安排是：先用端面铣刀铣出上表面，再用立铣刀铣四周侧面及 A、B 工作面，最后用钻头分别钻 6 个小孔和两个大孔。填写工序卡如表 1-9 所示。

表1-9 数控加工工序卡片

×××厂	数控加工工序卡片		产品名称代号		零件名称		零件图号
					座 架		WD-9901
工艺序号	程序编号	夹具名称	夹具编号		使用设备		车 间
		台 钳			XH713A		数 控
工步号	工步作业内容	加工面	刀具号	刀具规格	主轴转速	进给速度	切削深度	备 注
1	φ40面铣刀铣上表面	上表面	T01	φ40面铣刀	500	200	+15	
2	φ20立铣刀铣四周侧面	四侧面	T02	φ20立铣刀	600	200	−11	
3	φ20立铣刀铣A、B台阶面	A、B面	T02	φ20立铣刀	600	200	0	
4	φ6钻头钻6个小孔	小孔6	T03	φ6钻头	800	100	−27	
5	φ14钻头钻2个大孔	大孔2	T04	φ14钻头	600	80	−28	
编制		审核		批准		年 月 日	共 页	第 页

3. 数控刀具调整单

数控刀具调整单主要包括数控刀具卡片和数控刀具明细表(简称刀具表)两部分。

数控加工时，对刀具的要求十分严格，一般要在机外对刀仪上事先调整好刀具直径和长度。刀具卡主要反映刀具编号、刀具结构、尾柄规格、组合件名称代号、刀片型号和材料等，它是组装刀具和调整刀具的依据，其格式如表1-10所示。

表1-10 数控刀具卡片

零件图号	WD-9901		数控刀具卡片				使用设备	
刀具名称	立铣刀						XH713A	
刀具编号	T02	换刀方式	自 动		程序编号			
刀具组成	序号	编 号		刀具名称	规 格	数量	备 注	
	1	vfd.17550×4		拉 钉				
	2	GB 1106−85		刀 柄				
	3			铣 刀	φ20×80	1		
	4			筒 夹	ER40-20	1		

备 注								
编制		审 核		批 准		共 页	第 页	

数控刀具明细表是调刀人员调整刀具输入的主要依据，其格式如表 1-11 所示。

表 1-11　数控刀具明细表

零件图号	零件名称	材 料	数控刀具明细表					程序编号		车间	使用设备
WD-9901	座架	20#								数控	XH713A
刀号	刀位号	刀具名称	刀具图号	刀　具			刀　补		换刀		加工部位
				直径/mm		长度	地　址		方　式		
				实用	补偿	设定	直径	长度	自动/手动		
T01		面铣刀		φ40		−310		H01	自动		上表面
T02		立铣刀		φ20	R10	−295	D02	H02	自动		侧面/A、B 面
T03		钻头		φ6		−255		H03	自动		小孔
T04		钻头		φ14		−230		H04	自动		大孔
编　制		审　核		批　准			年　月　日		共　页		第　页

思考与练习题

1. 比较数控机床与普通机床加工的过程，有什么区别？
2. 数控系统主要组成部分有哪些？功用如何？
3. 说说 NC 与 CNC 的区别。
4. 什么是插补？试由直线的逐点比较工作节拍说明其插补过程。
5. 某机床允许使用的程序格式为：　N04 G02 X±053 Y±053 F32 M02，试解释其含义。
6. 试区别一下手工编程和自动编程的过程以及适用场合。
7. 数控机床常用的程序输入方法有哪些？
8. 华中 HNC 数控系统的组成有什么特点？其程序传送、存储有何优势？
9. MDI 是什么？为什么说 MDI 输入是每种数控系统不可缺少的？
10. 数控加工机床按加工控制路线应分为哪几类？其控制过程有何不同？
11. 数控加工机床按使用的进给伺服系统不同应分为哪几类？哪类的控制质量高，为什么？
12. 简要说明数控机床坐标轴的确定原则。
13. 试标出题图 1-1 中各机床的坐标系。

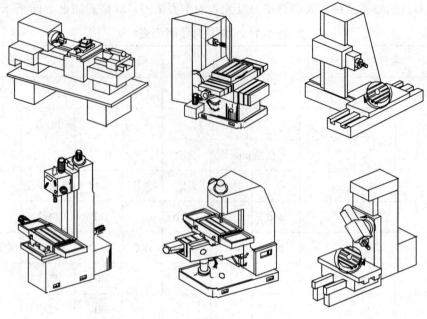

题图 1-1

14. 数控车床、数控铣床的机械原点和参考点之间的关系各如何？

15. 试画出表示数控机床各坐标系零点及参考点的图形符号。

16. 绝对值编程和增量值编程有什么区别？

17. 数控加工工艺处理的内容有哪些？

18. 数控加工的工序可有哪几种划分方法？

19. 对刀点、换刀点指的是什么？一般应如何设置？常用刀具的刀位点怎么规定？

20. 加工路线的确定应遵循哪些主要原则？

21. 槽形铣削有哪些方法？

22. 什么是两维半坐标加工和三坐标加工？分别用于什么加工场合？

23. 说说常用立铣刀具参数的确定原则。

24. 粗、精加工时选用切削用量的原则有什么不同？

25. 程序中常用的工艺指令有哪些？什么叫模态指令和非模态指令？

26. 数控加工常用的工艺文件有哪些？

第 2 章　数控车床的操作与编程

2.1　数控车床及其组成

2.1.1　数控车床的类型及基本组成

1. 数控车床的类型

1) 水平床身(即卧式车床)

水平车床有单轴卧式和双轴卧式之分。由于刀架拖板运动很少需要手摇操作，所以刀架一般安放于轴心线后部，其主要运动范围亦在轴心线后半部，可使操作者易接近工件。采用短床身占地小，宜于加工盘类零件。双轴型便于加工零件正反面。

2) 倾斜式床身

倾斜式车床在水平导轨床身上布置三角形截面的床鞍。其布局兼有水平床身造价低、横滑板导轨倾斜便于排屑和易接近操作的优点。有小规格、中规格、大规格三种。

3) 立式数控车床

立式数控车床分单柱立式和双柱立式数控车床。采用主轴立置方式，适用于加工中等尺寸盘类和壳体类零件。便于装卸工件。

4) 高精度数控车床

高精度数控车床分中、小规格两种，适于精密仪器、航天及电子行业的精密零件。

5) 四坐标数控车床

四坐标数控车床设有两个 X、Z 坐标或多坐标复式刀架，可提高加工效率，扩大工艺能力。

6) 车削加工中心

车削加工中心可在一台车床上完成多道工序的加工，从而缩短了加工周期，提高了机床的生产效率和加工精度。若配上机械手、刀库料台和自动测量监控装置构成车加工单元，可用于中小批量的柔性加工。

7) 各种专用数控车床

专用数控车床有数控卡盘车床、数控管子车床等。

2. 数控车床的基本组成

数控车床的整体结构组成基本与普通车床相同，同样具有床身、主轴、刀架及其拖板、尾座等基本部件，但数控柜、操作面板及显示监控器却是数控机床特有的部件。即使对于机械部件，数控车床和普通车床也具有很大的区别。如数控车的主轴采用变频或伺服实现无级调速，主轴箱内的机械式齿轮变速部件进行了简化，车螺纹不再另配丝杆和挂轮；刀架移动拖板箱的横、纵向运动由数字脉冲控制的电机进行驱动，刻度盘式的手摇移动调节机构也已被脉冲触发计数装置所取代。下面以 CK616i、CK7815 数控车床为例简单介绍一下数控车床的结构组成。

CK616i、CK7815 型数控车床均为两坐标联动半闭环控制的单轴卧式全功能 CNC 车床，能车削直线(圆柱面)、斜线(锥面)、圆弧(成型面)、公制和英制螺纹(圆柱螺纹、锥螺纹及多头螺纹)，能对盘形零件进行钻、扩、铰和镗孔加工。

如图 2-1 所示，CK616i 型数控车床采用华中数控"世纪星"HNC-22T 数控系统，是基于 PC-NC 的新型 CNC 系统。它是在老品牌普通车床 C616 基础上进行数控化设计的，沿用水平床身导轨、前置式四方转位刀架结构。其机械部分由床身、床头箱、可转位四方刀架、尾座、主轴电机及三爪卡盘、X/Z 轴步进电机及拖板、冷却供液系统等组成，控制部分由机床强电控制柜、数控装置、主轴、进给驱动模块和标准操作面板等组成。

图 2-1　CK616i 型数控车床

如图 2-2 所示，CK7815 型数控车床配备有 FANUC-0T 数控系统，其床身导轨为 60°倾斜布置，排屑方便。主轴由交流调速电机驱动，主轴尾端带有液压夹紧油缸，可用于快速自动装夹工件。床鞍溜板上装有横向进给驱动装置和转塔刀架，刀盘可选配 8 位、小刀盘和 12 位大刀盘。纵横向进给系统采用直流伺服电机带动滚珠丝杠，使刀架移动。尾座套筒采用液压驱动。可采用 RS232 接口和手工键盘程序输入方式，带有 CRT 显示器、数控操作面板和机械操作面板。另外还有防护门罩和排屑装置。若再配置上下料的工业机器人，就可以形成一个柔性制造单元(FMC)。

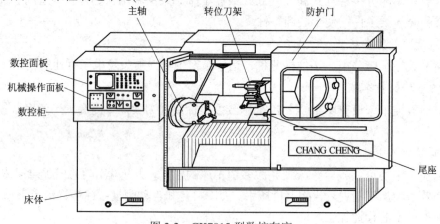

图 2-2　CK7815 型数控车床

2.1.2　数控车床的传动及速度控制

图 2-3 所示为 CK7815 型数控车床的传动系统图。主轴由 AC-6 型 5.5 kW 交流调速电动机驱动，靠电器系统实现无级变速。由于电机调速范围的限制，故采用两级宝塔皮带轮实施高、低两档速度的手工切换，在其中某档的范围内可由程序代码 S 任意指定主轴转速。

结合数控装置还可进行恒线速度切削。但最高转速受卡盘和卡盘油缸极限转速的制约，一般不超过 4500 r/min。

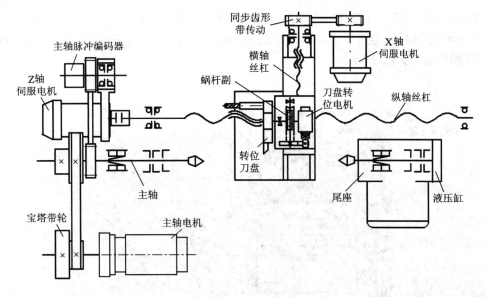

图 2-3 CK7815 型数控车床传动系统

纵向 Z 轴进给由直流伺服电机直接带动滚珠丝杠实现，横向 X 轴进给由直流伺服电机驱动，通过同步齿形带带动横向滚珠丝杠实现，这样可减小横轴方向的尺寸。刀盘转位由电机经过齿轮及蜗杆副实现，可手动或自动换刀。排屑机构由电机、减速器和链轮传动实现。

CK616i 型数控车床的传动系统和 CK7815 型的类似，该机床主轴采用变频调速、手动二级控制，高速挡由电机经皮带轮直接传递到主轴端，而低速挡因频率特性不良，扭矩性能传递较差，故采用电机高速调制输出后经齿轮减速输出至主轴端(正常转速控制前需执行 M42 指令功能)。其尾座、工件夹紧采用手工操作，四方刀架由微型交流异步电机经过蜗杆、蜗轮带动实现单向转位，可由数控系统实现选换刀控制。

表 2-1 是 CK616i/CK7815 型数控车床的主要技术规格。

表 2-1 CK616i/CK7815 型数控车库的主要技术规格

规 格 名 称	CK616i	CK7815
床身上最大工件回转直径	φ320 mm	φ460 mm
最大工件车削直径	φ175 mm	轴类φ150 mm，盘类φ400 mm
最大工件车削长度	650 mm	600 mm
X 方向最大行程	150 mm	175 mm
Z 方向最大行程	800 mm	750 mm
主轴转速范围	低速 30～260，高速 260～2000 r/min	低速 15～2000，高速 37.5～5000 r/min
主轴孔锥度/通孔直径	MT No.5/φ30	MT No.6/φ67
尾座套筒直径/行程/锥度	φ60/ 95/MT No.4	φ75/ 80/MT No.2
X 轴快移速度	8 m/min	9 m/min
Z 轴快移速度	10 m/min	12 m/min
刀架位数	4(前置四方刀架)	8(后置回转刀盘)
可安装刀方尺寸	20×20	20×20

2.1.3 数控车床的控制面板及其功能

CK616i 型数控车床采用 HNC-22T 华中世纪星数控装置，内置嵌入式工业 PC 机，配置 7.7 寸彩色液晶显示屏和通用工程面板，具故障诊断与报警、多种形式的图形加工轨迹显示。其操作面板如图 2-4 所示。

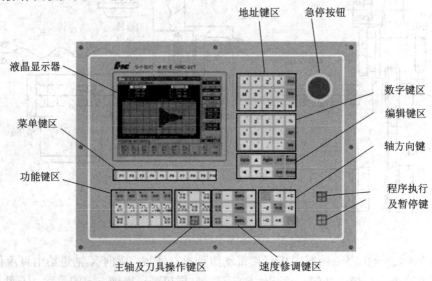

图 2-4 HNC-22T 操作面板

面板上部左侧为软件界面信息显示区域，显示区下方的菜单键用来切换软件的菜单功能；右侧为 MDI 手工键盘，其中包含地址键、数字键和编辑功能键等；面板下部为机械操作键区，左侧为操作模式选择、机械锁住、超程解除等功能键；中间为冷却、换刀及主轴手动控制键区；右中为主轴、快进、进给速度修调键区，采用"+"、"-"键逐级比例修调方法；右侧为 X、Z 轴方向选择手动移动控制键区，回零指示由按键上的指示灯完成；最右侧为循环启动和进给保持的按键，右上角急停按钮是用于紧急情况下强行切断电源的。

超程解除——当某轴正负方向出现硬性行程超界时，可先按此钮并切换到手动模式，待屏幕显示出现"正常"字样后，再同时按压该轴相反方向的按钮以解除超程。

进给保持和循环启动——用于 MDI 运行和自动运行中暂停进给和持续加工。

单段执行——自动运行方式下若按下此钮，则每执行一段程序后都将暂停等待，需按循环启动方可执行下一段程序。

机床锁住——若此按钮按下，则程序执行时只是数控系统内部进行控制运算，可模拟加工校验程序，但机械部件被锁住而不能产生实际的移动。

刀位选择和刀位转换——手动选择刀号(观察显示变化)后再按刀位转换键即可使刀架转位换刀。

主轴正转、反转和停转——用于手动控制主轴的正转、反转和停转。

2.1.4 控制软件界面和菜单结构

HNC-22T 控制软件系统的环境界面如图 2-5 所示。

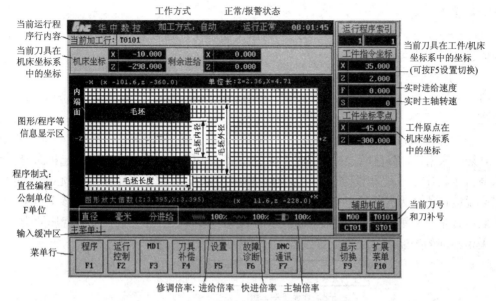

图 2-5　控制软件的环境界面

界面顶行用于显示工作方式及运行状态等，第二行显示 MDI 及自动运行时当前正执行的程序行内容，第三行显示当前刀具在机床坐标系中的坐标变化及剩余进给数据，右侧坐标显示则是当前刀具在工件坐标系中的坐标和实时进给速度及实时主轴转速(修调后的)，工件零点显示的是建立工件坐标系后当前工件原点在机床坐标系中的坐标值。

界面中央为工件加工的图形跟踪显示或加工程序内容、文本信息等主要显示区，可按 F9 以"图形/综合坐标/相对坐标/工件坐标/程序文本"的顺序进行切换。毛坯图形显示边界可在设置菜单的毛坯设定中设置后按"PGUP/PGDN"键缩放调整，主显示区下方为当前程序制式(直径/半径编程、公/英制单位、F 的分进给/转进给单位)及修调倍率(进给/快进/主轴)信息显示，进入到 MDI 画面即可察看当前系统的一些模态代码信息。

界面下部为 MDI、坐标设定、设置等的键盘输入缓冲区，输入后按"Eeter"键确认送入。最下部为菜单区(多级菜单变化都在同一行中进行)，菜单可通过屏幕底部的对应 F 功能键切换。

控制软件系统的菜单结构见附录 B。整个菜单的显示切换均在屏幕底行上进行，菜单选取由功能键 F1～F10 操作，进入各级子菜单后均可按 F10 键返回主菜单或逐级返回，扩展功能菜单通常是在系统调试维护时使用的。

2.2　数控车床的位置调整与坐标系的设定

本节主要以 CK616i 型数控车床及其 HNC-22T 控制系统为例介绍其基本操作。

2.2.1　手动位置调整及 MDI 操作

1. 回参考点操作

对于数控机床而言，当系统接通电源、复位后首先应进行机床各轴回参考点的操作，以建立机床坐标系。

(1) 先检查一下各轴是否在参考点的内侧。如不在，则应手动回到参考点的内侧，以避免回参考点时产生超程。

(2) 选择机械操作面板上的"回零"工作方式。

(3) 分别按 +X、+Z 轴移动方向按键，使各轴返回参考点，回参考点后，相应的指示灯将点亮。

返回参考点后，屏幕上即显示此时刀具(或刀架)上某一参照点在机床坐标系中的坐标值，对某机床来说，该值应该是固定的。系统将凭这一固定距离关系而建立起机床坐标系，机床原点由机床生产厂家设定，有的就设在车床主轴端头(或卡盘)的回转中心处，对此类机床来说应该称之为"回参考点"，而不是"回零"；而有的机床原点就设在参考点上，"回参考点"就是"回零"，此时机床坐标显示即为(0，0)，CK616i 型数控车床就属此类。

采用不同的控制顺序处理回零过程的模式参见图 2-6 所示。

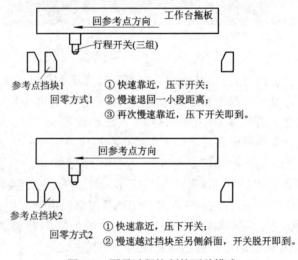

图 2-6　回零过程控制的两种模式

2．手动操作

(1) 选择机械操作面板上的"手动"工作方式；

(2) 按压机械操作面板上的进给/快进修倍率调整按键至所需的进给百分比（"+/−"以 10% 的倍率变化)。此时，

$$实际移动速度 = 设定移动速度 × 进给倍率百分比$$

(3) 按机床操作面板上的"+X"或"+Z"键，则刀具向 X 或 Z 轴的正方向移动；按机床操作面板上的"−X"或"−Z"键，则刀具向 X 或 Z 轴的负方向移动；

(4) 如欲使某坐标轴快速移动，只要在按住某轴的"+"或"−"键的同时，按住"快移"键即可。

说明：

① 可同时进行两坐标轴的联动。

② 手动移动的速度为系统设定的该轴的最大移动速度的 1/3 乘以进给倍率。

③ 手动快速移动的速度为系统设定的该轴的最大移动速度乘以快进倍率。

④ 机械移动的同时，屏幕上的坐标显示和图形追踪也跟着同步变化。

无论用何种移动操作方式，当某轴移动导致刀架拖板碰到机床上的限位档块时，限位行程开关将会产生相应的动作，数控系统将出现某轴超程的警告信息，即"硬超程"报警。此时只可在手动方式下，同时按住操作面板上的"超程解除"按钮和该轴反方向的移动按钮而退出到非超程区，然后才可进行其它操作。通常在数控系统参数中还可设置机械可移动范围的极限坐标行程，当机床坐标变化超过此极限值时即产生"软超程"的报警，此时直接在手动方式下往相反方向移动即可解除软超程。正常情况下软超程应早于硬超程，这样可以在一定程度上对机床实施保护。参考点、软极限和硬限位的正确位置关系如图 2-7 所示。

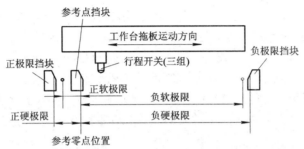

图 2-7　软、硬极限的位置关系

自动运行时若出现软硬超程报警的话，运行状态无法持续。程序执行将中止。所以当要用某程序进行自动加工控制前，必须先进行空程校验，确保无误后方可进行实际加工。

3. 步进(增量)移动操作

(1) 选择机械操作面板上的"增量"工作方式。带 MPG 手持单元时，将手轮上的轴选择按钮置"OFF"位置。

(2) 选按机械操作面板上的增量进给倍率按键至所需的倍率(增量×1. 10. 100. 1000 等 4 挡)。如：

×1 挡即表示移动单位为 1 个脉冲当量(本系统一个脉冲对应 0.001 mm)；

×100 挡即表示移动单位为 100 个脉冲当量，即 0.1 mm；

×10、×1000 挡即分别为移动 0.1 mm、1 mm。

(3) 按机床操作面板上的"+X"或"+Z"键，则向 X 或 Z 轴的正向移动相应脉冲当量的距离，按机床操作面板上的"-X"或"-Z"键，则向 X 或 Z 轴的负向移动相应脉冲当量的距离。

说明： 通常步进(增量)功能是以按键触发的次数来进行脉冲计数的，亦即按下某轴向按键后无论持续多久都只视为按动一次。

4. 手轮移动操作

如果机床配置了 MPG 手持单元，即可进行手摇操作控制。MPG 手持单元由手摇脉冲发生器、坐标轴选择开关组成，如图 2-8 所示。手摇操作时：

(1) 选择机械操作面板上的"增量"工作方式。

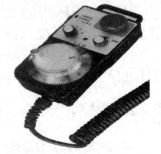

图 2-8　MPG 手持单元

(2) 将手持单元上的增量倍率修调旋钮旋至所需的倍率(增量 ×1、×10、×100 等 3 挡，分别对应于 0.001、0.01、0.1 mm 的增量值)。

(3) 将手持单元的坐标轴选择开关置于所要移动的"X"轴或"Z"轴挡。

(4) 顺时针/逆时针旋转手摇脉冲发生器一格，可控制相应的轴向正向或负向移动一个增量值。

5. MDI 操作

MDI 操作就是指命令行形式的程序执行方法，即当场输入一段程序指令后，马上就可令其执行。从本义上讲其属于自动运行的范畴，但一般地都习惯将其作为手动调整操作的手段。其操作步骤如下：

(1) 选择机械操作面板上的"自动"工作方式，在主菜单下，按 F3 键选择 MDI 功能，屏幕即自动切换到 MDI 运行画面，由此画面可察看到当前系统的模态信息。启动系统时的模态值为 G00——快进状态，G18——XZ 加工平面，G21——米制单位，G90——绝对编程方式，G94——每分钟进给速度方式，G36——直径编程方式，G97——恒转速切削模式。

(2) 如图 2-9 所示，直接在键盘缓冲区光标处输入想要执行的 MDI 程序段，此时可左右移动光标以修改程序；如输入：G90 G01 X42.0 Z-10.0 ，输入完毕按"Enter"键确认送入。

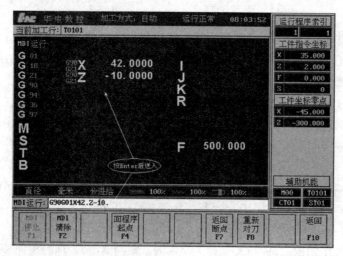

图 2-9　MDI 操作时画面

(3) 如果需要一起执行的指令没有输入完全，可接续输入并按"Enter"送入执行区。

(4) 按"循环启动"键，则所输入的程序将立即运行，屏幕会短时切换到图形跟踪模式显示移动轨迹，然后返回 MDI 画面。

(5) 在运行过程中，选择 F1 键可执行"MDI 停止"或按"进给保持"键暂停进给，则刀具将停止运动，但主轴并不停转，此时再按"循环启动"键即可继续运行 MDI 程序。

2.2.2　数控车床坐标系统的设定

1. 车床坐标系统的组成

坐标系有机床坐标系、编程坐标系和工件坐标系等概念。

机床坐标系是数控机床生产厂家安装调试时便设定好的一固定的坐标系统，数控车床的机床坐标原点一般设定就在车床主轴端头(或卡盘)的中心或参考点上。以刀架平行于轴心方向的纵向作为 Z 轴，其正向指向尾座顶尖；以刀架横向拖板运动方向作为 X 轴，其正向由主轴回转中心指向工件外部。如图 2-10(a)所示，对于刀架后置式(刀架活动范围主要在回转轴心线的后部)的车床来说，X 轴正向是由轴心指向后方，而对于刀架前置式的车床来说，X 轴的正向应是由轴心指向前方，如图 2-10(b)所示。由于车削加工是围绕主轴中心前后对称的，因此按前置式以 X 轴正向指向下方，与按后置式以 X 轴指向上方，对同一直径节点的编程坐标(包括正负矢量)数据而言应该是一致的。为适应笛卡尔坐标系表示的传统习惯，编程绘图时都按如图 2-10(a)所示的后置式方式进行表示(从俯视方向看)。对于数控机床来说，在进行回参考点操作后即开始在数控系统内部自动建立机床坐标系。

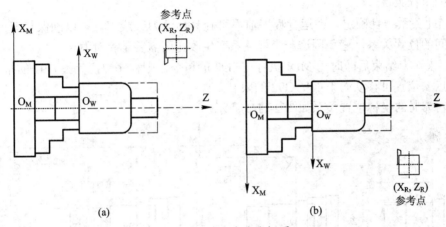

图 2-10 车床坐标系

(a) 刀架后置式；(b) 刀架前置式

编程坐标系是在对图纸上零件编程计算时就建立的，程序数据便是用的基于该坐标系的坐标值。

在工件装夹到机床上后，必须告诉机床，程序数据所依赖的编程坐标系统，这就是工件坐标系。工件坐标系则是当系统执行"G92X...Z..."后才建立起来的坐标系，或用 G54～G59 预置的坐标系，或直接通过刀偏设置后执行"Txxxx"而针对某把刀具而建立的坐标系。对刀操作就是用来沟通机床坐标系、编程坐标系和工件坐标系三者之间的相互关系的，由于坐标轴的正负方向都是按机床坐标轴确立原则统一规定的，因此实际上对刀就是确立坐标原点的位置。由对刀操作，找到编程原点在机床坐标系中的坐标位置，然后通过执行 G92或 G54～G59 或 Txxxx 的指令创建和编程坐标系一致的工件坐标系，可以说，工件坐标系就是编程坐标系在机床上的具体体现。编程(工件)坐标原点通常选在工件右端面、左端面或卡爪的前端面。工件坐标系建立以后，程序中所有绝对坐标值都是相对于工件原点的。

2. 用 G92 指令建立工件坐标系

G92 是以当前刀具刀位点(如刀尖)作为参照点，靠声明当前刀具在工件坐标系中的坐标值而创建工件坐标系的。通过对刀取得当前刀位点相对于欲设定为工件原点之间的距离数据后，便可由程序中的 G92(Fanuc-0T 系统用 G50)设定，当执行到这一程序段后即在机床控制系统内建立了一工件坐标系。

G92 指令的格式为

G92(G50) X... Z... ;

该指令 X、Z 后的数值即为当前刀位点(如刀尖)在工件坐标系中的坐标,在实际加工之前通过对刀操作即可获得这一数据。换而言之,G92 的对刀操作就是测定某一位置处刀具刀位点相对于工件原点的距离。

说明:

(1) 在执行此指令之前必须先进行对刀,通过调整机床,将刀尖放在程序所要求的起刀点(G92 所制定的)位置上。或者记下对刀后刀具相对于工件原点的距离,然后据此改写程序中的 G92 后的 X、Z 坐标。

(2) 此指令并不会产生机械移动,只是让系统内部用新的坐标值取代旧的坐标值,从而建立新的坐标系。

(3) 当此关系一旦确定,在运行程序前不可轻易移动刀架或工件,以确保起刀点与工件原点之间的位置关系,避免因这一坐标关系产生改变而需要重新对刀。

(4) 如果对刀结束后即时用 MDI 执行过 G92 的指令,则程序中可免去 G92 的指令行,此时起刀点的位置可移动而不再受 G92 的限制。

G92 对刀时的坐标位置关系如图 2-11(a)所示。

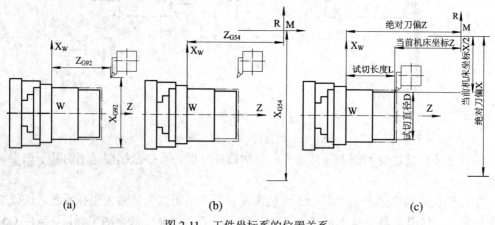

图 2-11　工件坐标系的位置关系

(a) G92 模式；(b) G54 模式；(c) Txxxx 模式

3. 用 G54~G59 指令预置工件坐标系

数控机床还可用工件零点预置 G54~G59 指令来预先设置好几个工件坐标系。如图 2-11(b)所示,它是先测定出欲预置的工件原点相对于机床原点的偏置值,并把该偏置值通过存储设定的方式预置在机床预置工件坐标的数据库中,则该值无论断电与否都将一直被系统所记忆,直到重新设置为止。当工件原点预置好以后,便可用 "G54G00X...Z...;" 的指令先调用 G54 坐标系为当前工件坐标系,然后让刀具移到该预置工件坐标系中的任意指定位置。很多数控系统都提供 G54~G59 共预置六个工件原点的功能。

用 G54 等设立工件原点可由 "设置 F5" → "坐标系 F1" → "G54 坐标系" 层次菜单项中进行,如图 2-12 所示。和 G92 相比,由于 G54 建立的工件原点是相对于机床原点而言的,一旦设置好后不会因当前刀具位置移动而变化,即不受起刀点位置的影响。即时执行过其他建立坐标系的指令,亦可通过再次调用执行 G54 的指令恢复原来的坐标关系。

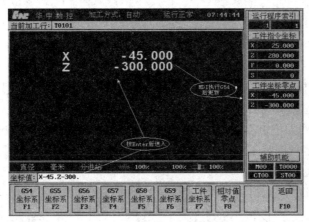

图 2-12　预置工件坐标系的设定

4. Txxxx 指令构建工件坐标系

Txxxx 指令构建工件坐标系的方法更适合于多把刀具综合加工的场合，它可为每把刀具通过刀偏设置的方式预先构建不同的工件坐标系，而且该方法能预置的坐标系数目可达到甚至超过 100 个。如果以每把刀具在返回参考点位置时其刀尖作为机床坐标零点，由于装夹后各刀具长短不同，那么当各刀具刀尖指向工件上同一位置点(比如工件右端面中心)时，该点在机床坐标系中的坐标就不同。也就是说，即使在工件上采用的同一位置作为工件原点，由于所用的刀具不同，其在机床坐标系中的坐标就不同，我们把这个不同的坐标值称之为每把刀具的绝对刀偏；若将多把刀具中某一刀具作为基准刀具(或称标刀)，以这把刀具的绝对刀偏位置作为相对坐标零点，那么当其他各刀具刀尖指向同一工件零点位置时，它们在此相对坐标系中的相对坐标值就称之为相对刀偏。和 G54 一样，Txxxx 指令就是通过预存每把刀具的绝对刀偏来预置该刀具的工件坐标系的，在程序中执行 Txxxx 指令就可构建和刀具对应的工件坐标系。

如图 2-11(c)所示，通过试切对刀获得试切后的试切直径和试切长度数据，然后由"刀具补偿 F4"→"刀具表"层次菜单项中进行刀偏设置，如图 2-13 所示。

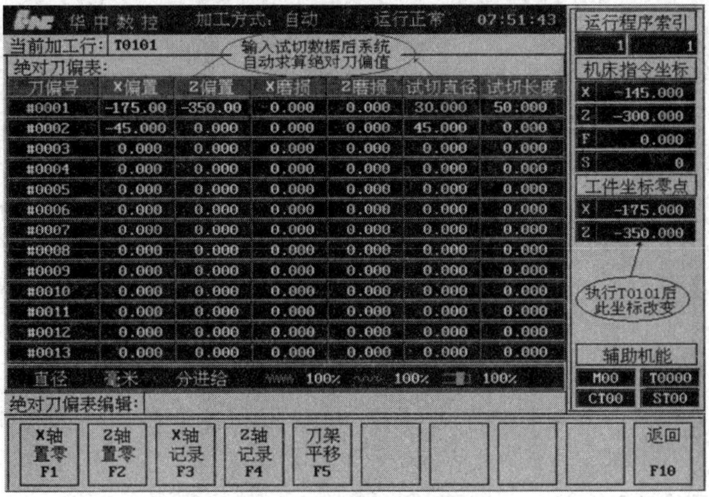

图 2-13　刀偏数据设置

2.2.3　刀具装夹与对刀调整

1. 刀具类型与装夹

常用车刀类型如图 2-14 所示，刀具装夹结构如图 2-15 所示。对于数控车削加工，较适合的应该是可转位机夹刀片式车刀。当某零件加工需要用到多把车刀时，所用刀架可用如图 2-15(a)所示的四刀位电动回转刀架。也有很多机床采用如图 2-15(b)所示为 8～12 刀位自动回转刀盘，最多可安装 12 把车刀，其中可装外圆车刀 6 把，内孔刀具 6 把。通常都可由程序控制实现自动换刀。

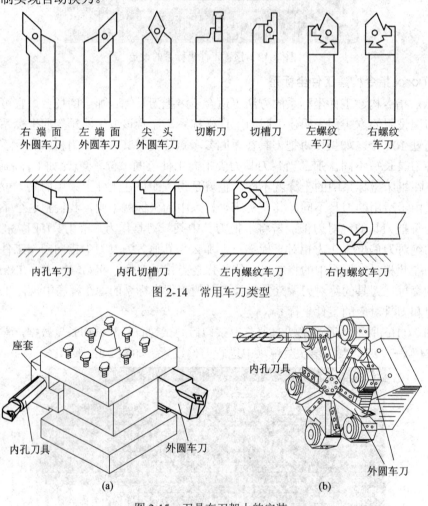

| 右端面外圆车刀 | 左端面外圆车刀 | 尖头外圆车刀 | 切断刀 | 切槽刀 | 左螺纹车刀 | 右螺纹车刀 |

内孔车刀　　内孔切槽刀　　左内螺纹车刀　　右内螺纹车刀

图 2-14　常用车刀类型

座套

内孔刀具　　　　　　　　　　外圆车刀

内孔刀具

外圆车刀

(a)　　　　　　　　　　　　(b)

图 2-15　刀具在刀架上的安装

(a) 普通转塔刀架；(b) 12 位自动回转刀架

2. 对刀调整

数控车床的对刀可分为基准车刀(标刀)的对刀和各个刀具相对位置偏差的测定两部分。

1) 基准车刀的对刀

基准车刀的对刀就是在加工前用基准刀通过试切外圆和端面，测定出某一停刀位置(如加工起始点)处，刀具刀位点(如刀尖)在预想的工件坐标系(编程坐标系)中的相对坐标位置及其在机床坐标系中的坐标位置，从而推算出它们之间的关系。

在经过回参考点操作后，此时屏幕上显示的就是刀架上某参照点在机床坐标系中的位置坐标，通常是(0，0)或一固定不变的坐标值。对刀操作在机床坐标系控制下进行，当刀具装夹好后，基准刀具和刀架即可视为一刚性整体，可将基准刀具的刀尖作为这一坐标的参照点，屏幕上显示的就是它的坐标值。其试切对刀的过程大致如下：

(1) 确定已进行过手动返回参考点的操作。

(2) 试切外圆。用手动或 MDI 方式操纵机床将工件外圆表面试切一刀，然后保持刀具在 X 轴方向上的位置不变，沿 Z 轴方向退刀，记下此时屏幕上显示的刀尖在机床坐标系中的 X 坐标值 X_t，并测量工件试切后的直径 D，D 值即是当前位置上刀尖在工件坐标系中的 X 值。(通常 X 零点都选在回转轴心上。)

(3) 按照不同的构建工件坐标系的方法要求，设置 X 的工件原点。

G92 方式：切换到 MDI 模式执行 G92 X D 指令。

Txxxx 方式：切换到刀偏设置画面，在刀补号对应行的试切直径栏输入 D 值，则系统自动推算出工件原点在机床坐标系中的 X 坐标值。

G54 方式：计算 X_t-D 的值，将该值设置到 G54 的 X 中。

(4) 试切端面。用同样的方法再将工件右端面试切一刀，保持刀具 Z 坐标不变，沿 X 方向退刀，记下此时刀尖在机床坐标系中的 Z 坐标值 Z_t，且测出试切端面至预定的工件原点的距离 L，L 值即是当前位置处刀尖在工件坐标系中的 Z 值。如图 2-16 所示。

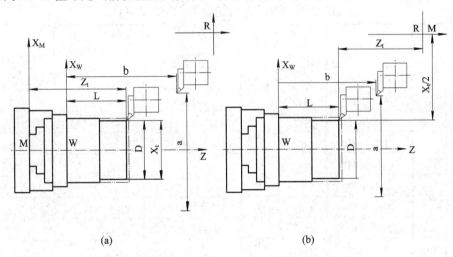

图 2-16 利用机床坐标数据试切对刀

(a) 参考点与机床原点不重合；(b) 参考点与机床原点重合

(5) 按照不同的构建工件坐标系的方法要求，设置 Z 的工件原点。

G92 方式：切换到 MDI 模式执行 G92 Z L 指令；

Txxxx 方式：切换到刀偏设置画面，在刀补号对应行的试切长度栏输入 L 值，则系统自动推算出工件原点在机床坐标系中的 Z 坐标值。

G54 方式：计算 Z_t-L 的值，将该值设置到 G54 的 Z 中。

若拟用 G92 方式建立工件坐标系，并已经在将要运行的程序中写好了"G92 Xa Zb；"

的程序行，那么可用手动或 MDI 方法移动拖板，将刀具移至屏幕上工件坐标系中的坐标值为(a，b)的位置，这样就实现了将刀尖放在程序所要求的起刀点位置(a，b)上的对刀要求。

若拟用 G54 或 Txxxx 方式建立工件坐标系，则刀具可停留在工件右端附近的任意位置。

2) 其他各刀具的对刀

其他各刀具的对刀也可像基准刀具那样通过试切对刀来建立各自的坐标系，但无法由一个 G92 来适应多把刀具，因此 G92 构建方式不适合；若用 G54～G59 预置工件原点的方法，则应每把刀具分配一个预置坐标系，当刀具数目超过 6 把时，这种模式也不够用了；适合多把刀具的工件坐标系构建方法就是 Txxxx。

在基准刀具试切对刀完成后，实际生产中通常可采用测定并设置每一把刀具相对于基准刀具的相对刀偏的方法对其余刀具进行对刀。各刀具的具体对刀过程可参阅 2.6.3 节。

2.3 基本编程指令与程序调试

2.3.1 程序中用到的各功能字

1. G 功能(格式：G2，G 后可跟 2 位数)

常用 G 功能指令如表 2-2 所示。

表 2-2 常用 G 功能指令(HNC-22T)

代码	组	意　义	代码	组	意　义	代码	组	意　义
*G00	01	快速点定位	*G40	07	刀补取消	G73	00	车闭环复合循环
G01		直线插补	G41		左刀补	G76		车螺纹复合循环
G02		顺圆插补	G42		右刀补	G80	01	车外圆固定循环
G03		逆圆插补	G52	00	局部坐标系设置	G81		车端面固定循环
G32		螺纹切削	G53		机床坐标系控制	G82		车螺纹固定循环
G04	00	暂停延时	G54 ～G59	11	零点偏置	*G90	03	绝对坐标编程
G20	02	英制单位				G91		增量坐标编程
*G21		公制单位	G65	00	简单宏调用	G92	00	工件坐标系指定
G27	06	回参考点检查	G66	12	宏指令调用	* G94	05	每分钟进给方式
G28		回参考点	G67		宏调用取消	G95		每转进给方式
G29		参考点返回	G71	00	车外圆复合循环	G96		恒线速方式
G36/G37		直径/半径编程	G72		车端面复合循环	G97		恒转速方式

注：① 表内 00 组为非模态指令，只在本程序段内有效；其他组为模态指令，一次指定后持续有效，直到被本组其他代码所取代。

② 标有*的 G 代码为数控系统通电启动后的默认状态。

2. M 功能(格式：M2，M 后可跟 2 位数)

车削中常用的 M 功能指令有：

M00——进给暂停　　　M01——条件暂停　　　M02——程序结束

M03——主轴正转　　　M04——主轴反转　　　M05——主轴停转

M07、M08——开切削液　　　M09——关切削液

M30——程序结束并返回到开始处　　　M98——子程序调用　　　M99——子程序返回

3．T 功能(格式：T2 或 T4)

有的机床 T 后只允许跟 2 位数字，即只表示刀具号，刀具补偿则由其他指令表示。

有的机床 T 后则允许跟 4 位数字，前 2 位表示刀具号，后 2 位表示刀具补偿号。

例如：T0211 表示用第二把刀具，其刀具偏置及补偿量等数据在第 11 号地址中。为方便记忆，一般取与刀号相同的刀补号，如 T0101，T0202。

4．S 功能(格式：S4，S 后可跟 4 位数)

用于控制带动工件旋转的主轴的转速。实际加工时，还受到机床面板上的主轴速度修调倍率开关的影响。按公式：$N=1000v_c/\pi D$ 可根据某材料查得切削速度 v_c，然后即可求得 N。例如：若要求车直径为 60 mm 的外圆时切削速度控制到 48 mm/min，则换算得：N=250 r/min(转/分钟)，则在程序中指令为 S250。

车削中有时要求用恒线速加工控制，即不管直径大小，其切向速度 V 为定值，这样当进行直径由大到小的端面加工时，转速将越来越大，以致于可能会产生因转速过大而将工件甩出的危险，因此，就必须限制其最高转速。当超出此值时，就强制截取在低于此极值的某一速度下工作。有的机床是通过参数来设置此值，而有的机床则利用 G 功能来指定，例如："G50 S1600;"即表示限制最高转速为 1600 r/min。

2.3.2　车床的编程方式

1．绝对编程方式和增量编程方式

绝对编程是指程序段中的坐标点值均是相对于坐标原点来计量的，常用 G90 来指定。增量(相对)编程是指程序段中的坐标点值均是相对于起点来计量的。常用 G91 来指定。如对图 2-17 所示的直线段 AB 编程为

　　绝对编程：G90 G01 X100.0 Z50.0;

　　增量编程：G91 G01 X60.0 Z – 100.0;

注：在某些机床中用 X、Z 表示绝对编程，用 U、W 表示相对编程，允许在同一程序段中混合使用绝对和相对编程方法。如上图直线 AB，可用：

　　绝对：G01 X100.0 Z50.0;

　　相对：G01 U60.0 W-100.0;

　　混用：G01 X100.0 W-100.0;

　　或　 G01 U60.0 Z50.0;

这种编程方法不需要在程序段前用 G90 或 G91 来指定。

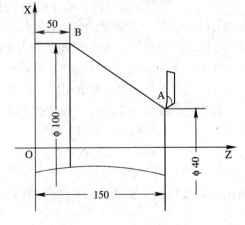

图 2-17　编程方式示例

2. 直径编程与半径编程

当地址 X 后所跟的坐标值是直径时，称直径编程，如前所述直线 AB 的编程例子。

当地址 X 后所跟的坐标值是半径时，称半径编程，则上述应写为 G90G01X50.0Z50.0;

注：

(1) 直径或半径编程方式可在机床控制系统中用参数来指定。HNC-22T 系统中可用 G36 指定直径编程，用 G37 指定半径编程。

(2) 无论是直径编程还是半径编程，圆弧插补时 R、I 和 K 的值均以半径值计量。

2.3.3　基本编程指令

1. G00、G01——点、线控制

格式：G90 (G91) G00 X... Z...

　　　　G90 (G91) G01 X... Z... F...

G00 用于快速点定位，G01 用于直线插补加工。

如图 2-18 所示从 A 到 B，其编程计算方法如下：

绝对：G90 G00 X x_b Z z_b ;

增量：G91 G00 X $(x_b - x_a)$ Z $(z_b - z_a)$;

绝对：G90 G01 X x_b Z z_b F f ;

增量：G91 G01 X $(x_b - x_a)$ Z $(z_b - z_a)$ F f;

说明：

(1) 在 G00 时，X、Z 轴分别以该轴的快进速度

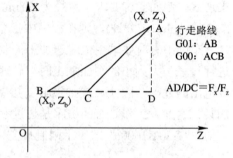

图 2-18　点、线控制

向目标点移动，行走路线通常为折线。图 2-18 所示 AB 段，在 G00 时，刀具先以 X、Z 的合成速度方向移到 C 点，然后再由余下行程的某轴单独地快速移动而走到 B 点。

(2) 在 G00 时，轴移动速度不能由 F 代码来指定，只受快速修调倍率的影响。一般地，G00 代码段只能用于工件外部的空程行走，不能用于切削行程中。

(3) 在 G01 时，刀具以 F 指令的进给速度由 A 向 B 进行切削运动，并且控制装置还需要进行插补运算，合理地分配各轴的移动速度，以保证其合成运动方向与直线重合。在 G01 时的实际进给速度等于 F 指令速度与进给速度修调倍率的乘积。

HCNC-22T 系统中 G01 指令还可用于在两相邻轨迹线间自动插入倒角或倒圆控制功能。

在指定直线插补或圆弧插补的程序段尾，若：

加上 C...，则插入倒角控制功能；

加上 R...，则插入倒圆控制功能。

C 后的数值表示倒角起点和终点距未倒角前两相邻轨迹线交点的距离，R 后的值表示倒圆半径。

如图 2-19 所示几段轨迹间，可使用倒角或倒圆控制功能编程。对应部分程序为

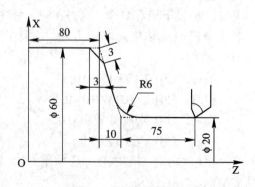

图 2-19　倒角控制图例

O0001

G91 G01 Z −75.0 R6.0;

   X40.0 Z −10.0 C3.0;

   Z −80.0;

  M02;

注：

(1) 第二直线段必须由点 B 而不是从点 C 开始。

(2) 在螺纹切削程序段中不得出现倒角控制指令。

(3) X、Z 轴指定的移动量比指定的 R 或 C 小时，系统将报警。

2．G02、G03——圆弧控制

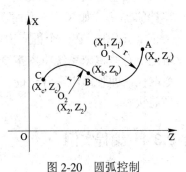

格式：G90 (G91) G02 X... Z... R... (I... K...) F...

       G90 (G91) G03 X... Z... R... (I... K...) F...

如图 2-20 所示弧 AB，编程计算方法如下：

绝对: G90 G02 Xx_b Zz_b Rr_1 Ff;　——R 编程

或　　　G90 G02 Xx_b Zz_b I($x_1 - x_a$)/2 K($z_1 - z_a$) Ff;

增量: G91 G02 X($x_b - x_a$) Z($z_b - z_a$) Rr_1 Ff;

或　　　G91G02 X($x_b - x_a$)Z($z_b - z_a$)I($x_1 - x_a$)/2K($z_1 - z_a$)Ff;

如图 2-20 所示弧 BC，编程计算方法如下：

绝对: G90 G03 Xx_b Zz_c Rr_2 Ff;　——R 编程

或　　　G90 G03 Xx_b Zz_c I($x_2 - x_b$)/2 K($z_2 - z_b$) Ff;

增量: G91 G03 X($x_c - x_b$) Z($z_c - z_b$) Rr_2 Ff;

或　　　G91 G03 X($x_c - x_b$) Z($z_c - z_b$) I($x_2 - x_b$)/2 K($z_2 - z_b$) Ff;

图 2-20　圆弧控制

说明：

(1) G02、G03 时，刀具相对工件以 F 指令的进给速度从当前点向终点进行插补加工，G02 为顺时针方向圆弧插补，G03 为逆时针方向圆弧插补。对默认 G18 平面上车削圆弧走向顺逆的判断，应是从垂直于 XZ 圆弧加工平面的第三轴(假想 Y 轴)正方向朝加工面所看到的回转方向。因此，无论是刀架前置式对前侧部分的轮廓，还是刀架后置式对后侧部分的轮廓，采用一样的工艺思路加工同一回转圆弧段时，其走向顺逆的判断应该是一致的。即按后置式编程判断某圆弧为 G02，则按前置式编程是也应该是 G02。

(2) 圆弧半径编程时，当加工圆弧段所对的圆心角为 0～180°时，R 取正值，当圆心角为 180°～360°时，R 取负值。同一程序段中 I、K、R 同时指令时，R 优先，I、K 无效。

(3) X、Z 同时省略时，表示起终点重合；若用 I、K 指令圆心，相当于指令了 360°的弧；若用 R 编程时，则表示指令为 0°的弧。

       G02 (G03) I... ;　　整圆　　　G02 (G03) R... ;　　不动

(4) 无论用绝对还是用相对编程方式，I、K 都为圆心相对于圆弧起点的坐标增量，为零时可省略。(也有的机床厂家指令 I、K 为起点相对于圆心的坐标增量。)

3．G04——暂停延时

格式：G04 P...　　　　　后跟整数值，单位 ms(毫秒)

或　　　　　　G04 X (U) ...　　　　后跟带小数点的数，单位 s(秒)

由于在两不同轴进给程序段转换时存在各轴的自动加减速调整，可能导致刀具在拐角处的切削不完整。如果拐角精度要求很严，其轨迹必须是直角时，应在拐角处使用暂停指令。

例如：欲停留 1.5 s 时，程序段为

　　　　G04 X1.5;

或　　　　G04 P1500;

4．G20、G21——输入数据单位设定，即单位制式(英制和公制)的设定

G20 和 G21 是两个互相取代的 G 代码，机床出厂时将根据使用区域设定默认状态，但可按需要重新设定。在我国一般均以公制单位设定(如 G21)，常用于公制(单位：mm)尺寸零件的加工。如果一个程序开始用 G20 指令，则表示程序中相关的一些数据均为英制(单位：in/10)；在一个程序内，不能同时使用 G20 与 G21 指令，且必须在坐标系确定之前指定。有些机床系统将本指令设置为断电记忆状态，一次指定，持续有效，直到被另一指令取代，即使断电再开也能保持上次设定状态，对此必须注意在使用前检查该指令功能的当前状态。

2.3.4　编程实例

精车如图 2-21 所示零件。

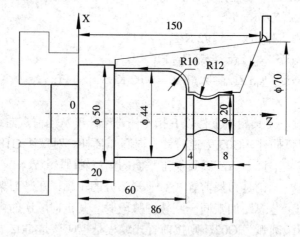

图 2-21　精车轮廓编程图例

该零件车削的整体程序由程序头、程序主干及程序尾组成。

一般地，程序头包括程序号号、建立工件坐标系，启动主轴、开启切削液、从起刀点快进到工件要加工的部位附近等准备工作。程序主干则是由具体的车削轮廓的各程序段组成，有必要的话可含子程序调用。程序尾包括快速返回起刀点、关主轴和切削液、程序结束停机等。

通用加工程序如下：

　　O0002

　　G92 X70.0 Z150.0 ;　　　　　　　建立工件坐标系

　　S630 M03 ;　　　　　　　　　　　让主轴以 630 r/min 正转

G90 G00 X20.0 Z88.0 M08;　　　刀具快速移到毛坯的右端

G01 Z78.0 F100 ;　　　　　　　工进车外圆 φ20

G02 Z64.0 R12.0 ;　　　　　　　车 R12 圆弧成型面

G01 Z60.0 ;　　　　　　　　　　车外圆 φ20

G04 X2.0 ;　　　　　　　　　　转角处暂停

G01 X24.0 ;　　　　　　　　　　车端面

G03 X44.0 Z50.0 R10.0 ;　　　　车转角圆弧 R10

G01 Z20.0 ;　　　　　　　　　　车外圆 φ44

　　　X55.0 ;　　　　　　　　　车端面并退出到工件外

G00 X70.0 Z150.0 M09 ;　　　　返回起刀点

M05;　　　　　　　　　　　　　主轴停转

M30;　　　　　　　　　　　　　程序结束

若以工件右端轴心为原点，则程序如下：

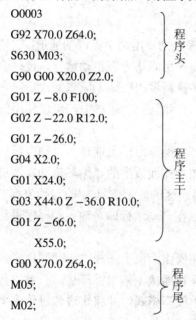

O0003

G92 X70.0 Z64.0;　　　　　┐

S630 M03;　　　　　　　　├ 程序头

G90 G00 X20.0 Z2.0;　　　　┘

G01 Z −8.0 F100;　　　　　┐

G02 Z −22.0 R12.0;

G01 Z −26.0;

G04 X2.0;

G01 X24.0;　　　　　　　　├ 程序主干

G03 X44.0 Z −36.0 R10.0;

G01 Z −66.0;

　　　X55.0;　　　　　　　┘

G00 X70.0 Z64.0;　　　　　┐

M05;　　　　　　　　　　　├ 程序尾

M02;　　　　　　　　　　　┘

2.3.5　程序输入及上机调试

现以 HNC-22T 系统为例介绍程序输入与上机调试。

1. 程序输入与编辑修改

1) 建立一个新程序

在主菜单下按 F1 键选择"程序"→"编辑程序 F2"→"新建程序 F3"进行。之后在光标处输入程序号并回车，然后即可开始输入编辑一个新程序。程序编写完成后可按 F4 键"保存程序"。

2) 调用一个已有的程序

可在主菜单中选择"程序 F1"→"选择程序 F1"，屏幕即列出当前系统电子盘内已有的程序文件，上下移动光标到需调入的程序文件名处回车即可，若当前页没有所需程序，可按"Pgup"、"Pgdn"前后翻页查找；左右移动光标还可启用 RS232 接口的由 DNC 传送过来的程序或从软盘驱动器中读入程序。程序调入后即可开始编辑修改，完成后可按 F4 功能键"保存程序"。

程序编辑修改时可先进行块定义后利用进行块复制、块粘贴、块移动和块删除的功能实施大范围程序的编辑操作。对应操作的快捷键组合分别为：ALT+B→定义块首，ALT+E→定义块尾，ALT+C→块复制，ALT+V→块粘贴，ALT+X→块剪切。

HNC-22T 数控系统要求程序文件名必须以"O"作为开头的第一个字母，否则程序文件无法在选择列表中列出。另外，程序文件内容的第一行应为"%"或"O"后跟 1～4 位数字，不要像 FANUC 系统那样以"%"或以"%Oxxxx"作首行；程序中尽量避免写入系统不能识别的指令，程序最后应以"M02"或"M30"作结束。

注意：程序格式的基本组成是一个字母后跟一些数字，不允许出现连续两个字母，或缺少字母的连续两组数字，特别地，字母"O"和数字"0"不能写混。

2．程序校验与自动运行

HNC 早期版本对编辑的程序和自动运行的程序分别使用两个不同的通道，它们各自独立存放，当前编辑通道的程序需要在工作通道重新调用确认方可自动运行。反之，要编辑当前自动运行的程序，必须停止运行后在编辑通道重新调用确认，编辑修改后再在工作通道重新调用方可。HNC-22 系统将编辑和自动运行合并到一个通道中，当前使用的程序只有一个，编辑修改后即可重新运行。

调入或编辑修改好一个想要运行的程序后，可在操作面板上选择"自动"模式，然后在"程序"子菜单层中选择"程序校验 F5"，再按操作面板上的"循环启动"键进行自动校验运行。运行时可按"F9 显示切换"来切换主显示区的显示信息内容(包括坐标显示、程序内容显示、图形轨迹显示等)。程序校验主要用以在自动运行前对输入的程序进行语法检查和轨迹核查，确保程序正确。

如果校验无误，装夹上工件并对好刀后，可在操作面板上选择"自动"模式，然后在"程序"子菜单层中选择"重新运行 F7"，再按操作面板上的"循环启动"键进行自动加工运行。首次运行时，最好选择操作面板上的"单段"模式，并将快进和进给倍率调低，然后按"循环启动"执行程序，这样可更好地检查对刀是否正确，以避免因对刀不准而出现撞刀的危险。如中途想暂停运行，可按机床面板上的"进给保持"键，则 X、Z 轴方向的进给将暂时停止，直至再按"循环启动"时便可继续执行。若想彻底中断程序的继续运行，可选择菜单键的"F6 停止运行"来结束自动运行。

2.4　车削循环程序编写与调试

车削循环编程通常是指用含 G 功能的一个程序段来完成本来需要用多个程序段指令的加工操作，从而使程序得以简化。车削循环一般用在去除大部分余量的粗车加工中。

2.4.1 简单车削循环

1. G80——外圆车削循环

格式：G90（G91）G80 X... Z... I... F... ;

算法：G90 G80 X x_b Z z_b I $(x_c/2−x_b/2)$ F f ;

或　　　　G91 G80 X $(x_b−x_a)$ Z $(z_b−z_a)$ I $(x_c/2−x_b/2)$ F f ;

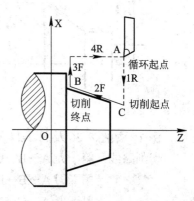

图 2-22　外圆车削循环

如图 2-22 所示，刀具从循环起点 A 开始，按着箭头所指的路线行走，先走 X 轴快进(G00 速度，用 R 表示)到外圆锥面切削起点 C 后，再工进切削(F 指令速度，用 F 表示)到外圆锥面的切削终点 B，然后轴向退刀，最后又回到循环起点 A。当用绝对编程方式时，X、Z 后的值为外圆锥面切削终点的绝对坐标值；当用增量编程方式时，X、Z 后的值为外圆锥面切削终点相对于循环起点的坐标增量。而无论用何种编程方式，I 后的值总为外圆锥面切削起点(并非循环起点)与外圆锥面切削终点的半径差(起点半径 − 终点半径)。当 I 值为零省略时，即为圆柱面车削循环。X、Z、I 后的值都可正可负，也就是说，本固定循环指令既可用于轴的车削，也可用于内孔的车削，如图 2-23 所示。

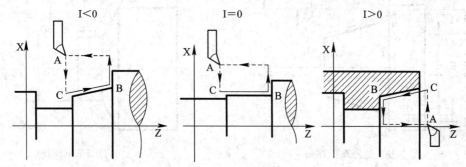

图 2-23　不同 I 值时的情形

2. G81——端面车削循环

格式：G90（G91）G81 X... Z... K... F... ;

算法：G90 G81 X x_b Z z_b K $(z_c−z_b)$ F f ;

或　　　　G91 G81 X $(x_b−x_a)$ Z $(z_b−z_a)$ K $(z_c−z_b)$ F f ;

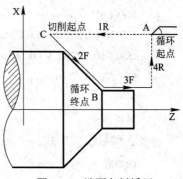

图 2-24　端面车削循环

如图 2-24 所示，刀具从循环起点开始，按着箭头所指的路线行走(先走 Z 轴)，最后又回到循环起点。当用绝对编程方式时，X、Z 后的值为锥端面切削终点的绝对坐标值；当用增量编程方式时，X、Z 后的值为锥端面切削终点相对于循环起点的坐标增量。而无论用何种编程方式，K 后的值总为锥面切削起点(并非循环起点)与锥面切削终点的 Z 坐标之差(起点 Z − 终点 Z)。当

K 值为零省略时，即为端平面车削循环。X、Z、K 后的值都可正可负，也就是说，本固定循环指令既可用于外部轴端面的车削，也可用于孔内端面的车削，如图 2-25 所示。

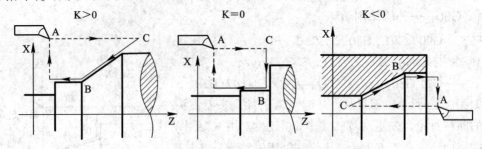

图 2-25　不同 K 值时的情形

例 1　如图 2-26 及图 2-27 所示零件。

切削路线：第一刀 A→B→C→D→A

第二刀 A→E→F→D→A

第三刀 A→G→H→D→A

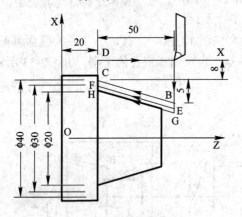

图 2-26　外圆车削图例

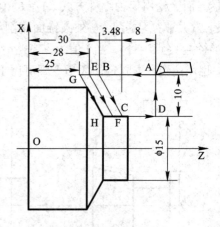

图 2-27　外圆车削图例

采用直径、绝对编程方式编程如下(按 G54 对刀设置坐标系)：

O00004	O0005
G54 G90 X56.0 Z70.0;	G54 G90 X35.0 Z41.48 ;
S500M03;	S500M03 ;
G80 X40.0 Z20.0 I -5.0 F30.0;	G81 X15.0 Z33.48 K-3.48 F30.0 ;
G80 X30.0 Z20.0 I-5.0;	G81 X15.0 Z31.48 K-3.48 ;
G80 X20.0 Z20.0 I-5.0;	G81 X15.0 Z28.78 K-3.48 ;
M05;	M05;
M30 ;	M30 ;

直径、增量编程方式：

O0006	O0007
G54 G90 X56.0 Z70.0S500 M03;	G54 G90 X35.0 Z41.48 S500 M03 ;
G91 G80 X-16.0 Z-50.0 I -5.0 F30.0;	G91 G81 X-20.0 Z-8.0 K-3.48 F30.0 ;

G80 X-26.0 Z-50.0 I-5.0；　　　　　　G81 X-20.0 Z-10.0 K-3.48；

G80 X-36.0 Z-50.0 I-5.0；　　　　　　G81 X-20.0 Z-12.7 K-3.48；

M05；　　　　　　　　　　　　　　　M05；

M30；　　　　　　　　　　　　　　　M30；

　　例2　如图 2-28 所示阶梯轴零件，先用 G80 循环两次车至φ30 的外圆柱面，再用 G81 循环四次车锥端面和前端φ15 的圆柱面。两次车削循环的起点分别为 a 和 A，设其坐标位置分别为：A(75,φ35)、a(72,φ45)，两次的切削路线分别为

　　　矩形循环区 a→b→a

　　　梯形循环区 A→B→A

　　用直径、绝对方式编程(按T指令对刀)：

　　　O0008

　　　S400 M03；

　　　T0101

　　　G90G00 X45.0 Z72.0M08；

　　　G80 X38.0 Z20.0 F30.0；

　　　G80 X30.0 Z20.0；

　　　G00 X35.0 Z150.0 M09；

　　　T0202；　　　　　　　　　　自动换刀

　　　G90G00 X35.0 Z75.0 M08；

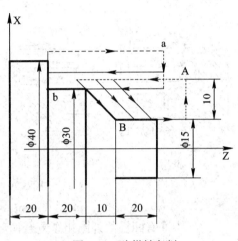

图 2-28　阶梯轴车削

　　　G81 X15.0 Z65.0 K-13.33 F30.0；

　　　G81 X15.0 Z60.0 K-13.33；

　　　G81 X15.0 Z55.0 K-13.33；

　　　G81 X15.0 Z50.0 K-13.33；

　　　M09；

　　　M05；

　　　M30；

2.4.2　粗车复合循环程序

　　从前述简单车削循环程序的使用中可知，要完成一个粗车过程，需要人工计算分配车削次数和吃刀量，再一段段地用简单循环程序实现，虽然比用基本加工指令要简单，但使用起来还是很麻烦，若使用复合车削循环则只需指定精加工路线和吃刀量，系统就会自动计算出粗加工路线和加工次数。因此可大大简化编程工作。

1. G71——外圆粗车复合循环

　　如图 2-29(a)所示，工件成品轮廓为 A1→B，若留给精加工的余量为Δu/2 和Δw，每次切削用量为Δd，则程序格式为

　　　G71 U(Δd)R(e)P(ns)Q(nf)X(Δu)Z(Δw)F(f)S(s)T(t)

其中：

　　e——退刀量；

ns 和 nf——按 A→A1→B 的走刀路线编写的精加工程序中第一个程序行的顺序号 N(ns) 和最后一个程序行的顺序号 N(nf);

f、s、t——粗切时的进给速度、主轴转速、刀具设定,此时这些值将不再按精加工的设定;

Δu、Δw——视不同的加工方位有正负取值之分,如图 2-29(a)、(b)、(c)、(d)所示,左偏刀加工右侧外圆台肩时Δu、Δw 均取"+";右偏刀加工左侧外圆台肩时Δu 取"+"、Δw 取"−";内孔刀加工右侧台肩孔时Δu 取"−"、Δw 取"+";内孔刀反勾加工左侧台肩孔时Δu、Δw 均取"−"。

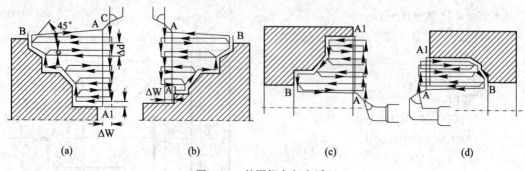

图 2-29 外圆粗车复合循环

(a) +Δu、+Δw;(b) +Δu、−Δw;(c) −Δu、+Δw;(d) −Δu、−Δw

对于中间有凹槽的外圆粗车复合循环,HNC-22T 提供如下程序格式:

G71U(Δd)R(e)P(ns)Q(nf)E(Δu)F(f)S(s)T(t)

其中,Δu 为精加工余量,外径切削时为正,内径切削时为负,其他参量含义同上。

2. G72——端面粗车复合循环

如图 2-30 所示,工件成品形状为 A1→B,若留给精加工的余量为Δu/2 和Δw,每次切削用量为Δd,则程序格式为

G72 W(Δd) R(e) P(ns) Q(nf) X(Δu) Z(Δw) F(f) S(s) T(t)

其中:

e——退刀量;

ns 和 nf——按 A→A1→B 的走刀路线编写的精加工程序中第一个程序行的顺序号 N(ns)和最后一个程序行的顺序号 N(nf);

f、s、t——粗切时的进给速度、主轴转速、刀补设定,若设定后这些值将不再按精加工的设定值进行;

Δu、Δw——视不同的加工方位有正负取值之分,加工右侧外部端面台肩时Δu、Δw 均取"+";加工左侧外部端面台肩时Δu 取"+"、Δw 取"−";加工右侧台肩孔时Δu 取"−"、Δw 取"+";反勾加工左侧台肩孔时Δu、Δw 均取"−"。

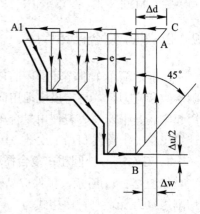

图 2-30 端面车削复合循环

3. G73——环状粗车复合循环

如图 2-31 所示,工件成品形状为 A1→B,该切削方式是每次粗切的轨迹形状都和成品

形状类似，只是在位置上由外向内环状地向最终形状靠近，其程序格式为

G73 U(Δi) W(Δk) R(m) P(ns) Q(nf) X(Δu) Z(Δw) F(f) S(s) T(t)

其中：

m——粗切的次数；

Δi、Δk——起始时 X 轴和 Z 轴方向上的缓冲距离；

Δu、Δw——X 轴(直径值)和 Z 轴方向上的精加工余量，视不同的加工方位有正负取值之分，加工右侧外部端面台肩时 Δu、Δw 均取 "+"，加工左侧外部端面台肩时 Δu 取 "+"、Δw 取 "−"；加工右侧台肩孔时 Δu 取 "−"、Δw 取 "+"，反勾加工左侧台肩孔时 Δu、Δw 均取 "−"；

ns 和 nf——按 A→A1→B 的走刀路线编写的精加工程序中第一个程序行的顺序号 N(ns) 和最后一个程序行的顺序号 N(nf)；

f、s、t——粗切时的进给速度、主轴转速、刀补设定，此时这些值将不再按精加工的设定。

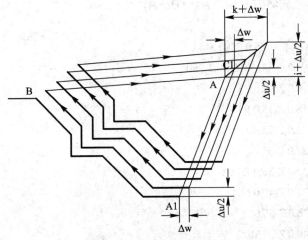

图 2-31 环状车削复合循环

说明：

(1) 带有 P、Q 地址的 G71、G72、G73 指令，方可进行循环加工。

(2) A 点位置应在工件毛坯的右端面与外圆周交角处附近的外部，G71 时 A→A1 应平行于 X 轴、G72 时 A→A1 应平行于 Z 轴，A→A1 对应的精加工程序 N(ns) 段可用 G00 或 G01 指令。

(3) A1→B 的刀具轨迹在 X、Z 轴上必须连续递减或递增。

(4) 在顺序号为 N(ns)～N(nf) 的精加工程序段中，不应含有子程序。

(5) 通常 G71 适用于细长轴类，G72 适用于短粗类，G73 适用于铸锻半成型毛坯件的车削加工。

2.4.3　上机编程实例

如图 2-32 所示车削零件，分别采用粗车外圆、粗车端面及环状车削复合循环三种方式编程并上机调试。

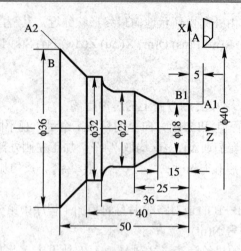

图 2-32　复合车削循环图例

1. 粗车外圆复合循环方式(A→A1→B→A)

O0009

G54 G90 G00 X40.0 Z5.0 S500 M03；

G71 U1 R2 P100 Q200 X0.2 Z0.2 F50；

N100 G00 X18.0 Z5.0；

　　　G01 X18.0 Z-15.0 F30；

　　　　　X22.0 Z-25.0；

　　　　　X22.0 Z-31.0；

　　　G02 X32.0 Z-36.0 R5.0；

　　　G01 X32.0 Z-40.0；

N200 G01 X36.0 Z-50.0；

　　　G00 X40.0 Z5.0 M05;

　　M30;

2. 粗车端面复合循环方式(A→A2→B1→A)

O0010

G54 G90 G00 X40.0 Z5.0 S500 M03;

G72 W3 R2 P100 Q200 X0.2 Z0.2 F50;

N100 G00 X40.0 Z −60.0;

　　　G01 X32.0 Z −40.0 F30;

　　　　　X32.0 Z −36.0;

　　　G03 X22.0 Z −31.0 R5.0;

　　　G01 X22.0 Z −25.0;

　　　G01 X18.0 Z −15.0;

N200 G01 X18.0 Z1.0;

　　　G00 X40.0 Z5.0 M05;

　　M30;

3. 环状复合循环方式(A→A1→B→A)

```
O0011
G54 G90 G00 X40.0 Z5.0 S500 M03;
G73 U12 W5 R10 P100 Q200 X0.2 Z0.2 F50;
N100 G00 X18.0 Z0.0;
    G01 X18.0 Z −15.0 F30;
        X22.0 Z −25.0;
        X22.0 Z −31.0;
    G02 X32.0 Z −36.0 R5.0;
    G01 X32.0 Z −40.0;
N200 G01 X36.0 Z −50.0;
    G00 X40.0 Z5.0 M05;
M30;
```

注：在 FANUC-0T 系统中，由于绝对/相对坐标是由地址 X、Z 与 U、W 来决定的，当欲用增量表达坐标时不可能在同一程序行中出现两个 U、W，因此其 G71、G72、G73 程序格式都改用两行书写的格式，如 G71 格式为

G71 U(Δd) R(e)；

G71 P(ns) Q(nf) X(Δu) Z(Δw) F(f) S(s) T(t)

FANUC-0T 系统还必须使用 G70 P(ns) Q(nf)来做精车调用。

以上粗车循环的程序例程是使用一把车刀完成粗、精车过程的，实际加工中需换刀做粗、精车，程序格式可参考如下格式：

```
T0101;                          
G90 G0 X... Z...;          走到循环起点
G71 U...;                  粗车
G71 P... Q... X... Z... F...
G0 X... Z...;              走到换刀点
T0202;                     换刀
G0 X... Z...;              走到循环起点
G70 P... Q...;             精车(FANUC-0T 用，HNC-22T 不用)
N...;                      精车起始行
...
```

2.5　螺纹车削程序的编写与调试

2.5.1　基本螺纹车削指令 G32

格式：G90(G91)G32 X... Z... R...E...P...F/I...

如图 2-33 所示锥面螺纹段 AB，其编程计算方法如下：

绝对：G90 G32 X xb Z zb Rr Ee Pp Ff / Ii；

增量：G91 G32 X(xb-xa)Z(zb-za)Rr Ee Pp Ff / Ii；

说明：

(1) f 为螺纹的导程，单位为 mm/r(转)。i 为英制螺纹每英寸长度上的螺纹牙数。

r、e 为增量指定的螺纹切削 Z、X 方向退尾量，正值表示沿 +Z、+X 回退，负值表示沿 –Z、–X 方向回退。使用 R、E 可免去退刀槽，省略则表示不用回退功能，按螺纹标准 r 取 2 倍的螺距，e 取螺纹的牙型高。

p 为主轴基准脉冲处距离螺纹切削起始点的主轴转角。

(2) 螺纹切削应注意在两端设置足够的升速进刀段δ_1和降速退刀段δ_2，以剔除两端因变速而出现的非标准螺距的螺纹段。同理，在螺纹切削过程中，进给速度修调功能和进给暂停功能无效，若此时按进给暂停键，刀具将在螺纹段加工完后才停止运动。

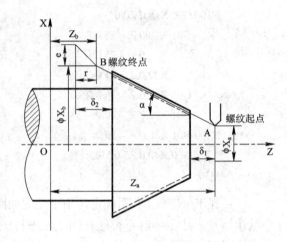

图 2-33　螺纹车削

(3) 有的机床具有主轴恒线速控制(G96)和恒转速控制(G97)的指令功能，那么，对于端面螺纹和锥面螺纹的加工来说，若恒线速控制有效，则主轴转速将是变化的，这样加工出的螺纹螺距也将是变化的。所以，在螺纹加工过程中就不应该使用恒线速控制功能。从粗加工到精加工，主轴转速必须保持一常数。否则，螺距将发生变化。

(4) 对锥螺纹的 F 指令值，当锥度角α在 45°以下时，螺距以 Z 轴方向的值指令；45°～90°时，以 X 轴方向的值指令。

(5) 牙型较深、螺距较大时，可分数次进给，每次进给的背吃刀量用螺纹深度减精加工背吃刀量所得之差按递减规律分配。表 2-3 是常用公制螺纹切削时进给次数与背吃刀量的一般推荐值。

表 2-3　常用米制螺纹切削的进给次数与背吃刀量　　　　　　　　　　mm

螺　　距		1.0	1.5	2.0	2.5	3.0	3.5	4.0
牙　深		0.649	0.974	1.299	1.624	1.949	2.273	2.598
背吃刀量及切削次数	1 次	0.35	0.4	0.45	0.5	0.6	0.75	0.75
	2 次	0.2	0.3	0.3	0.35	0.35	0.35	0.4
	3 次	0.1	0.2	0.3	0.3	0.3	0.3	0.3
	4 次		0.08	0.2	0.2	0.2	0.3	0.3
	5 次		0.05	0.2	0.2	0.2	0.2	0.2
	6 次			0.075	0.2	0.2	0.2	0.2
	7 次				0.1	0.1	0.1	0.2
	8 次					0.075	0.15	
	9 次							0.1

表 2-4 是为获得较好的螺纹切削质量推荐的内外螺纹牙深及进给次数。每次吃刀深度可用下面公式计算：

$$\Delta d_i = \frac{a_p}{\sqrt{n-1}} \times \sqrt{\psi_i}$$

式中：Δd_i 为每次吃刀深度；a_p 为螺纹牙深；n 为进给次数；ψ_i 为调整系数，$\psi_1 = 0.3$，$\psi_2 = 1$，$\psi_3 = 2$，$\psi_n = n - 1$。

表 2-4　螺纹切削的牙深与进给次数推荐数据

螺　距	牙　深		进给次数	螺　距	牙　深		进给次数
	外螺纹	内螺纹			外螺纹	内螺纹	
0.5	0.34	0.34	4	2.5	1.58	1.49	10
0.75	0.50	0.48	4	3.0	1.89	1.80	12
0.8	0.54	0.52	4	3.5	2.20	2.04	12
1.0	0.67	0.63	5	4.0	2.50	2.32	14
1.25	0.80	0.77	6	4.5	2.80	2.62	14
1.5	0.94	0.90	6	5.0	3.12	2.89	14
1.75	1.14	1.07	8	5.5	3.41	3.2	16
2.0	1.28	1.20	8	6.0	3.72	3.46	16

螺纹车削编程实例：

例 1　如图 2-34 所示圆柱螺纹切削，螺纹导程为 1.0 mm，使用 G54 构建工件坐标系。其车削程序编写如下：

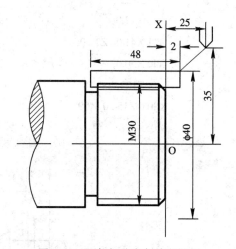

O0012

G54 G90 X70.0 Z25.0 S200 M03 ;

G00 X40.0 Z2.0 M08 ;

　　X29.3 ;　　　　　查表 2-2 得 $a_{p1} = 0.7$ mm

G32 Z-46.0 F1.0 ;

G00 X40.0 ;

　　Z2.0 ;

　　X28.9 ;　　　　　$a_{p2} = 0.4$ mm

G32 Z-46.0 ;

G00 X40.0 ;

　　Z2.0 ;

　　X28.7 ;　　　　　$a_{p3} = 0.2$ mm

G32 Z-46.0 ;

G00 X40.0 ;

　　Z2.0 ;

　　X70.0 Z25.0 M09;

M05;

M30;

图 2-34　圆柱螺纹车削编程图例

例 2　如图 2-35 所示锥螺纹切削，螺距 1.5 mm，$\delta_1 = 2$ mm，$\delta_2 = 1$ mm。其车削加工程序如下：

```
O0013
G54 G90 X80.0 Z150.0 S200 M03 ;
G90 G00 X50.0 Z122.0 M08;
  X13.2;                        查表 2-2 得，ap1 = 0.8 mm
G91 G32 X29.0 Z -43.0 F1.5;    车螺纹第 1 刀(增量方式)
G00 X7.0;                       退刀至 X= 50 处
  Z43.0;                        退刀至 Z=122.0 处
G90 X12.6;                      吃刀 ap2 = 0.6 mm
G32 X41.6 Z79.0;                车螺纹第 2 刀
G00 X50.0;
    Z122.0;
    X12.2;
G32 X41.2 Z79.0;                ap3 = 0.4 mm
G00 X50.0 ;
    Z122.0;
    X12.04;                     ap4 = 0.16 mm
G32 X41.04 Z79.0;
G00 X50.0;
    Z122.0;
X80.0 Z150.0 M09;
M05;
M30;
```

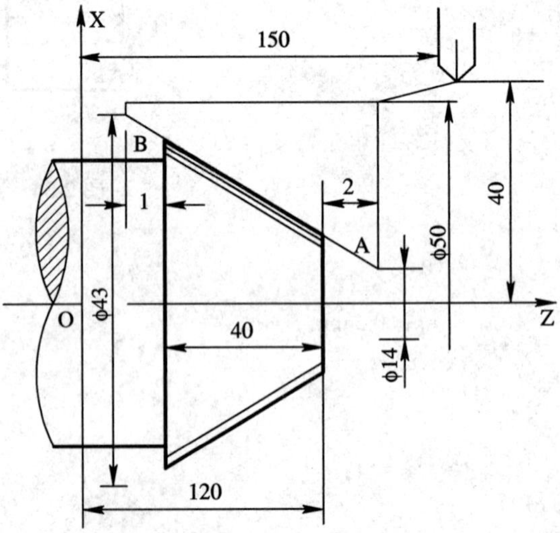

图 2-35　锥螺纹编程图例

2.5.2 螺纹车削的简单固定循环 G82

格式：G90(G91)G82 X... Z... I... R...E...C...P...F... ;

算法：G90 G82 X x_b Z z_b I(x_c/2−x_b/2)Rr Ee Cc PpF f ;

　　　G91G82 X(x_b−x_a)Z(z_b−z_a)I(x_c/2−x_b/2)Rr Ee Cm Pp F f ;

其中：

r——Z 向退尾量；

e——X 向退尾量，不用回退功能时可以省略；

c——螺纹头数，0、1 为单头螺纹；

p——多头螺纹切削时，为相邻螺纹头的切削起始点之间对应的主轴转角；

f——螺纹导程。

如图 2-36 所示，刀具从循环起点开始，沿着箭头所指的路线行走，最后又回到循环起点。当用绝对编程方式时，X、Z 后的值为螺纹段切削终点的绝对坐标值；当用增量编程方式时，X、Z 后的值为螺纹段切削终点相对于循环起点的坐标增量。但无论用何种编程方式，I 后的值总为螺纹段切削起点(并非循环起点)与螺纹段切削终点的半径差。当 I 值为零省略时，即为圆柱螺纹车削循环。

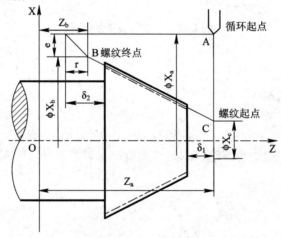

图 2-36　螺纹车削简单循环

和前面介绍的 G80、G81 等简单循环一样，螺纹车削循环也包括四段行走路线，其中只有一段是主要用于车螺纹的工进路线段，其余都是快速空程路线。采用简单固定循环编程虽然可简化程序，但要车出一个完整的螺纹还需要人工连续安排几个这样的循环。比如前述例图 2-34、图 2-35 的螺纹加工，若采用固定循环指令，则程序可这样编写：

例图 2-34：

O0014

G54 G90 X40.0 Z2.0 S200 M3;

G91 G82 X – 10.7 – 48.0 F1.0 ;

　　G82 X – 11.1 Z – 48.0;

　　G82 X – 11.3 Z – 48.0 ;

例图 2-35(以右端面中心为工件原点)：

O0015

G54 G90 X50.0 Z2.0 S200 M03;

G91 G82 X – 7.8 Z – 43.0 I – 14.5 F1.5 ;

　　G82 X – 8.4 Z – 43.0 I – 14.5 ;

　　G82 X – 8.0 Z – 43.0 I – 14.5 ;

G90 G00 X70.0 Z25.0 M05；

M30 ；

G82 X – 7.9 Z – 43.0 I – 14.5；

G90 G00 X80.0 Z30.0 M05;

M30；

2.5.3 车螺纹复合循环 G76

格式：G76 C(m) R(r) E(e) A(a) X(U) Z(W) I(i) K(k) U(d) V(dmin) Q(Δd) F(f)；

如图 2-37 为车螺纹复合循环的加工路线及参数表达的示意图。

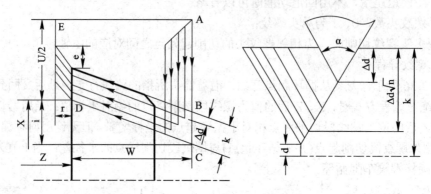

图 2-37　螺纹车削复合循环

其中：

m——精整次数；

r——螺纹 Z 有向退尾长度；

e——螺纹 X 有向退尾长度；

a——牙型角(取 80°，60°，55°，30°，29°，0°)，通常为 60°；

U、W——绝对编程时为螺纹终点的坐标值；相对编程时，为螺纹终点相对于循环起点 A 的有向距离；

i——锥螺纹的始点与终点的半径差；

k——螺纹牙型高度(半径值)；

d——精加工余量；

Δd——第一次切削深度(半径值)；

f——螺纹导程；

dmin——最小进给深度，当某相邻两次的切削深度差小于此值时，则以此值为准。

按照车螺纹的规律，每次吃刀时的切削面积应尽可能保持均衡的趋势，因此相邻两次的吃刀深度应按递减规律逐步减小，本循环方式下，第一次切深为 Δd，第 n 次切深为 $\Delta d \sqrt{n}$，相邻两次切削深度差为 $(\Delta d \sqrt{n} - \Delta d \sqrt{n-1})$。若邻次切削深度差始终为定值的话，则必然是随着切削次数的增加切削面积逐步增大，有的车床为了计算简便而采用这种等深度螺纹车削方法，这样螺纹就不易车光，而且也会影响刀具寿命。

前例图 2-34 的螺纹车削用复合循环编程如下：

O0014

T0101；

S200 M03；

G90 G00 X40.0 Z2.0 M8;

G76 C2 R‐2 E1 A60 X28.7 Z‐46.0 K0.649 U0.1 V0.1 Q0.35 F1.0；

G90 G00 X70.0 Z25.0 M9;

M05;

M30；

2.5.4　标准管螺纹及其加工编程

　　管螺纹是锥螺纹的典型应用，有圆柱内螺纹与圆锥外螺纹组成"柱/锥"配合和内外圆锥螺纹组成的"锥/锥"配合两种方式，一般米制管螺纹的锥度角为 1°47′24″。和直螺纹不同，管螺纹通常带有自密封旋合功能，即内外螺纹是越旋越紧，只能实现部分螺纹段的旋合，标准旋合长度为外螺纹小端至外螺纹基面的距离，内螺纹外端面即为内螺纹的基面，管螺纹是按基面尺寸数据进行标注的。

　　米制管螺纹尺寸关系如图 2-38 所示，表 2-5 是部分标准米制管螺纹的尺寸数据。

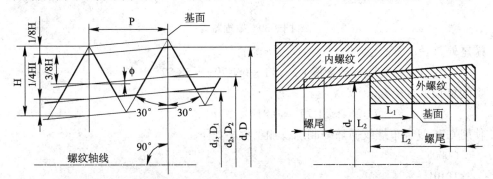

尺寸：$H=0.866P$；$D_2=d_2=D-0.6495P$；$D_1=d_1=D-1.0825P$；锥度$2tg\ \phi=1:16$

米制锥螺纹基面公称外径为33 mm的米制锥螺纹代号为：ZM33

图 2-38　米制管螺纹尺寸关系

表 2-5　标准米制管螺纹的尺寸数据

螺纹代号	螺距	螺 纹 长 度		基面上螺纹直径			工作高度
		有效长度 L_1	管端至基面距离 L_2	大径 $d=D$	中径 $d_2=D_2$	小径 $d_1=D_1$	
ZM14				14	13.026	12.376	
ZM18	1.5	7.5	11	18	17.026	16.376	0.974
ZM22				22	21.026	20.376	
ZM27				27	25.701	24.835	
ZM33				33	31.701	30.835	
ZM42	2	11	16	42	40.701	39.835	1.299
ZM48				48	46.701	45.835	
ZM60				60	58.701	57.835	

由于管螺纹标准尺寸数据表提供的是基面数据，不是锥螺纹编程所需的直观数据，因此要按锥螺纹编程所需数据进行适当的尺寸计算后方可。

例　编制加工图 2-39(a)所示 ZM60 的米制外锥螺纹的程序。

尺寸关系换算如图 2-39(b)所示。

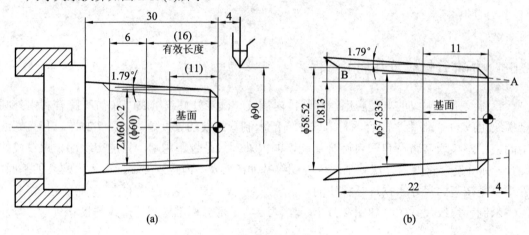

图 2-39　编程图例

螺尾处直径：

$$D_b = 57.835 + 2 \times 11 \times tg1.79° = 58.52$$

切削总长上直径差：

$$I = 26 \times tg1.79° = 0.813$$

使用 G76 复合车螺纹循环编制螺纹加工程序如下：

```
O0006
T0101;
G90G0X90Z4S300M3;
G76C2R–3E1.3A60X58.52Z–22I–0.813K1.299U0.1V0.05Q0.45F2;
G00X100Z100M5;
M30;
```

2.5.5　程序调试说明

在 HNC-22T 系统中，上机调试螺纹车削程序时，应注意如下问题：

(1) 在车螺纹时的切削进给速度是由连接在主轴上的编码器检测到实际转速后反馈到数控装置内，再由数控装置控制 Z 轴的进给速度，从而保证主轴每转一圈，Z 轴行进一个螺距，车螺纹时 Z 轴的进给速度 = 螺距 × 主轴转速。HNC-22T 系统中默认 F 单位为分进给，但在执行 G32、G82、G76 时系统会自动切换为转进给而不需要另外使用 G95。

(2) 和 G71、G72、G73 等复合循环不一样的是，G76 指令可在 MDI 方式下直接执行。

(3) 由于车螺纹时进给速度依赖于主轴转速，所以含车螺纹的程序在上机空行调试时，一定不能让主轴停转，若主轴处于停转状态而又执行到车螺纹程序段时，机床将处于等待状态，只有启动主轴才可持续运行。

(4) 车螺纹时不要使用"进给保持"功能、也不要修调进给速度，以避免产生变螺距的可能，通常车螺纹时系统会自动锁定这些操作键的功能。

2.6　刀具补偿与换刀程序的处理

刀具补偿是补偿实际加工时所用的刀具与编程时使用的理想刀具或对刀时用的基准刀具之间的差值，从而保证加工出符合图纸尺寸要求的零件的。

2.6.1　刀具的几何补偿和磨损补偿

如图 2-40 所示，刀具几何补偿是补偿刀具形状和刀具安装位置与编程时理想刀具或基准刀具的偏移的，刀具磨损补偿则是用于当刀具使用磨损后刀具头部与原始尺寸的误差的。这些补偿数据通常是通过对刀或检测工件尺寸后采集到的，而且必须将这些数据准确地储存到刀具数据库中，然后通过程序中的刀补代码来提取并执行。

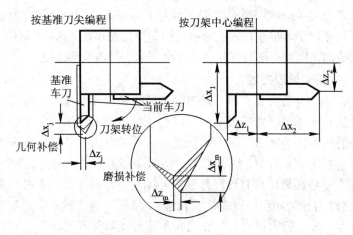

图 2-40　刀具的几何补偿和磨损补偿

刀补指令用 T 代码表示，常用 T 代码格式为：Txxxx，即 T 后可跟 4 位数，其中前 2 位表示刀具号，后两位表示刀具补偿号，当补偿号为 0 或 00 时，表示不进行补偿或取消刀具补偿。若设定刀具几何和磨损补偿同时有效时，刀补量是两者的矢量和。若使用基准刀具，则其几何位置补偿为零，刀补只有磨损补偿。在图示按基准刀尖编程的情况下，若还没有磨损补偿时，则只有几何位置补偿。$\Delta x = \Delta x_j$、$\Delta z = \Delta z_j$；批量加工过程中出现刀具磨损后，则$\Delta x = \Delta x_j + \Delta x_m$、$\Delta z = \Delta z_j + \Delta z_m$；而当以刀架中心作参照点编程时，每把刀具的几何补偿便是其刀尖相对于刀架中心的偏置量。因而，第一把车刀：$\Delta x = \Delta x_1$、$\Delta z = \Delta z_1$；第二把车刀：$\Delta x = \Delta x_2$、$\Delta z = \Delta z_3$。

对某些数控系统来说，刀具的补偿或取消刀补可以理解为是通过拖板的移动来实现的，执行 T 指令时，将先让刀架转位，按前 2 位数字指定的刀具号选择好刀具后，再按后 2 位数字对应的刀补地址中刀具位置补偿值的大小来调整刀架拖板位置，实施刀具几何位置补偿和磨损补偿。如图 2-41 所示，刀补移动的效果便是令转位后新刀具的刀尖移动到与上一基准刀具刀尖所在的位置上，使得新、老刀尖在工件坐标系中的坐标不变。事实上 Txxxx 指令就是一个移动坐标原点来重建坐标系的问题，并不需要真正通过刀架移动来调整实现，由系统重置一下工件原点在机床坐标系中的坐标数据即可。

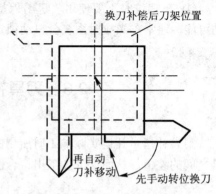

图 2-41　换刀时的自动调整

　　T 代码指令可单独作一行书写，也可跟在移动程序指令的后部。当一个程序行中同时含有刀补指令和刀具移动指令时，是先执行 T 代码指令，后执行刀具移动指令。

2.6.2　刀尖半径补偿

　　虽然采用尖角车刀的编程及对刀控制都很方便，但由于刀头越尖就越容易磨损，且尖刀用于精车时很难获得较高的表面质量，即使采用很小的进给速度，也会存在明显的刀痕。为此精车时常将车刀刀尖磨成圆弧过渡刃。当刀尖为圆弧结构而用于车制台肩面时，刀尖圆弧不影响加工尺寸和基本形状，只是转角处的尖角无法车出，而在切削锥面或圆弧面时，则会造成过切或少切，因此有必要使用刀尖半径补偿技术来消除误差。

1．刀尖半径补偿的处理方式

　　如图 2-42(a)所示，有刀尖存在时，对刀尖按轮廓线 A 编程加工，即可以得到想要的轮廓 A，不需要考虑刀补；而用圆弧头车刀时，若还按假想刀尖编程加工而又不考虑刀补，则实际切削得到的轮廓将是线 B，存在欠切现象。人工考虑刀补量进行编程时，应对假想刀尖按轨迹线 C 进行刀位点计算；如果以刀尖圆弧中心为刀位点时则应按图 2-42(b)所示补偿后圆弧中心轨迹线 E 计算，只有这样作预刀补编程，方可保证切削时得到要求的轮廓线 A。而采用机床自动刀补时，可以直接按照轨迹 A 编程，再在程序中适当位置加上刀补代码即可。相比而言，采用机床自动刀补要比人工预刀补编程方便。

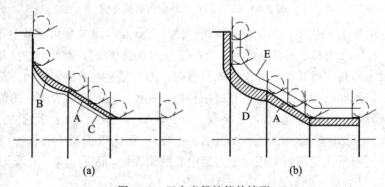

图 2-42　刀尖半径补偿的情形

(a) 假想刀尖作刀位点；(b) 刀尖圆弧中心作刀位点

各刀补方式及其轨迹比较见表 2-6。

表 2-6　刀补方式及其轨迹比较

车刀类型	刀补方式	刀位点	编程轨迹	切削轨迹	刀位点轨迹	
尖角车刀	不补偿	刀尖	A	A	A	
圆角车刀	不补偿	假想刀尖	A	B	A	有欠切
	人工予刀补		C	A	C	
	机床刀补		A	A	C	
	不补偿	刀尖圆弧中心	A	D	A	有过切
	人工予刀补		E	A	E	
	机床刀补		A	A	E	

1) 人工预刀补编程的算法

以刀尖圆弧中心为刀位点计算刀补的算法和铣床刀具半径补偿一样,将所有线廓均匀向外(或向内)扩大(或缩小)一个刀尖圆弧半径后重新计算交点即可;对于使用假想刀尖作刀位点时刀补算法则比较麻烦,需要有选择性的对锥面和圆弧成型面按照如图 2-43 所示的算法原理进行计算。

对于锥面,应按如图 2-43(a)所示,将实际轮廓斜线偏移 $f = \Delta Z \cdot \sin\theta$ 的间距后得到假想斜线,再以该假想斜线与其他线求出假想刀尖点后进行编程;对于圆弧面应按如图 2-43(b)所示,将圆心由 O 移到 O′,以半径分别为 R+r(凸圆弧)或 R−r(凹圆弧)的假想圆弧线与其他线求交点后进行编程。

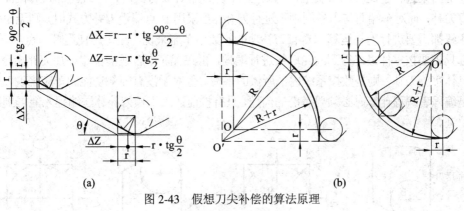

图 2-43　假想刀尖补偿的算法原理

(a) 锥面加工;(b) 圆弧加工

2) 机床自动刀补的编程处理

利用机床自动进行刀尖半径补偿需要使用 G40、G41、G42 指令。

当系统执行到含 T 代码的程序指令时,仅仅只是从中取得了刀具补偿的寄存器地址号(其中包括刀具几何位置补偿和刀具半径大小),此时并不会开始实施刀尖半径补偿,只有在程序中遇到 G41、G42、G40 指令时才开始从刀库中提取数据并实施相应刀径补偿的。

G41——刀尖半径左补偿。沿着进给方向看,刀尖位置应在编程轨迹的左边。

G42——刀尖半径右补偿。沿着进给方向看,刀尖位置应在编程轨迹的右边,如图 2-44 所示。

G40——取消刀尖半径补偿。刀尖运动轨迹与编程轨迹一致。

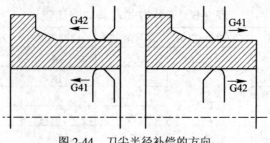

图 2-44　刀尖半径补偿的方向

　　和圆弧加工一样，左右刀补方向也应是从第三轴(假想 Y 轴)正向朝加工面看来判断，无论是刀架前置还是后置，采用一样的工艺思路走刀时，其刀补方向应该是一致的。

2. 刀位点与刀尖方位

　　刀位点是刀具上用于作为编程及走刀控制的参照点，当执行没有刀补的程序时，刀位点正好走在编程轨迹上；而有刀补时，刀位点将可能行走在偏离于编程轨迹的位置上。按照试切对刀的情况看，对刀所获得的坐标数据就是刀尖的坐标；采用对刀仪，也基本上是按刀尖对刀的，而事实上对于圆弧头车刀而言，这个刀尖是不存在的，是一个假想的刀尖点(如图 2-45(a)所示的 A 点)。当然，也可通过测出刀尖圆弧半径值来推测出刀尖圆弧中心点(如图 2-45(a)所示的 B 点)。编程时通常就是用这样两个参照点来作为刀位点的，刀尖半径补偿也就是围绕这两种情况进行的，在表 2-6 中我们已经对这两种情况下是否使用刀径补偿的结果进行了比较。事实上，当采用 A 点编程补偿方式时，系统内部只对锥面及圆弧面计算刀补，而对车端面与车外圆则不进行刀补；当采用 B 点编程刀补方式时，则无论什么样的轮廓线都需要进行刀补运算。对有刀补功能的数控车床来说，无论用使用哪个点进行补偿，我们都只需要按零件最终得到的轮廓线进行编程，再在程序中合适的位置添加刀补指令，至于怎么具体实施刀补，则是数控系统内部所做的事情。但对于没有刀补功能的车床来说，如何刀补则是编程者编程计算时必须要考虑的问题，只有按前述人工预刀补算法编程才能得到准确的轮廓轨迹。

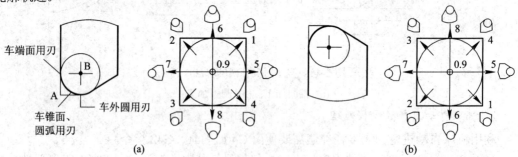

图 2-45　刀位点与刀尖方位

(a) 后置式；(b) 前置式

　　虽然只要采用刀径补偿，就可加工出准确的轨迹尺寸形状，但若使用了不合适的刀具，如左偏刀换成右偏刀，那么采用同样的刀补算法还能保证加工准确吗？肯定不行。为此，就引出了刀尖方位的概念。在数控系统中通常用数字代码来表示不同的刀尖方位，如图 2-45(a)、(b)分别是采用刀架后置或刀架前置时各刀尖方位及其编码设置。如果以刀尖圆弧中心作为刀位点进行编程，则应选用 0 或 9 作为刀尖方位号，其他编号都是以假想刀尖编程时采用的。只有在刀具数据库内按刀具实际放置情况设置相应的刀尖方位代码，才能保证对其正确的刀补，否则将会出现不合要求的过切和欠切现象。

3．刀径补偿的引入和取消

由没有设定刀径补偿的运动轨迹到首次执行含 G41、G42 的程序段，即是刀尖半径补偿的引入(初始加载)过程，如图 2-46(a)所示。编程时书写格式为

```
...
G40;                        先取消以前可能加载的刀径补偿(如果以前未用过 G41 或 G42,
                            则可以不写这一行)
G41(G42) G01(G00)...;       在要引入刀补的含坐标移动的程序行前加上 G41 或 G42，刀补值
                            由 Txxxx 指定
...                         后续程序行
```

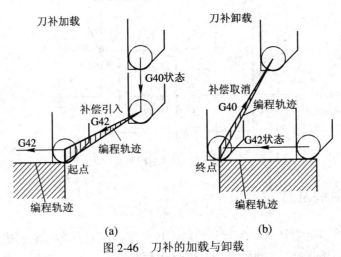

(a)　　　　　　　　　　　　　　　(b)

图 2-46　刀补的加载与卸载

执行过刀径补偿 G41 或 G42 的指令后，刀补将持续对每一编程轨迹有效，若要取消刀补，则需要在某一编程轨迹的程序行前加上 G40 指令，或单独将 G40 作一程序行书写。刀补卸载执行过程如图 2-46(b)所示。

注意：

(1) 刀径补偿的引入和卸载不应在 G02、G03 圆弧轨迹程序行上实施。

(2) 刀径补偿引入和卸载时，刀具位置的变化是一个渐变的过程。

(3) 当输入刀补数据时给的是负值，则 G41、G42 互相转化。

(4) G41、G42 指令不要重复规定，否则会产生一种特殊的补偿。

4．编程应用示例

如图 2-47 所示轮廓精车，考虑刀径补偿。编程如下：

```
O0017
T0101;                      刀补数据库启动
G90 G00 X50.0 Z5.0 S600 M3;
G42 G01 X30.0 Z0.0;         刀补引入
G01 Z-30.0;                 刀补实施中
```

X50.0 Z-45.0;

G02 X65.0 Z-55.0 R12.0;

G01 X80.0;　　　　　　　　刀补实施中

G40 G00 X100.0;　　　　　　取消刀补

Z10.0;　　　　　　　　　　返回

T0100;　　　　　　　　　　关闭刀具数据库

M05;

M30;

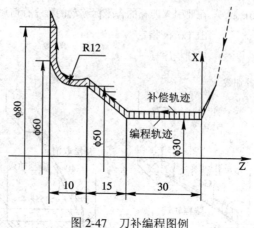

图 2-47　刀补编程图例

2.6.3　多把刀具的对刀

　　加工需要使用多把刀具时，各刀具的对刀也可象基准刀具那样通过试切对刀来测定试切直径和试切长度进行对刀，将每把刀具的试切数据设置到图 2-13 所示画面中对应刀具号的位置即可由系统自动推算出其绝对刀偏，在程序中坐标系构建方法就是 Txxxx。基准刀的试切对刀过程见 2.2.3 节。

　　在基准刀具试切对刀完成后，实际生产中通常可采用测定并设置每一把刀具相对于基准刀具的相对刀偏的方法对其余刀具进行对刀，这样就不需要对每把刀具作试切削。相对刀偏可通过对刀仪器来测定。图 2-48 所示是几种车床机内对刀仪。

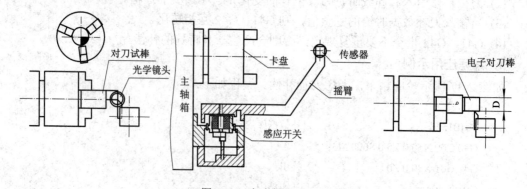

图 2-48　车床机内对刀仪

1．基准标刀的设定

设定机床参数的刀补类型为相对刀偏模式，选择基准刀为当前刀，用点动、步进或手轮操作移动拖板，使基准刀具的刀尖对准工件或对刀试棒上的基准点(右端面轴心)或电子对刀仪传感器的接触面，然后使用菜单中坐标清零功能使屏幕上显示的 X 轴、Z 轴相对坐标清零，再按菜单的"F5 标刀选择"，将基准刀设为标刀，此即为对刀相对零点。

2．其他刀具相对刀偏数据的测定

移开刀架至安全换刀位置，旋动刀架换一把刀具，再移动拖板使该刀具刀尖对准工件或试棒上同一基准点或对刀仪传感器上的同一基准面，此时屏幕上显示的相对坐标值即是该刀号刀具的相对刀偏，然后将该相对坐标值输入到对应刀号的刀偏设定处。同理可测定及输入其余刀具相对于基准刀具的相对刀偏。

3．基准刀的试切对刀

上述对刀是以标准试棒或对刀仪上某点作为相对基准的，只能是测定各刀具相对基准刀的几何位置偏差，但对刀还需要测定基准刀相对工件与机床坐标系建立准确的关系，这就必须通过基准刀试切来实现。

先取消标刀设定，采用 2.2.3 节介绍的试切对刀方法获取试切直径和试切长度，输入到一个不使用的空刀号数据行中，记下系统自动推算出的 X、Z 绝对刀偏值。重新选择前述基准刀具为标刀，将刚记录的 X、Z 绝对刀偏值输入到该标刀的 X、Z 偏置中，取消标刀设定，则各刀具的绝对刀偏由系统自动推算出并显示在相应的刀偏位置栏中。

若采用标准电子对刀试棒，当每把刀具刀尖精确接触试棒外圆至指示灯亮时，可在不设定标刀的情形下，直接输入试棒标准直径以获得每把刀具的绝对刀偏 X，由于工件零点通常就设在回转轴心处，所以 X 方向就不需要再作试切对刀。但对于 Z 方向来说，批量加工时必须要考虑轴向装夹定位，工件装夹的长短和试棒装夹的长短差距应为定值，可用试棒右端面来对刀，然后输入一个相同的试切长度(可根据定长关系确定)即可。若为单件加工而对工件不作轴向定位，则各刀具可先通过试棒右端面统一，并对基准刀具作坐标清零，获得各刀具的相对 Z 刀偏，然后按前述方法用基准刀具作端面试切，在设定标刀的情形下，输入标刀的绝对 Z 刀偏，取消标刀设定则可自动获得各刀具的绝对刀偏。

4．磨损补偿的设定

批量加工时必须考虑工件加工一定件数后刀具刀尖的磨损量，这可通过对工件尺寸的检测来获取因刀具磨损而使得尺寸产生变化的变动量，然后将磨损数据输入到磨损刀偏栏内即可。若采用可更换机夹刀片的刀具，在更换新刀片后应将磨损刀偏清除掉，试加工后再检查尺寸以重新获得并输入新的磨损刀偏值。

2.6.4　换刀程序的编写与上机调试

车床换刀时需要让刀架转位，因此应在远离工件的位置上进行，此时刀具的刀位点即称为换刀点，换刀位置通常可设在机床参考点上，或者设在离开工件一定距离的安全位置上。

1．参考点操作

G28、G29——参考点控制

格式：G28 X... Z... Txx00 ;　　　　　经指令中间点再自动回参考点(见图 2-49)

　　　　G29 X... Z... ;　　　　　　　从参考点经中间点返回指令点

算法：G90G28X x_bZ z_bTxx00;　　　或 G91G28 X(x_b-x_a) Z(z_b-z_a)Txx00;

　　　　G90G29X x_cZ z_c;　　　　　　或 G91G29 X(x_c-x_b) Z(z_c-z_b);

　　执行 G28 指令时，各轴先以 G00 的速度快移到程序指令的中间点位置，然后自动返回参考点。到达参考点后，相应坐标方向的指示灯亮。

　　执行 G29 指令时，各轴先以 G00 的速度快移到由前段 G28 指令定义的中间点位置，然后再向程序指令的目标点快速定位。

　　说明：

　　(1) 使用 G28 指令前要求机床在通电后必须(手动)返回过一次参考点。

　　(2) 使用 G28 指令时，必须预先取消刀补量(用 Txx00，即将后 2 位刀补地址置 0)，否则会发生不正确的动作。

　　(3) G28、G29 指令均属非模态指令，只在本程序段内有效。

　　(4) G28、G29 指令时，从中间点到参考点的移动量不须计算。

　　G29 指令一般在 G28 后出现。其应用习惯通常为：在换刀程序前先执行 G28 指令回参考点(换刀点)，执行换刀程序后，再用 G29 指令往新的目标点移动。

　　例如，对图 2-50 所示换刀要求编程如下：

绝对编程：　　　　　　　　　　　　　　　　增量(相对)编程：

G90 G28 X70.0 Z130.0;　　　A→B→R　　　G91 G28 X40.0 Z100.0;

T0202;　　　　　　　　　　换刀　　　　T0202;

G29 X30.0 Z180.0;　　　　　R→B→C　　　G29 X −80.0 Z50.0;

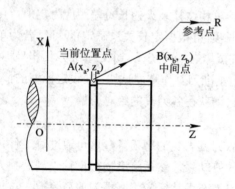

图 2-49　回参考点的路线

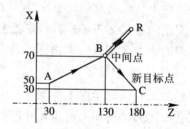

图 2-50　参考点编程图例

　　若参考点离开工件距离太长，则会影响到加工效率。因此我们可以找到一个离工件较近而又比较安全的某一位置，并且可以通过参数设定将该位置设为第二参考点，在程序中使用 G30 代替 G28 来自动返回第二参考点进行换刀。G30 的编程格式及用法和 G28 一样，在此就不再赘述。

　　2. 编程调试实例

　　例　图 2-51 所示零件需要三把车刀，分别用于粗、精车，切槽和车螺纹。刀具装夹布置如图 2-52 所示，将其刀偏数据输入刀库中，对应程序编写如下：

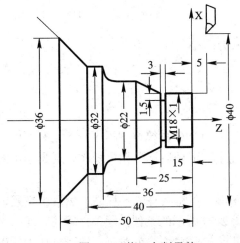

图 2-51　换刀车削零件　　　　　　　图 2-52　刀具安装位置关系图

O0018

T0101 ;

G90 G00 X40.0 Z5.0 S600 M03 ;

G71 U1 R2 P100 Q200 X0.2 Z0.2 F50 ;

N100 G00 X18.0 Z5.0 ;

　　　G01 X18.0 Z-15.0 F30 ;

　　　　　X22.0 Z-25.0 ;

　　　　　X22.0 Z-31.0 ;

　　　G02 X32.0 Z-36.0 R5.0 ;

　　　G01 X32.0 Z-40.0 ;

N200 G01 X36.0 Z-50.0 ;

　G28 X40.0 Z5.0 T0100 ;

　　　M05 ;

T0202 ;

G29 X20.0 Z-15.0 S500 M03 ;

G01 X15.0 F20 ;

G04 X2.0 ;

G00 X20.0 ;

G28 X40.0 Z5.0 T0200 ;

M05 ;

T0303 ;

G00 X20.0 Z5.0 S200 M03 ;

G82 X17.3 Z-16.0 F1.0 ;

G82 X16.9 Z-16.0 ;

G82 X16.7 Z-16.0 ;

G91 G28 X0.0 Z0.0 T0300 ;

M05 ;

M30 ;

2.7　综合车削技术

2.7.1　子程序调用

　　数控车床程序的编写也可采用主、子程序的形式。CNC 系统按主程序指令运行，但在主程序中遇见调用子程序的指令时，将开始按子程序的指令运行，在子程序中遇见调用结束指令时，自动返回并将控制权重新交给主程序。

　　对程序中有一些顺序固定或反复出现的加工图形，可将其写成子程序，然后由主程序来调用，这样可以大大简化整个程序的编写。如图 2-53 所示的工件，因工件较薄，在一次装夹中可车三个，这时可只编第一个工件的镗内孔，车内螺纹，车端面，切断等加工的程序作为子程序，整个车削过程为主程序。编程时，只需调用三次子程序，改变编程零点即可车削三个工件。

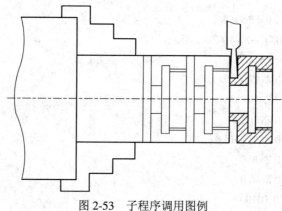

图 2-53　子程序调用图例

　　机床控制软件中，子程序调用指令为 M98，格式为

　　　　M98 Pxxxx Lxxx;

其中 P 后跟子程序号，L 后可跟子程序调用次数(默认为 1)。主、子程序的调用关系表示见图 2-54 所示。

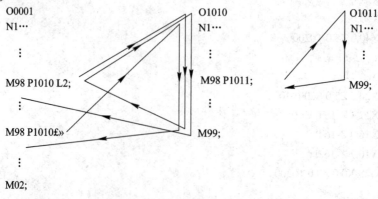

图 2-54　主、子程序调用关系示意图

在程序编写时，HNC-22T 系统要求子程序和主程序必须写在同一个文件中，都是以字母"O"开头，以"Oxxxx"单独作为一程序行书写，子程序中还可以再调用其他子程序，即可多重嵌套调用。一个子程序应以"M99 ;"作程序结束行，可被主程序多次调用，一次调用时最多可重复 999 次调用一个子程序。需要注意的是，在 MDI 方式下使用子程序调用指令是无效的。

2.7.2　程序的单段、跳段和空运行

很多机床都提供单段、跳段和空运行的控制功能，极大地方便了对程序的检查调试。

所谓单段运行即是每次只运行一段程序，但它和 MDI 运行是不同的。MDI 运行是临时从键盘输入一段程序，然后立即执行，一次可执行一段程序；而单段运行则是对由多个程序段组成的已预先编写好的整个程序采用逐步运行的方法，一次读入一个程序段的内容，按"循环启动"键执行，执行完后即处于等待状态，直到再按"循环启动"后才又读入下一段程序并运行。采用单段方式可以很方便地观察到每一段程序的运行效果，因而既有助于更好地理解程序，也有助于检查出程序运行的错误所在。

程序的跳段运行主要是用于个别不大确定的程序段中，这些程序段指令在有时候需要运行，有时候却又不需要运行(比如说有些程序段是试车时或首次运行时需要用到，调试运行通过后就不再需要)。跳段运行的处理是：在可能需要跳段运行的个别程序段前加上一个"/"符号，程序执行时，数控系统在读到带"/"符号的程序段时，先去检测判断"跳段开关"是否接通有效：若有效，则跳过这一程序段而去执行下一段程序指令，若未接通，将无视这一符号，照常运行这段程序。因此，不需要运行时可在运行到该程序段之前先按下跳段开关至灯亮为有效状态，需要运行这些程序段时，应在运行前先按下跳段开关至灯熄，为断开无效状态。

空运行检查是正式加工前必须进行的操作之一。当程序编写完成以后，可先进行空运行检查，检查程序中有无语法错误；检查行走轨迹是否符合要求、有无超程的可能，还可以检验工艺顺序是否安排得合理等。空运行时，系统将忽略程序中的进给速度指令的限制，直接以机床各轴能移动的最快速度移动，因此应在未安装毛坯的情况下进行。如果已经装夹好了工件和刀具后，要检查程序，则需要先按下"机械锁住"按钮再进行，或者在刀偏设置画页中使用刀架平移功能将坐标系右移至安全范围进行。

HNC-22T 系统中取消了空运行功能，可使用程序校验来作加工前的程序检查，程序校验时刀架拖板将不产生实际移动，超程检查按运算结果是否超过软极限边界来进行。

2.7.3　切槽和钻孔的处理

1. G74——端面切槽(钻孔)复合循环

格式：G74 X...Z...I (i) K (k) F...D (d)——FANUC-0T 系统

如图 2-55(a)所示，e 为退刀量，由参数设定；i 为 X 轴方向的移动量(无符号)；k 为 Z 向断续进给的切削量(无符号)；d 为每次切削到 Z 向终点后 X 轴方向的退刀量(用于端面宽槽预切后的后续切削，此时 i 值应小于刀宽)；G90 方式时 Z 为 Z 向切削终点(如孔底)B 的

绝对 Z 坐标，G91 方式时 Z 为从循环起点 A 开始至 Z 向终点 B 的 Z 坐标增量。此循环功能主切削走刀为轴向，主要用于端面圆环槽的切削，若省略 X 和 I、D 的指令，则可用于端面中心钻孔加工。

如图 2-55(b)所示的钻孔，编程如下：

> O0019
>
> G54 G90 X50.0 Z100.0；
>
> G00 X0 Z68.0；
>
> G74 Z8.0 K5.0 F0.08 S800 M03；
>
> G00 X50.0 Z100.0 M05；
>
> M02；

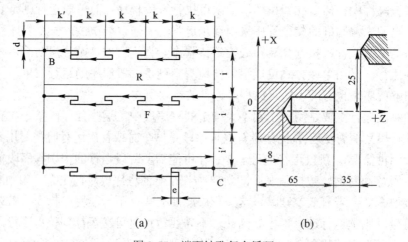

(a)　　　　　　(b)

图 2-55　端面钻孔复合循环

2．G75——外圆切槽复合循环

格式：G75 X...Z...I（i）K（k）F...D（d）——FANUC-0T 系统

此功能用于外圆窄槽的断续切削或宽槽的连续切削。如图 2-56(a)所示，各符号的意义与 G74 基本相同，但其主切削走刀为径向，且 d 为每次切削到 X 向终点后 Z 轴方向的退刀量(用于外圆宽槽预切后的后续切削，此时 k 值应小于刀宽)。当省略 Z、K、D，则可用于切断或切窄槽。

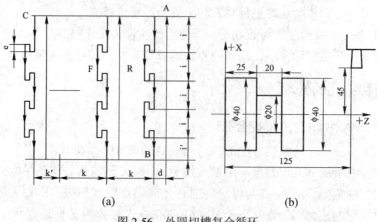

(a)　　　　　　(b)

图 2-56　外圆切槽复合循环

如图 2-56(b)所示宽外圆槽的加工，刀宽≥4 mm，编程如下：

    O0020

    G54 G90 X90.0 Z125.0；

    G00 X42.0 Z41.0 S600 M03；

    G75 X20.0 Z25.0 I3.0 K3.9 F0.25；

    G00 X90.0 Z125.0 M05；

    M02；

华中世纪星 HNC 早期版本不提供上述 G74、G75 的复合循环功能，后期开发了相对简单的 G74、G75 指令功能，其格式为

    G74 Z...R (e) Q (k) F...；

    G75 X... R (e) Q (k) F...；

其中：k 为每次切深，e 为每进一刀的退刀量。G74、G75 主要用于单一槽(孔)的逐次切削。

自 HNC-21T 7.11 版后，扩展了外圆切槽循环 G75 的功能，其格式为

    G75 X...Z...I (i) R (e) Q (k) F...；

其中增加了轴向进刀次数 i 的设定。功能扩展后，G75 可用于多槽或宽槽的逐次切削。

2.7.4 综合加工应用实例

实例 1 如图 2-57 所示为一活塞缸盖零件简图，该零件采用数控车床加工。设左端长 51 mm 的外圆部分已由上一道工序加工完成，现为装夹定位端，本次装夹好后，先后完成外形、内孔及切槽等的车削。

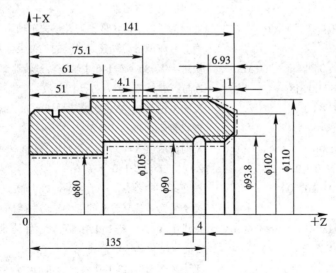

图 2-57 缸盖零件图

编程如下：

程 序 内 容	含 义
O0021	主程序号
T0101	使用 1 号外圆刀并建立对应的工件坐标系(粗车外圆)

G90G0 X118.0Z141.5 S300 M3;	快速移到工件右端，主轴正转，转速 300 r/min
G99 G01 X82.0 F0.3 M8;	X 方向工进到 X=82，进给速度 0.3 mm/r(粗车端面)
G00 X103.0;	快退至 X=103
G01 X110.5 Z135.0 F0.2;	工进至 X=110.5，Z=135，速度 0.2 mm/r(粗车短锥面)
Z50.0 F0.3;	Z 向进给至 Z=50(粗车φ110 的外圆，留单边余量 0.25)
G0 X120.0 M9	快速退刀到 X120.0
G91G30 X0.0 Z0.0 T0100 M5;	返回第二参考点，取消刀补，关主轴
T0303;	换 3 号刀并建立对应的工件坐标系(粗车内孔)
G90G00 X89.5 Z145.0 S300 M3;	快进至 X=89.5，Z=145，主轴正转，转速 300 r/min
G01 Z61.5 F0.3 M8;	Z 向工进至 Z=61.5(粗车φ90 的孔，留单边余量 0.25)
X79.5;	X 向工进至 X=79.5(粗车内孔阶梯面)
Z-1.0;	Z 向工进至 Z=-1(粗车φ80 的孔)
G00 X75.0;	X 向快进至 X=75
Z150.0 M9;	Z 向快退至 Z=150
G91 G30 X0.0 Z0.0 T0300 M5;	返回第二参考点，取消刀补，关主轴
T0505;	换 5 号刀并建立对应的工件坐标系(精车外圆)
G90 G00 X85.0 Z145.0 S600 M3;	快进至 X=85，Z=145 主轴正转，转速 600 r/min
G01 Z141.0 F0.5 M8;	Z 向工进至 Z=141
X102.0 F0.2;	X 向工进至 Z=102(精车端面)
U8.0 W-6.93;	X 向轴外工进 8，Z 向左工进 6.93，(精车短锥面)[增量]
G00 Z50.0 F0.08;	Z 向工进至 Z=50(精车φ110 的外圆)[绝对]
G00 X120.0 M9;	X 向快进至 X=120
G30 U0.0 W0.0 T0500 M5;	返回第二参考点，取消刀补，关主轴
T0707;	换 7 号成型槽刀并建立对应的工件坐标系(切内弧形槽)
G90 G00 X85.0 Z145.0 S200 M3;	快进至 X=85，Z=145 主轴正转，转速 200 r/min
Z131.0 M8;	Z 向快进至 Z=131，打开切削液
G01 X93.8 F0.2;	X 向工进至 X=93.8(成型槽刀切φ93.8 的槽)
G04 X0.4	槽底暂停 0.4 s
G00 X85.0;	X 向快退至 X=85
Z150.0 M9;	Z 向快进至 Z=150
G30 U0.0 W0.0 T0700 M5;	返回第二参考点，取消刀补，关主轴
T0909;	换 9 号刀并建立对应的工件坐标系(精车内孔)
G00 X94.0 Z150.0 S600 M3;	快进至 X=94，Z=150 主轴正转，转速 600 r/min
Z142.0 M8;	Z 向快进至 Z=142
G01 X90.0 Z140.0 F0.2;	工进至 X=90，Z=140(内孔倒角)
Z61.0;	Z 向工进至 Z=61(精车φ90 的内孔)
X80.0;	X 向工进至 X=80(精车内孔阶梯面)
Z-5.0;	Z 向工进至 Z=-5(精车φ80 的内孔)
G00 X75.0;	X 向快退至 X=75
Z150.0 M9;	Z 向快退至 Z=150

| G30 U0.0 W0.0 T0900 M5; | 返回第二参考点，取消刀补，关主轴 |

G30 U0.0 W0.0 T0900 M5;　　　　　　　　返回第二参考点，取消刀补，关主轴

T1111;　　　　　　　　　　　　　　　　　换 11 号刀并建立对应的工件坐标系(切外圆矩形槽)

　　G00 X115.0 Z71.0 S240 M3;　　　　　　快进至 X=115，Z=71，主轴正转，转速 240 r/min

　　G01 X105.0 F0.1M8;　　　　　　　　　　X 向工进至 X=105，打开切削液，(车 4.1×2.5 的槽)

　　G04 X0.4　　　　　　　　　　　　　　　槽底暂停 0.4 s

　　　X115.0 M9;　　　　　　　　　　　　　X 向工进退至 X=115

G30 U0.0 W0.0 T1100 M5;　　　　　　　　返回第二参考点，取消刀补，关主轴

M30;　　　　　　　　　　　　　　　　　　程序结束，复位

实例 2　车削如图 2-58 所示的手柄，试计算编程。

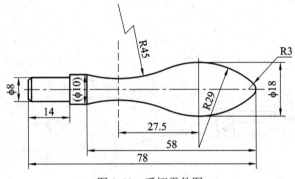

图 2-58　手柄零件图

1) 精车轮廓节点坐标计算

取工件右端顶点处为编程原点 W，如图 2-59 所示，则三个光滑连接的圆弧的端点 (A、B、C)坐标计算如下：

$$O_2E = 29 - 9 = 20$$

$$O_1O_2 = 29 - 3 = 26$$

$$O_1E = \sqrt{(O_1O_2)^2 - (O_2E)^2} = 16.613$$

$$AD = O_2E \times \frac{O_1A}{O_1O_2} = 20 \times \frac{3}{26} = 2.308$$

$$O_1D = O_1E \times \frac{O_1A}{O_1O_2} = 16.613 \times \frac{3}{26} = 1.917$$

因此，A 点的坐标为

$$X_A = 2 \times 2.308 = 4.616 \,(直径值)$$

$$Z_A = -(O_1W - O_1D) = -(3 - 1.817) = -1.083$$

$$BG = O_2H \times \frac{O_3B}{O_2O_3} = 27.5 \times \frac{45}{45 + 29} = 16.723$$

$$BF = O_2H - BG = 10.777$$

$$W_1O_1 + O_1E + BF = 3 + 16.613 + 10.777 = 30.39$$

$$O_2F = \sqrt{(O_2B)^2 - (BF)^2} = \sqrt{29^2 - 10.777^2} = 26.92$$

$$EF = O_2F - O_2E = 6.923$$

B 点的坐标为

$$X_B = 2 \times 6.923 = 13.846$$

$$Z_B = -30.39$$

C 点的坐标可直接从图中得到为

$$X_c = 10.0$$

$$Z_c = -58.0$$

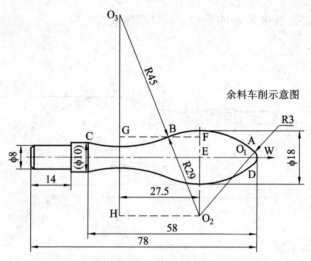

图 2-59　手柄车削计算图解

2) 调头车削的工艺思路

本实例采用两次装夹调头车削该手柄，需要编两个程序，第一个程序车削手柄左端外圆阶台到尺寸。其中间工序尺寸参见图 2-60 所示，阶台采用 G80 简单循环车削。另一个程序是用于当一端车好后，将工件调头，夹住 φ8×14 的外圆，使用 G71 粗车后再精车全部圆弧。

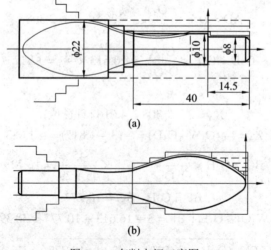

图 2-60　车削中间工序图

第一次装夹时毛坯伸出约 55 mm，试切右端面后，设定试切长度为 14.5，将工件原点设在 $\phi 8$ 与 $\phi 10$ 的交接面轴心处。通过对余量及切削次数分配，绘制其加工走刀路线图并整理出编程节点坐标如表 2-7 所示。

表 2-7　手柄粗车台肩与精车轴端的加工走刀路线图

加工走刀路线图		零件名称	手柄	工序号	1	工步号	1	文件号		
机床型号	CK616i	程序号	O0001	加工内容		粗车台肩与精车轴端		第　页		共　页

编程节点说明：
S(25，16)
A(17，−37.5)
B(12.5，−31)
C(10.5，−26.5)
D(10，−26.5)
E(8.5，0.25)
F(10.5，0.25)

	编制	
	校对	
	审核	

符号							
含义	编程原点	起刀点	工进走刀	快速移动	刀路相交	毛坯轮廓	刀尖方位

调头车削时，可先让刀尖贴近卡爪右端面后，设定试切长度为 −64。若刀尖因行程限制无法贴近卡爪右端面，则应按图 2-60(b)所示先平右端面后，测定出 $\phi 10$ 的左端面到坯料右端面的长度，然后让卡爪夹住 $\phi 8 \times 14$ 的外圆，卡爪面顶住 $\phi 10$ 的左端面，使刀具贴近坯料右端面后，按所测长度减 64 的结果为试切长度进行设定，以将工件原点设在手柄右端圆弧顶点处。

3) 编制加工程序

参考程序如下：

程　序　内　容	含　义
O0022	主程序号
T0101；	按 T 指令建立工件坐标系
G90 G00 X25.0 Z16.0 S500 M03；	快进到 X=25，Z=16 的循环起点主轴正转，转速 500 r/min
G80 X17.0 Z-37.5 F50 M8；	用外圆粗车简单循环车阶台，留余量
X12.5 Z-31.0；	…
X10.5 Z-26.5；	…
X8.5 Z0.25；	…
G00 X0.0；	开始精车
G01 Z14.0；	走刀到右端面中心
X8.0 C1.0；	车端面并倒角

Z0;	车 φ8 外圆
X10.0;	平台肩
Z-26.5;	车 φ10 外圆
G00 X25.0 M9;	X 向退刀
Z150.0 M5;	Z 向刀架移开，关主轴
M30;	程序结束

　　　　调头车削的程序

O0023	主程序号
T0202	建立工件坐标系
G90 X22.0 Z5.0 S300 M03;	快进到循环起点，主轴正转，转速 300 r / min
G71U1.0R1.2P10 Q20 E0.2 F50;	用外圆粗车复合循环车成型面
N10 G00 X0 Z5.0;	精车开始，移到圆弧起点右端轴心附近
G01 X0 Z0 F30;	进给到圆弧起点
G03 X4.616 Z-1.083 R3.0;	精车 R3 的圆弧
G03 X13.846 Z-30.39 R29.0;	精车 R29 的圆弧
G02 X10.0 Z-58.0 R45.0;	精车 R45 的圆弧
N20 G01 X22.0 Z-58.0;	精车的最后一段
G00 X22.0 Z5.0 M05;	快速退回到程序起点
M30;	程序结束

思考与练习题

1. 数控车床的类型有哪些？CK7815 型数控车床床身导轨倾斜 60° 布置有什么好处？

2. 数控车床的一些进给电机在安装放置时往往增加一同步齿形带传动，这有什么优缺点？

3. 试画出数控车床实现刀架自动转位的传动简图。

4. CK7815 型数控车床能否实现主轴转速的程序控制？其控制范围如何？CJK6032 数控车床能否实现主轴转速的程序控制？为什么要设高低档手动挂档？

5. 数控车床的机床原点、参考点及工件原点之间有何区别？试以某具有参考点功能的车床为例，用图示表达出它们之间的相对位置关系。

6. CK7815 型数控车床的机床坐标系是怎样建立的？显示器上显示的坐标值是指的什么？CJK6032 型数控车床的机床坐标系又是怎样定义的？

7. CK7815 型数控车床的工件坐标系是怎样建立的？CJK6032 型数控车床的工件坐标系又是怎样建立的？同一程序中使用 G92、G54 和 T 指令建立坐标系时优先级别如何？

8. 控制面板上方式开关所控制的增量进给(步进给)和手动连续进给(点动)有什么区别？各用于什么场合？

9. 什么叫超程？出现超程报警应如何处理？

10. 面板上的"进给保持"按键有什么用处？它和程序指令中的 M00 在应用上有什么

区别？它的英文名称是什么？

11. 急停按钮有什么用处？急停后重新启动时，是否能马上投入持续加工状态？一般应进行些什么样的操作处理？

12. 什么叫 MDI 操作？用 MDI 操作方式能否进行切削加工？

13. 数控车床的对刀内容包括哪些？以基准车刀的对刀为例说明数控车床的对刀过程是如何进行的？

14. 对刀仪的对刀原理如何？多把车刀如何对刀？你认为哪种方法更好用？

15. M00、M01、M02、M30 都可以停止程序运行，它们有什么区别？

16. G00 和 G01 都是从一点移到另一点，它们有什么不同？各适用于什么场合？

17. 数控车床圆弧的顺逆应如何判断？刀尖半径补偿的偏置方向如何判断？前置式和后置式刀架刀补方向正好相反吗？

18. 操作面板上的"机械锁住"按键有什么用途？为什么要在程序加工前先进行程序校验？在 CJK6032 数控车床上如何进行程序校验？

19. 在 CJK6032 数控车床编写程序时，格式上应注意些什么？

20. 简单固定循环和复合车削循环是什么意思？CJK6032 机床具有哪些固定循环指令功能？

21. 采用固定循环编程有什么好处？试画图表示 G80、G81、G71 的基本走刀路线？

22. 螺纹车削编程与上机调试时分别应注意些什么问题？螺纹车削时主轴转速和进给速度之间有什么样的关系？数控机床上一般如何保证这样的关系？

23. 什么叫恒线速车削？采用恒线速车削时应特别注意什么？

24. 什么是刀具补偿？数控车床上一般应考虑哪些刀具补偿？

25. 在 CJK6032 数控车床上应如何进行刀偏数据的测定与设置输入？在程序中如何实施刀具位置的补偿？

26. 单步、跳段和空运行分别是什么意思？你在操作数控车床时用到过哪些加工调试技巧？

27. 画图表示切外圆上的窄槽时和仅进行端面钻孔时的走刀路线？

28. 试编制题图 2-1～题图 2-5 中各零件的数控加工程序，并说明在执行加工程序前应作什么样的对刀考虑。

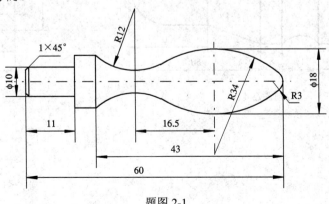

题图 2-1

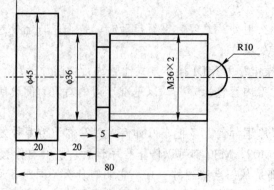

题图 2-2

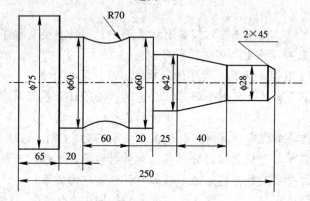

题图 2-3

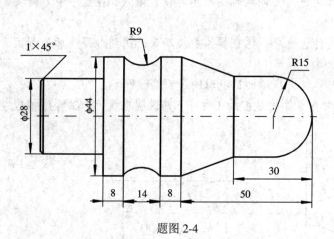

题图 2-4

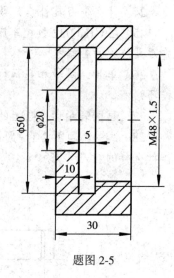

题图 2-5

第 3 章 数控铣床的操作与编程

3.1 数控铣床及其组成

3.1.1 数控铣床的类型及基本组成

1. 数控铣床的类型

(1) 数控仿形铣床。仿形铣床通过数控装置将靠模移动量数字化后，可得到高的加工精度，可进行较高速度的仿形加工。进给速度仅受刀具和材料的影响。

(2) 数控摇臂铣床。摇臂铣床采用数控装置可提高效率和加工精度，可以加工手动铣床难以加工的零件。

(3) 数控万能工具铣床。采用数控装置的万能工具铣床有手动指令简易数控型、直线点位系统数控型和曲线轨迹系统数控型。操作方便，便于调试和维修。当然，这类机床基本都具有钻、镗加工的能力。

(4) 数控龙门铣床。工作台宽度在 630 mm 以上的数控铣床，多采用龙门式布局。其功能向加工中心靠近，用于大工件、大平面的加工。

另外，若按照主轴放置方式可有卧式数控铣床和立式数控铣床之分。对立式数控铣床而言，若按 Z 轴方向运动的实现形式划分，又可有工作台升降式和刀具升降式(固定工作台)。立式升降台数控铣床由于受工作台本身重量的影响，使得采用不能自锁的滚珠丝杠导轨有一定的技术难度，故一般多用于垂直工作行程较大的场合。当垂直工作行程较小时，常用刀具升降的固定工作台式数控铣床，刀具主轴在小范围内运动，其刚性较容易保证。

若按数控装置控制的轴数划分，可有两坐标联动和三坐标联动之分。若有特定要求，还可考虑加进一个回转的 A 坐标或 C 坐标，即增加一个数控分度头或数控回转工作台。这时机床应相应地配制成四坐标控制系统。

2. 数控铣床的结构组成

图 3-1 所示是 XK5032 型立式数控铣床的外形结构图。和传统的铣床一样，机床的主要部件有床身、铣头、主轴、纵向工作台(X 轴)、横向床鞍(Y 轴)、可调升降台(手动)、液压与气动控制系统、电气控制系统等。作为数控机床的特征部件有 X、Y、Z(刀具)各进给轴驱动用伺服电机、行程限位及保护开关、数控操作面板及其控制台。伺服电机内装有脉冲编码器，位置及速度反馈信息均由此取得，构成半闭环控制系统。

XK5032 型数控铣床是配有高精度、高性能、带有 CNC 控制软件系统的三坐标数控铣床(可选配 FANUC 3MA/10M/11M/12M 多种 CNC 系统)，并可加第四轴。机床具有直线插补、圆弧插补、三坐标联动空间直线插补功能，还有刀具补偿、固定循环和用户宏程序等功能；能完成 90%以上的基本铣削、镗削、钻削、攻螺纹及自动工作循环等工作，可用于加工各种形状复杂的凸轮、样板及模具零件。

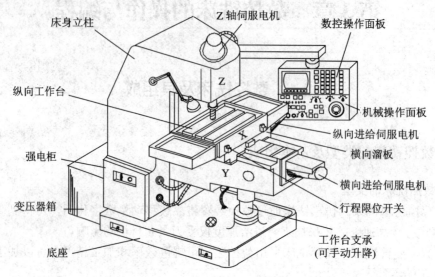

图 3-1　　XK5032 型数控铣床

XD40 数控铣床是参照加工中心封闭床身结构设计的一种现代全功能立式数控铣床，为其增加刀库和自动换刀装置即可作为加工中心使用。机床构成如图 3-2 所示，主要由 CNC系统、控制电柜、操作控制台、冷却供液系统、排屑机、主轴、工作台及机床本体等部分组成。各进给轴用交流伺服电机驱动、半闭环控制，采用华中世纪星 HCNC-22M 数控系统，功能基本和 XK5032 数控铣床类同。

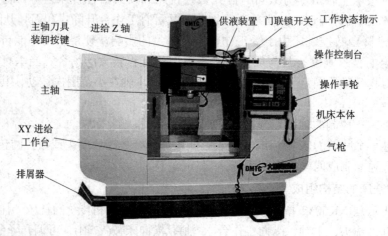

图 3-2　　XD40 型立式数控铣床

3.1.2　数控铣床的传动及速度控制

图 3-3 所示为 XK5032 型数控铣床的传动系统图。该机床主传动采用专用的无级调速主电动机，由皮带轮将运动传至主轴。主轴转速分为高低两挡，通过更换带轮的方法来实

现换挡。当换上 φ96.52 mm/φ127 mm 的带轮时，主轴转速为 80～4500 r/min(高速挡)，当换上 φ71.12 mm/φ162.56 mm 的带轮时，主轴转速为 45～2600 r/min(低速挡)。每挡内的转速选择可由程序中的 S 指令给定，也可由手动操作执行。

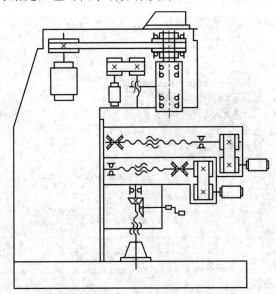

图 3-3　XK5032 型数控铣的传动系统图

　　工作台的纵向(X 轴)和横向(Y 轴)进给运动、主轴套筒的垂直(Z 轴)进给运动，都是由各自的交流伺服电机驱动，分别通过同步齿形带传给滚珠丝杠，实现进给。床鞍的纵、横向导轨面均采用了贴塑面，提高了导轨的耐磨性，消除了低速爬行现象。各轴的进给速度范围是 5～2500 mm/min，各轴的快进速度为 5000 mm/min。为方便调整，实际移动速度可由机械操作面板上速度修调开关修调。

　　XD40 立式数控铣床的主传动是由主电机皮带轮传动传递到主轴，再由主轴驱动模块实现变频无级调速。X、Y、Z 各进给轴均由交流伺服电机通过联轴器直接带动滚珠丝杆完成各个方向的进给运动。Z 轴运动是整个铣头(包括主电机及主传动系统)一起进行的。

　　XD40 立式数控铣床的主要技术参数见表 3-1。

表 3-1　XD40 型立式数控铣床的主要技术参数

项　目	参　数	项　目	参　数
工作台工作面积	910×400 mm^2	工作台承载重量	300 kg
工作台纵向最大行程	X: 600 mm Y: 400 mm Z: 540 mm	进给速度	X、Y、Z 工进: 1～5000 mm/min X、Y 快进: 20 000 mm/min Z 快进: 15 000 mm/min
主轴孔锥度	No.40(7∶24)	最大钻孔直径	φ22 mm
主轴最高转速	5000 r/min	最大镗孔直径	φ100 mm
最小设定单位	0.001 mm	编程尺寸范围	±99 999.999 mm
插补功能	空间直线、平面圆弧	联动轴数	3 轴(可扩展到 4 轴)

3.1.3　操作面板及其基本控制功能

XD40 立式数控铣床采用 HNC-22M 标准化操作控制面板，如图 3-4 所示。

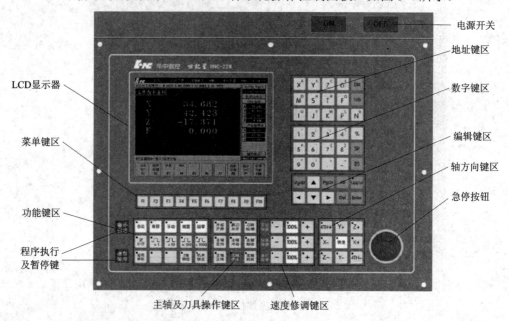

图 3-4　HNC-22M 数控铣床操作控制面板

通过各操作开关可实现以下控制功能。

1) 电源开关

合上机床电柜总电源开关后，再按下操作面板上的电源"ON"键，数控系统的控制电源接通后即进入控制软件界面。

2) 急停按钮

进入系统后，松开此开关，机床才可正常使用。机床操作过程中，出现紧急情况时，按下此按钮，进给及主轴运行立即停止，CNC 进入急停状态。紧急情况解除后，顺时针方向转动按钮可以退出急停状态。

3) 功能键区

包括工作方式选择、增量倍率选择、机床锁住及超程解除等。

工作方式选择开关：此开关可用于对机床操作选择处于自动、单段、手动、步进(增量)、回参考点五种方式。

增量倍率选择：步进增量方式下，可通过此开关设定增量进给倍率(共有×1、×10、×100、×100 四挡)。若此开关处于×100 挡，则每次按压轴移动方向按钮一次，拖板在相应的方向移动 0.1 mm(即 100 个设定单位)。当工作方式选择为"增量"时，若手轮不处于"OFF"状态即为手轮操作有效，此时增量倍率以手轮上的旋钮来设定；只有当手轮处于"OFF"状态，才是操作面板的步进增量有效控制模式。

超程解除：当某进给轴沿某一方向持续移动而碰到行程硬限位保护开关时，系统即处于超程报警保护状态，此时若要退出此保护状态，必须置方式开关于"手动"方式，在按住此按钮直至屏幕顶行显示为"正常"后，同时按压该轴的反方向移动按键，向相反的方向移动方可。

机床锁住：在自动运行开始前，将此钮按下，再按"循环启动"执行程序，则送往机械侧的控制信息将被截断，机械部分不动。数控装置内部在照常进行控制运算，同时 LCD 显示信息也在变化。这一功能主要用于校验程序，检查语法错误。

Z 轴锁住：在自动运行开始前，按下此按钮后，再循环启动，则往 Z 轴去的控制信息被截断，Z 轴不动，但数控运算和 LCD 显示照常。

4) 主轴及刀具操作键区

主轴装刀与卸刀：本机床可使用标准 BT40(7：24)刀柄的预装刀具，采用气动松/紧刀装置，在"手动"操作方式下，按下"换刀允许"键至灯亮，再按下主轴上的装卸刀具按键即可进行主轴手动装卸刀。装卸刀完成后必须按下"换刀允许"键至灯熄，否则主轴将不能正常工作。

冷却开关：按下此按钮，供液电机启动，打开冷却液，再按此钮，供液停止。

主轴正转：按下此按钮，主轴电机正转，同时钮内指示灯点亮。

主轴停转：按下此按钮，主轴电机运转停止，同时钮内指示灯点亮。

主轴反转：按下此按钮，主轴电机反转，同时钮内指示灯点亮。

5) 速度修调键区

MDI 方式及自动运行方式下可通过此按键调整主轴转速、快进速度、进给速度的修调倍率(按"+"键递增、"-"键递减、"100%"键直接到程序设定值)，若程序指令为 F200，倍率开关处于×30 挡，则实际进给速度为 $200 \times 30\% = 60$ mm/min。

6) 轴移动方向按钮(+X、-X、+Y、-Y、+Z、-Z)

在手动或步进方式下，按压此六个按钮之一，各轴将分别在相应的方向上产生位移，手动方式时拖板作连续位移，直到松开为止，手动移动的速度为系统设定的该轴的最大移动速度的 1/3 乘以进给倍率；在步进增量方式下，每按下后再释放某按钮一次，该拖板即在对应方向上产生一固定的位移，其位移量等于轴的最小设定单位乘增量倍率(系统最小设定单位为 0.001 mm)。

在手动方式下，若同时按快移按钮和某个轴移动方向按钮，则在对应轴方向上，将无视进给速度修调倍率的设定，以该轴的最大移动速度乘以快进倍率产生位移。

7) 程序执行及暂停键(即循环启动和进给保持)

循环启动：在自动加工功能菜单下，当选择并调入需要运行的加工程序后，再置工作方式开关于"自动"方式，然后按下此按钮(按钮灯亮)，即开始自动执行程序指令。机床进给轴将以程序指令的速度移动。

进给保持：在自动运行过程中，按下此按钮(按钮灯亮)，机床运动轴减速停止，程序执行暂停，但加工状态数据将保持，若再按下"循环启动"按钮，则系统将继续运行。注意，若暂停期间按过主轴停转的话，继续运行前，必须先启动主轴，否则将有引发事故的可能。

8) 程序输入及编辑键区

编写、修改程序的地址(字母)键和数字键及编辑用键等。

3.1.4 控制软件界面与菜单结构

启动 HCNC-22M 控制软件后，显示屏幕显示如图 3-5 所示的环境界面。

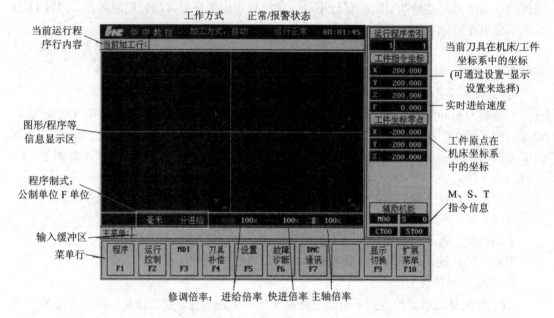

图 3-5 控制软件环境界面

界面顶行用于显示工作方式及运行状态等，第二行显示 MDI 及自动运行时当前正执行的程序行内容，右侧坐标显示则是当前刀具在工件坐标系中的坐标和实时进给速度(修调后的)，工件零点显示的是建立工件坐标系后当前工件原点在机床坐标系中的坐标值。

界面中央为工件加工的图形跟踪显示或加工程序内容、文本信息等主要显示区，可按 F9 以"图形/综合坐标/工件坐标/程序文本"的顺序进行切换。图形显示边界可在设置菜单的毛坯设定中设置后按 PGUP/PGDN 键缩放调整，主显示区下方为当前程序制式(直径/半径编程、公/英制单位、F 的分进给/转进给单位)及修调倍率(进给/快进/主轴)信息显示，进入到 MDI 画面即可察看当前系统的一些模态代码信息。

界面下部为 MDI、坐标设定、设置等的键盘输入缓冲区，输入后按 ENTER 键确认送入。最下部为菜单区(多级菜单变化都在同一行中进行)，菜单可通过屏幕底部的对应 F 功能键切换。

控制软件系统的菜单结构见附录 B。整个菜单的显示切换均在屏幕底行上进行，菜单选取由功能键 F1~F10 操作，进入各级子菜单后均可按 F10 键返回主菜单或逐级返回，扩展功能菜单通常是在系统调试维护时使用的。

3.2 对刀调整及坐标系设定

本节的对刀调整及坐标系设定主要以 XD40 数控铣床、HCNC-22M 系统为例介绍。

3.2.1　数控铣床的位置调整

1．手动回参考点

参考点是用于确立机床坐标系的参照点，也是用于对各机械位置进行精度校准的点。当机床因意外断电、紧急制动等原因停机而重启动时，严格地讲应该是每次开机启动后，都应该先对机床各轴进行手动回参考点的操作，重新进行一次位置校准。手动回参考点的操作步骤如下：

(1) 将机床操作面板上的工作方式置于"回零"的位置上。

(2) 分别按压 +X、+Y、+Z 轴移动方向按钮一下，则系统即控制机床自动往参考点位置处快速移动，当快到达参考点附近时，各轴自动减速，再慢慢趋近直至到达参考点后停下。

(3) 到达参考点后，机床面板上回参考点指示灯点亮。此时显示屏上显示参考点在机床坐标系中的坐标为(0，0，0)。

本机床参考点与机床各轴行程极限点(机床原点)是接近重合的，参考点就在行程极限点内侧附近。如果在回参考点之前，机器已经在参考点位置之外，则必须先手动移至内侧后再进行回参考点的操作。否则就会引发超程报警。

当操作方式不在"回零"位置上时，各轴往参考点附近移动时将不会自动减速，到达时就可能滑出参考点或行程极限的边界之外，并引发超程报警。

2．手动连续进给、增量进给和手轮进给

选择操作面板上的方式开关为"手动"位置后，按压轴移动方向按钮(+X、−X、+Y、−Y、+Z、−Z)之一，各轴将分别在相应的方向上产生连续位移，直到松开手为止，若要调节移动速度，可按压进给速度修调倍率开关。

选择操作面板上的方式开关为"步进"位置，并置手轮为"OFF"挡，选择设定操作面板上的增量倍率于(×1、×10、×100、×1000)四挡之一的位置，每次按压/松开轴移动方向按钮一次，拖板将在相应的轴方向上产生指定数量单位的位移。通过调整改变增量进给倍率值，可得到所期望的精确位移。

选择操作面板上的方式开关为"步进"位置，在手轮上选择 X、Y、Z 移动轴，同时选择手轮上的增量倍率(×1、×10、×100)至所需挡位，每顺时针/逆时针旋转手摇脉冲发生器一格，可控制相应的轴往正/负方向移动一个对应倍率的增量值，连续旋动时可产生连续位移。

当需要用手动方法产生较大范围的精确移动时，可先采用手动连续进给(点动)的方法移近目标后，再改用增量进给的方法精确调整到指定目标处。直接在增量模式下使用手轮可以类似传统机床一样实施大范围的快速移动，并可在移近后改成小倍率的精确移动。

3．MDI 操作

MDI 是指命令行形式的程序执行方法，它可以从计算机键盘接收一行程序指令，并能立即执行。采用 MDI 操作可用于对刀移动、局部范围的修整加工以及快速精确的位置调整。MDI 操作的步骤如下：

(1) 在基本功能主菜单下，按 F3 功能键切换到 MDI 子菜单下键入 MDI 程序指令。屏幕显示如图 3-6 所示画面。画面的正文显示区显示的是系统当前的模态数据。MDI 命令行

出现光标，等待键入 MDI 程序指令。

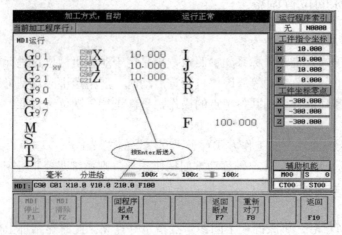

图 3-6　MDI 操作屏幕画面

(2) 可用键盘在光标处输入整段程序(如 G90 G01 X10.0 Y10.0 Z10.0 F100)，也可一个功能字一个功能字的输入，输完后按回车键，则各功能字数据存入相应的地址，且显示在正文区对应位置处。若系统当前的模态与欲输入的指令模态相同，则可不输入。在按回车键之前发现输入数据有误，可用退格键、编辑键修改。若按回车后发现某功能字数据有误，则可重新输入该功能字的正确数据并回车进行更新。若需要清除所输入的全部 MDI 功能数据，可按功能键 F2 选择"MDI 清除"。

(3) 全部指令数据输入完毕后，将操作面板上的工作方式开关置于"自动"挡，然后按压操作面板上的"循环启动"按钮，即可开始执行 MDI 程序功能。若 MDI 程序运行中途需要停止运行，可按功能键 F1 选择"MDI 停止"。

3.2.2　机床坐标系统的设定

1. 参考点与机床坐标系

有关数控铣床坐标轴方向的确定已在第 1 章进行过说明，机床坐标系的原点则是通过回参考点时由机床上的挡铁和行程开关来具体确定的，参考点就是确立机床坐标系的参照点。各轴的硬行程极限也是由挡铁及其行程开关位置来确定的。

大多数数控铣床都将参考点设定在各轴正向行程极限处，通常位于行程极限开关的内侧。但参考点位置的设定并没有统一的标准，有的设在正向行程极限处，有的却设在负向行程极限处。然而不管厂家怎样地设置，参考点的位置在出厂时就应已调整并固定好，用户不得随意改变，否则加工运行精度将无法保证。比如 XK5040A 型数控铣床的参考点就设在各轴向行程中间的位置上，XD40 立式数控铣床的 X、Y、Z 轴向参考点均设在对应轴的正向行程极限附近。

当经过手动回参考点后，屏幕即显示此时参考点在机床坐标系中的坐标值。若显示为(0，0，0)，即表示该铣床的参考点与机床原点重合；若机床参考点与机床原点并不重合，则此时参考点在机床坐标中的显示就是一固定坐标数据。对参考点为正向行程极限的机床而言，工作区内的刀位点在机床坐标系的坐标均为负值，对参考点为负向行程极限的轴来说，正常工作区内的点在机床坐标系中该轴对应的坐标均为正值。

2．工件坐标系

机床的工件坐标系各坐标轴的方向和机床坐标系一致，工件坐标系可通过执行程序指令 G92 X… Y… Z… 来建立或用 G54～G59 指令来预置。

1）用G92指令建立工件坐标系

格式：G92 X… Y… Z…

G92 指令的意义就是声明当前刀具刀位点在工件坐标系中的坐标，以此作参照来确立工件原点的位置。

如图 3-7(a)所示，若已将各轴移到工作区内某位置，其屏幕显示当前刀具在机床坐标系中坐标为(x_1, y_1, z_1)，此时如果用 MDI 操作方式执行程序指令 G92 X0 Y0 Z0，就会在系统内部建立工件坐标系，屏幕右侧将显示出工件原点在机床坐标系中的坐标为(x_1, y_1, z_1)，在主菜单下按 F5 设置→F3 设置显示，将显示值设为"指令坐标"后回车确认，再将坐标系设为"工件坐标系"后回车确认，则右侧显示当前刀具在工件坐标系中的坐标为$(0, 0, 0)$；如果执行程序指令 G92 X x_2 Y y_2 Z z_2，则右侧显示出工件原点在机床坐标系中的坐标为$(x_1-x_2, y_1-y_2, z_1-z_2)$，当前刀具在工件坐标系中的坐标为$(x_2, y_2, z_2)$。在整个程序运行时执行 G92 指令的结果和此一样，再执行 G92 指令时又将建立新的工件坐标系。在执行含 G92 指令的程序前，必须进行对刀操作，确保由 G92 指令建立的工件坐标系原点的位置和编程时设定的程序原点的位置一致。

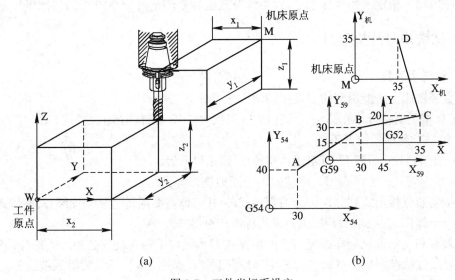

(a)　　　　　　　　　　　　　　　(b)

图 3-7　工件坐标系设定

2）用 G54～G59 来预置设定工件坐标系

在机床控制系统中，还可用 G54～G59 指令在 6 个预定的工件坐标系中选择当前工件坐标系。G54～G59 是直接将欲作为工件原点的点在机床坐标系中的坐标值预存到 G54～G59 中来进行预置工件坐标系的，如图 3-7(a)所示，若欲将当前刀具位置作为 G54 的工件原点，可直接将(x_1, y_1, z_1)预存到 G54 中，若欲将 W 点作为 G55 的原点，可直接将$(x_1-x_2, y_1-y_2, z_1-z_2)$预存到 G55 中。

当工件尺寸很多且相对具有多个不同的标注基准时，可将其中几个基准点在机床坐标系中的坐标值通过 MDI 方式预先输入到系统中，作为 G54～G59 的坐标原点，系统将自动记忆这些点。一旦程序执行到 G54～G59 指令之一，则该工件坐标系原点即为当前程序原点，后续程序段中的绝对坐标均为相对此程序原点的值。例如图 3-7(b)所示，从 A→B→C →D 行走路线，可编程如下：

N10 G54 G00 G90 X30.0 Y40.0	快速移到 G54 中的 A 点
N15 G59	将 G59 置为当前工件坐标系
N20 G00 X30.0 Y30.0	移到 G59 中的 B 点
N25 G52 X45.0 Y15.0	在当前工件坐标系 G59 中建立局部坐标系 G52
N30 G00 G90 X35.0 Y20.0	移到 G52 中的 C 点
N35 G53 X35.0 Y35.0	移到 G53(机床坐标系)中的 D 点

...

执行 N10 程序段时，系统会先选定 G54 坐标系作为当前工件坐标系，然后再执行 G00 移动到该坐标系中的 A 点。执行 N15 程序段时，系统又会选择 G59 坐标系作为当前工件坐标系。执行 N20 时，机床就会移到刚指定的 G59 坐标系中的 B 点。执行 N25 时将在当前工件坐标系 G59 中建立局部坐标系 G52，G52 后所跟的坐标值是 G52 的原点在当前坐标系中的坐标。执行 N30 时，刀具将移到局部坐标系 G52 中的 C 点。G53 是直接按机床坐标系编程的，执行 N35 时，将移到机床坐标系中的 D 点。但 G53 指令只对本程序段有效，后续程序段如不指定其他坐标系的话，当前有效坐标系还是属于 G59 中的局部坐标系 G52。

3.2.3 钻铣用刀具及对刀

1. 钻铣用刀具

在数控铣床上所能用到的刀具按切削工艺可分为三种。

(1) 钻削刀具：分小孔钻头、短孔钻头(深径比≤5)、深孔钻头(深径比>6，可高达 100 以上)、枪钻、丝锥、铰刀等。

(2) 镗削刀具：分镗孔刀(粗镗、精镗)、镗止口刀等。

(3) 铣削刀具：分面铣刀、立铣刀、三面刃铣刀等。

若按安装联接形式划分，可分为套装式(带孔刀体需要通过芯轴来安装)、整体式(刀体和刀杆为一体)、机夹式可转位刀片(采用标准刀杆体)等。

除具有和主轴锥孔同样锥度刀杆的整体式刀具可与主轴直接安装外，大部分钻铣用刀具都需要通过标准刀柄夹持转接后与主轴锥孔联接。如图 3-8 所示，刀具系统通常由拉钉、刀柄、钻铣刀具等组成。

2. 对刀及其设定

由于数控铣床所用刀具都是随主轴一起回转的，其回转轴心是不变的，所以其刀位点通常就选在回转轴心处。也就是说在 XY 方向上，所有刀具的坐标是一致的，不需要每把刀具都去对刀，不同的是由于刀具长短不一，其在 Z 方向的长度有差距，因此对刀内容就包括 XY 方向上的对刀和 Z 方向上的对刀两部分。对刀时，先从某零件加工所用到的众多刀具中任选一把刀具或采用标准直径的试棒(如寻边器)，进行 XY 方向的对刀操作，而刀具长度差距则必须由实际所用的各个刀具来做 Z 向对刀操作。若使用标准刀柄的预装刀具，可在加工前将所有刀长预先对好，将 Z 向对刀数据存入刀具数据库(刀长补偿地址寄存器)中，若不能使用预装刀具，则刀长数据只能在刀具装好后再临时去对刀获取。下面仅对某一刀具的对刀操作进行说明。

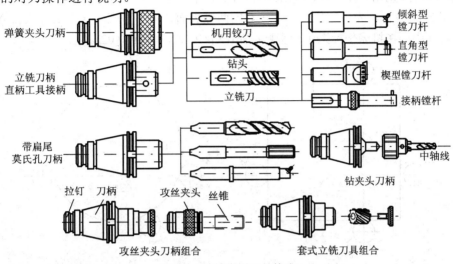

图 3-8　钻铣常用刀具构成

当工件以及刀具(或对刀工具)都安装好后，可按下述步骤进行对刀操作。

先将方式开关置于"回参考点"位置，分别按+X、+Y、+Z 方向按键令机床进行回参考点操作，此时屏幕将显示对刀参照点在机床坐标系中的坐标，若机床原点与参考点重合，则坐标显示为(0，0，0)。

1) 以毛坯孔或外形的对称中心为对刀位置点

(1) 以定心锥轴找小孔中心。如图 3-9 所示，根据孔径大小选用相应的定心锥轴，手动操作使锥轴逐渐靠近基准孔的中心，手压移动 Z 轴，使其能在孔中上下轻松移动，记下此时机床坐标系中的 X、Y 坐标值，即为所找孔中心的位置。

(2) 用百分表找孔中心。如图 3-10 所示，用磁性表座将百分表粘在机床主轴端面上，手动或低速旋转主轴。然后手动操作使旋转的表头依 X、Y、Z 的顺序逐渐靠近被测表面，用步进移动方式，逐步降低步进增量倍率，调整移动 X、Y 位置，使得表头旋转一周时，其指针的跳动量在允许的对刀误差内(如 0.02 mm)，记下此时机床坐标系中的 X、Y 坐标值，即为所找孔中心的位置。

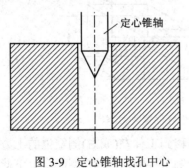

图 3-9　定心锥轴找孔中心

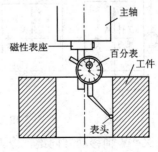

图 3-10　百分表找中心

(3) 用寻边器找毛坯对称中心。将电子寻边器和普通刀具一样装夹在主轴上，其柄部和触头之间有一个固定的电位差，当触头与金属工件接触时，即通过床身形成回路电流，寻边器上的指示灯就被点亮。逐步降低步进增量，使触头与工件表面处于极限接触(进一步即点亮，退一步则熄灭)，即认为定位到工件表面的位置处。

如图 3-11 所示，先后定位到工件正对的两侧表面，记下对应的 X_1、X_2、Y_1、Y_2 坐标值，则对称中心在机床坐标系中的坐标应是$((X_1+X_2)/2，(Y_1+Y_2)/2)$。

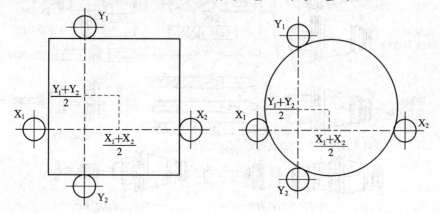

图 3-11　寻边器找对称中心

若拟用 G54 构建工件坐标系，可直接将孔中心或毛坯对称中心在机床坐标系中的 X、Y 坐标值预置到 G54 寄存器的 X、Y 地址中，若拟用 G92 来构建工件坐标系，可先将刀具移到中心位置，然后执行 MDI 指令"G92X0Y0"即可。

2) 以毛坯相互垂直的基准边线的交点为对刀位置点

如图 3-12 所示，使用寻边器或直接用刀具对刀。

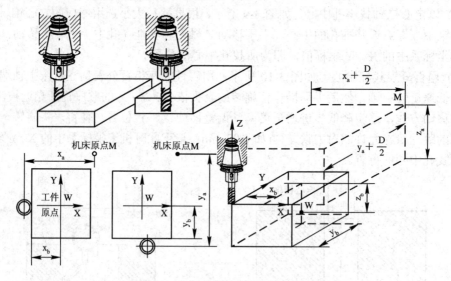

图 3-12　对刀操作时的坐标位置关系

(1) 按 X、Y 轴移动方向键，令刀具或寻边器移到工件左(或右)侧空位的上方。再让刀具下行，最后调整移动 X 轴，使刀具圆周刃口接触工件的左(或右)侧面，记下此时刀具在机床坐标系中的 X 坐标 x_a。然后按 X 轴移动方向键使刀具离开工件左(或右)侧面。

(2) 用同样的方法调整移动到刀具圆周刃口接触工件的前(或后)侧面，记下此时刀具在机床坐标系中的 Y 坐标 y_a。最后让刀具离开工件的前(或后)侧面，并将刀具回升到远离工件的位置。

(3) 如果已知刀具或寻边器的直径为 D，则基准边线交点处刀具在机床坐标系中的坐标应为($x_a+D/2$，$y_a+D/2$)。

若拟用 G54 将此边线交点作为工件坐标系原点，可直接将($x_a+D/2$，$y_a+D/2$)预置到 G54 寄存器的 X、Y 地址中；若拟用 G92 来构建工件坐标系，可先将刀具中心移到该边线交点位置处后，执行 MDI 指令"G92X0Y0"，或在步骤(1)的刀具碰边后执行"G92 X D/2"(右侧)、"G92 X−D/2"(左侧)，在步骤(2)的刀具碰边后执行"G92 Y D/2"(后侧)、"G92Y−D/2"(前侧)。

假定工件原点预设定在距对刀用的基准表面距离分别为 x_b、y_b 的位置处。若将刀具中心点置于对刀基准面的交汇处(边线交点)，则此时刀具刀位点在工件坐标系中的坐标为(x_b，y_b)，其在机床坐标系中的坐标应为($x_a+D/2$，$y_a+D/2$)，此时可用 MDI 执行 G92 Xx_bYy_b，即可通过 G92 构建起所需的工件坐标系。若欲使用 G54 构建工件坐标系，应将($x_a+D/2−x_b$，$y_a+D/2−y_b$)预置到 G54 寄存器的 X、Y 地址中。应注意根据对刀基准面所处的位置考虑 x_b、y_b 的正负取值。

以上对刀方法中若已用 G92 建立了工件坐标系，则在程序中最好不要再用 G92 重建坐标系。若在程序中使用了 G92 的程序头，则在运行加工程序之前必须先将刀具移动到程序指令所要求的指定位置，否则会因为重置坐标系而丢失原始对刀数据。程序使用 G92 构建坐标系而又用于零件的批量加工时，程序运行结束时刀具所停留的位置应与起刀点的位置(执行 G92 时所在的位置)一致，否则也会因坐标系重置而导致坐标原点变位。

3) *刀具Z向对刀*

当刀具中心(即主轴中心)在 X、Y 方向上的对刀完成后，可分别换上加工用的不同刀具，进行 Z 向对刀操作。Z 向对刀点通常都是以工件的上下表面为基准的，这可利用 Z 向设定器进行精确对刀，其原理与寻边器相同。如图3-13 所示，若 Z 向设定器的标准高度为 50 mm，以工件上表面为 Z=0 的工件零点，则当刀具下表面与 Z 向设定器接触至指示灯亮时，刀具在工件坐标系中的坐标应为Z=50。

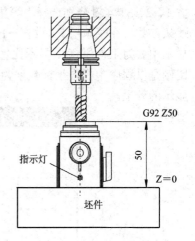

图 3-13 Z 向对刀设定

若仅用一把刀具进行加工，拟用 G92 构建工件坐标系时，可直接执行"G92Z50"；拟用 G54 构建工件坐标系时，应将此时刀具在机床坐标系中的 Z 坐标减 50 的计算结果预置到 G54 寄存器的 Z 地址中。

同理，不用 Z 向设定器而直接用刀具碰触工件上表面时，应用"G92Z0"或直接将将刀具在机床坐标系中的 Z 坐标预置到 G54 寄存器的 Z 地址中来设定。

若一个程序使用多把刀具，则 Z 向工件坐标原点依据刀具而不同，可将 G54 的 Z 值设为 Z 向设定器的高度负值，即 −50，然后将各刀具对刀时在机床坐标系中的 Z 坐标数据分别存入对应的刀长补偿地址中。

预置工件坐标系 G54～G59 的设定可在主菜单下按 F5 设置→F1 坐标系设定→G54 坐标系 F1，到工件坐标系 G54 设定屏幕，如图 3-14 所示。在坐标值输入行输入 X...Y...Z... 后回车即可。如要预置 G55～G59，可按 F2～F6 切换到相应的页面，再在输入行输入其原点坐标即可。工件原点预置好后，可返回主菜单后按 F3 进入"MDI"，键入 G54 后在"自动"方式下按循环启动执行，则当前工件坐标系就切换到了 G54，同样可以将 G55、G56～ G59 等置为当前工件坐标系，右下部"工件坐标零点"处也将随着显示当前工件原点在机床坐标系中的坐标。

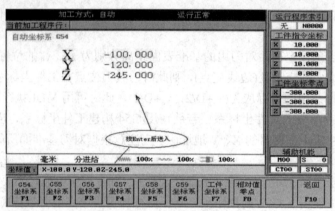

图 3-14　预置工件坐标系的设定

3. 图形跟踪显示

在实际加工及程序空运行校验时，若要察看加工轨迹的跟踪显示，这可通过多次按"F9 显示切换"来切换到图形显示状态。在图形显示状态可按"+"、"−"键动态改变缩放比例，按 1、2、3、4 键分别选择"等角、俯视、侧视、主视"的图形观察视角效果。图形显示的默认参数可在菜单层 F1 设置→F2 图形参数中重设。参数设置包括显示中心点的坐标(默认显示中心为工件原点)、显示比例(默认为 1∶1∶1)及视角方位等。一般地，1∶1∶1 的显示比例是以程序中极限坐标数据为最大显示边界来自动设定的。图 3-15 所示是图形联合跟踪显示的效果。

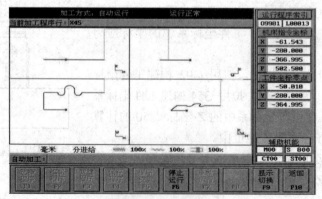

图 3-15　图形联合跟踪显示效果

3.3 基本功能指令与程序调试

3.3.1 程序中用到的各功能字

1. G 功能

格式：G2，G 后可跟 2 位数。

数控铣床中常用的 G 功能指令如表 3-2 所示。

数控铣床中常用的 G 功能指令如表 3-2 所示。

表 3-2 数控铣床的 G 功能指令(HNC-22M)

代码	组	意 义	代码	组	意 义	代码	组	意 义
*G00		快速点定位	G28	00	回参考点	G52	00	局部坐标系设定
G01		直线插补	G29		参考点返回	G53		机床坐标系编程
G02	01	顺圆插补	*G40		刀径补偿取消	*G54～G59	11	工件坐标系 1～6 选择
G03		逆圆插补	G41	09	刀径左补偿			
G33		螺纹切削	G42		刀径右补偿	G92		工件坐标系设定
G04	00	暂停延时	G43		刀长正补偿	G65	00	宏指令调用
G07	16	虚轴指定	G44	10	刀长负补偿	G73～G89	06	钻、镗循环
*G11	07	单段允许	*G49		刀长补偿取消			
G12		单段禁止	*G50	04	缩放关	*G90	13	绝对坐标编程
*G17		XY 加工平面	G51		缩放开	G91		增量坐标编程
G18	02	ZX 加工平面	G24	03	镜像开	*G94	14	每分钟进给方式
G19		YZ 加工平面	*G25		镜像关	G95		每转进给方式
G20	08	英制单位	G68	05	旋转变换	G98	15	回初始平面
*G21		公制单位	*G69		旋转取消	*G99		回参考平面

注：① 表内 00 组为非模态指令，只在本程序段内有效；其他组为模态指令，一次指定后持续有效，直到碰到本组其他代码。

② 标有 * 的 G 代码为数控系统通电启动后的默认状态。

2. M 功能

格式：M2，M 后可跟 2 位数。

铣削中常用的 M 功能指令和车削基本相同，请参阅 2.3.1 节。

3. F、S 功能

F 功能是用于控制刀具相对于工件的进给速度。速度采用直接数值指定法，可由 G94、G95 分别指定 F 的单位是 mm/min 还是 mm/r。注意：实际进给速度还受操作面板上进给速度修调倍率的控制。

S 功能用于控制带动刀具旋转的主轴的转速，其后可跟 4 位数。主轴转速采用直接数字指定法，如 S1500 表示主轴转速为 1500 r/min，实际主轴转速受操作面板上主轴转速修调倍率的控制。

3.3.2 直线和圆弧插补指令

1. 快速定位指令 G00 和直线进给指令 G01

格式：G90 (G91) G00 X...Y... Z...

　　　　G90 (G91) G01 X...Y... Z... F...

图 3-16 所示从 A 到 B 的编程计算方法如下：

绝对：G90 G00 Xx_b Yy_b Zz_b

增量：G91G00 $X(x_b-x_a)$ $Y(y_b-y_a)$ $Z(z_b-z_a)$

绝对：G90 G01 Xx_b Yy_b Zz_b Ff

增量：G91 G01 $X(x_b-x_a)$ $Y(y_b-y_a)$ $Z(z_b-z_a)$ Ff

说明：

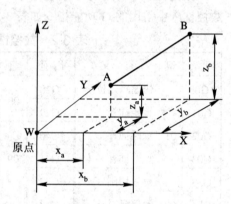

(1) G00 时 X、Y、Z 三轴同时以各轴的快进速度从当前点开始向目标点移动。一般各轴不能同时到达终点，其行走路线可能为折线。

(2) G00 时轴移动速度不能由 F 代码来指定，只受快速修调倍率的影响。一般地，G00 代码段只能用于工件外部的空程行走，不能用于切削行程中。

图 3-16　空间直线移动

(3) G01 时，刀具以 F 指令的进给速度由 A 向 B 进行切削运动，并且控制装置还需要进行插补运算，合理地分配各轴的移动速度，以保证其合成运动方向与直线重合。G01 时的实际进给速度等于 F 指令速度与进给速度修调倍率的乘积。

和前述第 2 章所介绍的车削系统中 G01 扩展功能相同，在段尾加上 C、R 指令，可用于两相邻轨迹线间的倒角和倒圆控制。

2. 圆弧插补指令 G02、G03

前述 G00、G01 移动指令既可在平面内进行，也可实现三轴联动，而圆弧插补只能在某平面内进行，因此，若要在某平面内进行圆弧插补加工，必须用 G17、G18、G19 指令事先将该平面设置为当前加工平面，否则将会产生错误警告。空间圆弧曲面的加工，事实上都是转化为一段段的空间直线(或平面圆弧)来进行的。

格式：G17 G90 (G91) G02 (G03) X... Y... R... (I... J...) F...

或　　　　G18 G90 (G91) G02 (G03) X... Z... R... (I... K...) F...

　　　　G19 G90 (G91) G02 (G03) Y... Z... R... (J... K...) F...

如图 3-17(a)所示为 XY 平面内的圆弧 AB 的编程计算方法如下：

绝对：G17 G90 G02 Xx_b Yy_b Rr_1 Ff −R 编程

或　　　　G17 G90 G02 Xx_b Yy_b $I(x_1-x_a)$ $J(y_1-y_a)$ Ff

增量：G91 G02 $X(x_b-x_a)$ $Y(y_b-y_a)$ Rr_1 Ff

或　　　　G91 G02 $X(x_b-x_a)$ $Y(y_b-y_a)$ $I(x_1-x_a)$ $J(y_1-y_a)$Ff

对图 3-17(b)所示弧 BC，如果前面已有 G17 平面设置指令，则编程计算方法如下：

绝对：　　　G90 G03 Xx_c Yy_c Rr_2 Ff −R 编程

或　　　　　G90 G03 Xx_c Yy_c I(x_2−x_b) J(y_2−y_b) Ff

增量：　　　G91 G03 X(x_c−x_b) Y(y_c−y_b) Rr_2 Ff

或　　　　　G91 G03 X(x_c −x_b) Y(y_c −y_b) I(x_2 −x_b) J(y_2 −y_b) Ff

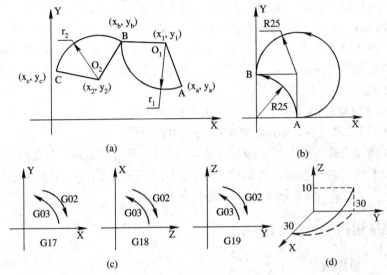

图 3-17　平面圆弧插补

说明：

(1) G02、G03 时，刀具相对工件以 F 指令的进给速度从当前点向终点进行插补加工，G02 为顺时针方向圆弧插补，G03 为逆时针方向圆弧插补。圆弧走向的顺逆应是从垂直于圆弧加工平面的第三轴的正方向看到的回转方向，如图 3-17(c)所示。

(2) 圆弧插补既可用圆弧半径 R 指令编程，也可用 I、J、K 指令编程。在同一程序段中 I、J、K、R 同时指令时，R 优先，I、J、K 指令无效。当用 R 指令编程时，如果加工圆弧段所对的圆心角为 0°～180°，R 取正值；如果圆心角为 180°～360°，则 R 取负值。如图 3-17(b)所示的两段圆弧，其半径、端点、走向都相同，但所对的圆心角却不同，在程序上则仅表现为 R 值的正负区别。

小圆弧段：G90 G03 X0 Y25.0 R25.0　　　或　G91 G03 X−25.0 Y25.0 R25.0

大圆弧段：G90 G03 X0 Y25.0 R−25.0　　　或　G91 G03 X−25.0 Y25.0 R−25.0

(3) X、Y、Z 同时省略时，表示起、终点重合；若用 I、J、K 指令圆心，相当于指令为 360°的弧；若用 R 编程时，则表示指令为 0°的弧。

　　　　G02 (G03) I...　　整圆　　　　　　G02 (G03) R...　　不动

(4) 无论用绝对还是用相对编程方式，I、J、K 都为圆心相对于圆弧起点的坐标增量，为零时可省略。(也有的机床厂家指令 I、J、K 为起点相对于圆心的坐标增量。)

(5) 机床启动时默认的加工平面是 G17，如果程序中刚开始时所加工的圆弧属于 X-Y 平面，则 G17 可省略，一直到有其他平面内的圆弧加工时才指定相应的平面设置指令，再返回到 X-Y 平面内加工圆弧时，则必须指定 G17。

G17、G18、G19 主要用于指定圆弧插补时的加工平面，并不限制 G00、G01 的移动范围。如果当前加工平面设置为 G17，同样可以在 G00、G01 中指定 Z 轴的移动。

另外，通常具有三轴联动控制的机床还可用 G02、G03 实现空间圆柱螺旋线插补，其格式如下：

G17G90 (G91) G02(G03) X... Y... R... (I... J...) Z... L... F...

或　　　G18G90 (G91) G02(G03) X... Z... R... (I... K...) Y... L... F...

G19G90 (G91) G02(G03) Y... Z... R... (J... K...) X... L... F...

即在原 G02、G03 指令格式程序段后部再增加一个与加工平面相垂直的第三轴移动指令，这样在进行圆弧进给的同时还进行第三轴方向的进给，其合成轨迹就是一空间螺旋线。如图 3-17(d)所示的轨迹，其程序应是：

G91 G17 G03 X −30.0 Y 30.0 R 30.0 Z 10.0 F100

或　　　G90 G17 G03 X 0 Y 30.0 R 30.0 Z 10.0 F100

若用 G91 增量方式并由 L 指定螺旋线旋转的圈数，可用于螺旋下刀铣圆柱孔或圆柱台，此时 Z 值为每圈的 Z 向移动量。如执行 G91 G2 I-10 Z-3 L5 F100，刀具中心可在 $\phi 20$ 的圆柱面上，以每圈下行 3 mm 连续走 5 圈，铣深达 15 mm。

3.3.3　其他常用指令

1．G04——暂停延时

格式：G04 P...

单位为 ms(毫秒)。

执行此指令时，加工进给将暂停 P 后所设定的时间，然后自动开始执行下一程序段。

机床在执行程序时，一般并不等到上一程序段减速到达终点后才开始执行下一个程序段，因此，可能导致刀具在拐角处的切削不完整。如果拐角精度要求很严，其轨迹必须是直角时，可在拐角处前后两程序段之间使用暂停指令。暂停动作是等到前一程序段的进给速度达到零之后才开始的。如：欲停留 1.5 s 时，程序段为：G04 P1500。

2．段间过渡方式指令 G09、G61、G64

除用暂停指令来保证两程序段间的准确连接外，还可用段间过渡指令来实现。

1) 准停校验 G09

一个包含 G09 的程序段在终点进给速度减速到 0，确认进给电机已经到达规定终点的范围内，然后继续进行下个程序段，该功能可用于形成尖锐的棱角。G09 是非模态指令，仅在其被规定的程序段中有效。

2) 精确停止校验 G61

在 G61 后的各程序段的移动指令都要在终点被减速到 0，直到遇到 G64 指令为止，在终点处确定为到位状态后继续执行下个程序段。这样便可确保实际轮廓和编程轮廓相符。

3) 连续切削过渡 G64

在 G64 之后的各程序段直到遇到 G61 为止，所编程的轴的移动刚开始减速时就开始执行下一程序段。因此，加工轮廓转角处时就可能形成圆角过渡，进给速度 F 越大，则转角就越大。

3．输入数据单位设定 G20、G21、G22

使用 G20、G21、G22 可分别选择设定数据输入单位为英制、公制或脉冲当量。这三个 G 代码必须在程序的开头，坐标系设定之前，用单独的程序段来指令。如不指定，默认为 G21 公制单位。

4．参考点操作 G28、G29

格式：G28 X...Y... Z...　　　经指令中间点再自动回参考点

G29 X...Y... Z...　　　从参考点经中间点返回指令点

绝对坐标 G90 编程方式时，G28 指令中的 XYZ 坐标是中间点在当前坐标系中的坐标值，G29 指令中的 XYZ 坐标是从参考点出发将要移到的目标点在当前坐标系中的坐标值；增量坐标 G91 编程方式时，G28 中指令值为中间点相对于当前位置点的坐标增量，G29 中指令值为将要移到的目标点相对于前段 G28 中指令内的中间点的坐标增量。

G28、G29 指令通常应用于换刀前后，在换刀程序前先执行 G28 指令回参考点(换刀点)，执行换刀程序后，再用 G29 指令往新的目标点移动。若各坐标点位置如图 3-18(a)所示，则可编程如下：

G90 G28 X x_2 Y y_2 Z z_2　　　回参考点

M00 (或 TxxM6)　　　暂停换刀

G90 G29 X x_3 Y y_3 Z z_3　　　返回，到新位置点

...

或　　G91 G28 X (x_2-x_1) Y (y_2-y_1) Z (z_2-z_1)

M00 (或 TxxM6)

G91 G29 X (x_3-x_2) Y (y_3-y_2) Z (z_3-z_2)

...

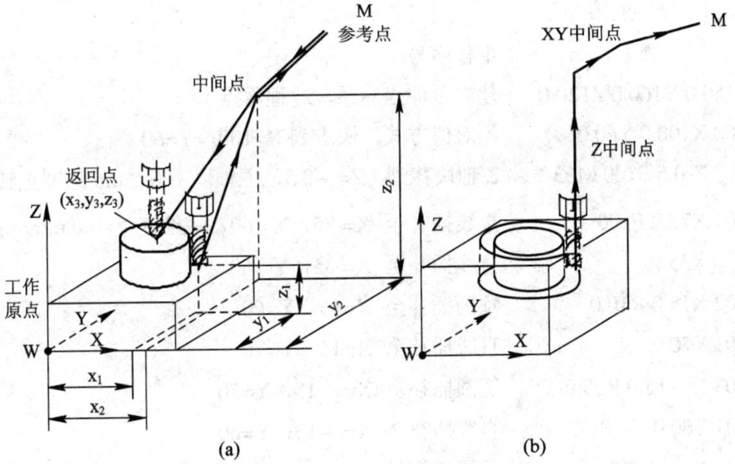

图 3-18　自动返回参考点指令

关于 G28、G29 的执行动作及应用说明，在数控车床编程中已有叙述，请参阅 2.6.4 节中的相关内容。

由于 G28、G29 是采用 G00 一样的移动方式，其行走轨迹常为折线，较难预计，因此在使用上经常将 XY 和 Z 分开来用。先用 G28 Z...提刀并回 Z 轴参考点位置，然后再用 G28

X...Y...回到 XY 方向的参考点，如图 3-18(b)所示。自动编程软件往往采用 G91G28Z0；G91G28X0Y0；以当前点为中间点的方式生成程序。

3.3.4 编程实例与上机调试

1. 程序实例

实例 1　外形轮廓的铣削。如图 3-19 所示零件，以中间φ30 的孔定位加工外形轮廓，在不考虑刀具尺寸补偿和深度分层的情况下，编程如下：

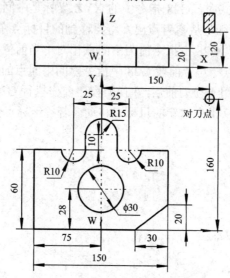

图 3-19　铣削加工零件图例

程 序 内 容	含 义	
O0001	主程序号	
G92 X150.0 Y160.0 Z120.0	建立工件坐标系，编程零点 W	程 序 头
G90 G00 X100.0 Y60.0	绝对值方式，快进到 X=100，Y=60	
Z-0.5 S100 M03	Z 轴快移到　Z= -0.5，主轴以 100 r/min 速度正转	
G01 X75.0 F100	直线插补至 X= 75，Y= 60，进给速度 100 mm/min	
X35.0	直线插补至 X= 35，Y= 60	
G02 X15.0 R10.0	顺圆插补至 X=15，Y=60	
G01 Y70.0	直线插补至 X=15，Y=70	程
G03 X −15.0 R15.0	逆圆插补至 X= −15，Y=70	序
G01 Y60.0	直线插补至 X= −15，Y=60	
G02 X −35.0 R10.0	顺圆插补至 X= −35，Y=60	主
G01 X −75.0	直线插补至 X= −75，Y=60	
G09 Y0	直线插补至 X= −75，Y=0 处，并准停校验以确保尖角形成	干
X45.0	直线插补至 X= 45，Y=45	
X75.0 Y20.0	直线插补至 X= 75，Y=20	
Y65.0	直线插补至 X=75，Y=65，轮廓切削完毕	

G00 X100.0 Y60.0 M05	快速退至 X=100，Y=60 的下刀处，主轴停
Z120.0	快速抬刀至 Z=120 的对刀点平面
X150.0 Y160.0	快速退刀至对刀点
M30	程序结束，复位

程序尾

实例 2 铣槽与钻孔。

如图 3-20(a)所示零件，以外形定位，加工内槽及钻凸耳处的四个圆孔。

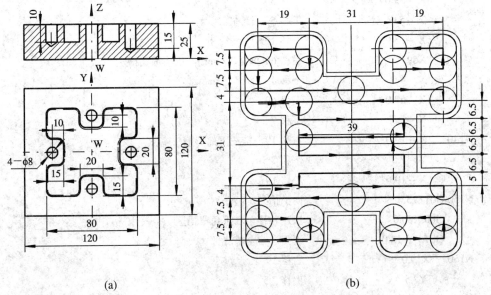

(a) (b)

图 3-20 挖槽加工零件图例

为保证钻孔质量，整个零件采用先铣槽后钻孔的顺序。内槽铣削使用φ10 mm 的键槽铣刀，先采用行切方法(双向切削)去除大部分材料，整个周边留单边 0.5 mm 的余量，最后采用环切的方法加工整个内槽周边。整个内槽铣切的位置点关系及路线安排如图 3-20(b)所示。若暂不考虑深度分层问题，则编程如下：

程序内容	含义
O0002	主程序号
G90 G54 G00 X −34.5 Y34.5	调用 G54 建立的工件坐标系，快速移到槽内铣削起点的正上方
Z30.0 S200 M03	快速下刀至距工件上表面 5 mm 处
G01 Z15.0 F50	进给下刀至槽底部，进给速度 50 mm/min
N100 G91 G01 X19.0	横向进给，增量方式，右移 19 mm(内槽行切开始)
Y −7.5	下移 7.5
X −19.0	左移 19
Y −7.5	下移 7.5
N110 X69.0	右移 69，铣至宽槽处
Y −4.0	下移 4
X −69.0	左移 69
G90 X −19.5	绝对值方式，往回移至 X= −19.5 处，准备向下进给
G91 Y −6.5	增量值方式，下移 6.5

N120	X39.0	右移 39，铣槽的中腰部
	Y −6.5	下移 6.5
	X −39.0	左移 39
	Y −6.5	下移 6.5
	X39.0	右移 39
	Y −6.5	下移 6.5
	X −39.0	左移 39
	Y −5.0	下移 5
	X −15.0	左移 15
N130	X69.0	右移 69(重复 15 mm)，铣下部宽槽
	Y −4.0	下移 4
	X −69.0	左移 69
	Y −7.5	下移 7.5
N140	X −19.0	右移 19，铣左下部窄槽
	Y −7.5	下移 7.5
	X −19.0	左移 19
N150	G01Z15.0	向上抬刀 15
	G00 X50.0	快速右移至右下角窄槽区
	G01 Z −15.0	下刀进给至槽底部
N160	X19.0	右移 19
	Y7.5	上移 7.5
	X −19.0	左移 19
N170	G90 Y27.0	绝对值方式，向上进给移动到右上角窄槽区
N180	X34.5	右移至 X = 34.5 处(右端)
	Y34.5	上移至 Y = 34.5 处
	X15.5	左移至 X = 15.5 处(内槽粗铣完毕，行切结束)
N190	G91 G01 X −0.5 Y0.5 F20	增量方式，进给至刀刃接近右上角顶部直线段的左端点处
N200	X20.0	右移 20，开始沿顺时针方向对周边进行环切
	Y −20.0	⋮
	X −15.0	
	Y −30.0	
	X15.0	
	Y −20.0	
	X −20.0	
	Y15.0	
	X −30.0	
	Y −15.0	
	X −20.0	
	Y20.0	
	X15.0	

	Y30.0	
	X −15.0	
	Y20.0	
	X20.0	
	Y −15.0	
	X30.0	
N210	Y15.0	内槽周边铣切的最后一刀，环切结束
N220 G90 G01Z30.0 M05		抬刀至距工件上表面 5 mm 的上部，主轴停
	G91 G28 Z −0.0	Z 轴先返回参考点
	G28 X0.0 Y0.0	X、Y 方向返回参考点
N230	M00	暂停程序运行，准备进行手动换刀(钻孔)
N240 G90 G55 X35.0 Y0		快速移至孔 K1 的正上方，使用 G55 的工件坐标系
	Z30.0 S1200 M03	快速下刀至距工件上表面 5 mm 的安全平面高度处，主轴正转
N250 G01 Z10.0 F10		工进钻孔，进给速度 10 mm/min
	G04 P1500	孔底暂停 1.5 s
	G00 Z30.0	快速提刀至安全平面高度
	X0 Y35.0	快移至孔 K2 的孔位上方
N260 G01 Z −2.0		钻孔 K2
	G00 Z30.0	提刀至安全平面
	X −35.0 Y0	快移至孔 K3 的上方
N270 G01 Z15.0		钻孔 K3
	G00 Z30.0	提刀至安全平面
	X0 Y −35.0	快移至孔 K4 的上方
N280 G01 Z −2.0		钻孔 K4
	G91 G28 Z0.0	提刀并返回 Z 轴参考点所在平面高度
	G28 X0.0 Y0.0 M05	返回 X、Y 方向参考点，主轴停
	M30	程序结束并复位

2. 程序输入与编辑(使用 HNC-22M 系统)

1) 建立一个新程序

在主菜单下按 F1 键选择"程序"→"编辑程序 F2"→"新建程序 F3"进行。之后在光标处输入程序号并回车，然后即可开始输入编辑一个新程序。程序编写完成后可按 F4 键"保存程序"。

2) 调用一个已有的程序

可在主菜单中选择"程序 F1"→"选择程序 F1"，屏幕即列出当前系统电子盘内已有的程序文件，如图 3-21 所示。上下移动光标到需调入的程序文件名处回车即可，若当前页没有所需程序，可按"Pgup"、"Pgdn"前后翻页查找；左右移动光标还可启用 RS232 接口的由 DNC 传送过来的程序或从软盘驱动器中读入程序。程序调入后即可开始编辑修改，完成后可按 F4 功能键"保存程序"。

HNC-22M 数控系统要求程序文件名必须以"O"作为开头的第一个字母，否则程序文件无法在选择列表中列出。另外，程序文件内容的第一行应为"%"或"O"后跟 1～4 位数字，不要像 FANUC 系统那样以"%"或以"%Oxxxx"作首行；程序中尽量避免写入系统不能识别的指令，程序最后应以"M02"或"M30"作为结束。

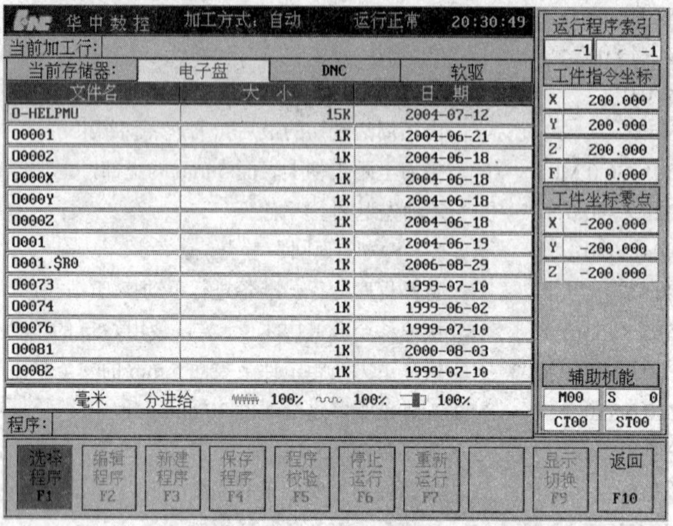

图 3-21　文件选择画面

在程序编辑时可以使用如下快捷键实现快速编辑修改的功能：

Alt + H 光标定位到文件首　　Alt + T 光标定位到文件尾　　Alt + F8 整行删除

Alt + F 快速查找　　　　　　Alt + R 查找且替换　　　　　Alt + L 继续查找下一个

Alt + B 定义块首　　　　　　Alt + E 定义块尾　　　　　　Alt + D 块删除

Alt + X 块剪切　　　　　　　Alt + C 块复制　　　　　　　Alt + V 块粘贴

注意：程序格式的基本组成是一个字母后跟一些数字，不允许出现连续两个字母，或缺少字母的连续两组数字，特别地，字母"O"和数字"0"不能写混。

3．程序校验与自动运行

HNC-22M 系统将编辑和自动运行合并到一个通道中，当前使用的程序只有一个，编辑修改后即可重新运行。另外，在扩展菜单下，系统提供"F8 后台编辑"的功能，使得用户在加工的同时可编辑另外的程序。

调入或编辑修改好一个想要运行的程序后，可在操作面板上选择"自动"模式，然后在"程序"子菜单层中选择"程序校验 F5"，再按操作面板上的"循环启动"键进行自动校验运行，如图 3-22 所示。运行时可按"显示切换 F9"来切换主显示区的显示信息内容(包括坐标显示、程序内容显示、图形轨迹显示等)。程序校验主要用以在自动运行前对输入的程序进行语法检查和轨迹核查，确保程序正确。

如果校验无误，装夹上工件并对好刀后，可在操作面板上选择"自动"模式，然后在"程序"子菜单层中选择"重新运行 F7"，再按操作面板上的"循环启动"键进行自动加工运行。首次运行时，最好选择操作面板上的"单段"模式，并将快进和进给倍率调低，然后按"循环启动"执行程序。这样可更好地检查对刀是否正确，以避免因对刀不准而出现撞刀的危险。如中途想暂停运行，可按机床面板上的"进给保持"键，则 X、Z 轴方向的进给将暂时停止，直至再按"循环启动"时便可继续执行。若想彻底中断程序的继续运行，可选择菜单键的"F6 停止运行"来结束自动运行。

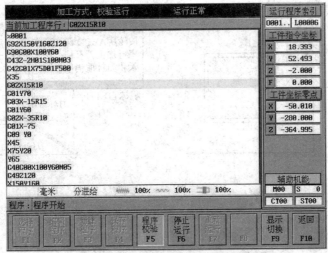

图 3-22 程序校验的程序画面

和程序校验不同，自动加工运行时必然伴随着各机械轴的实际移动。在装上工件并对好刀后，正式加工之前，还必须在伴随有机械轴移动的情形下进行空运行调试，以排除出现机械轴超程报警的可能，确保加工运行路线在各轴的有效行程范围之内。但由于空运行速度下不能作刀具碰触工件的加工，装上刀具和工件则极不方便，为此，机床提供了"Z轴锁住"的功能，可在控制 Z 轴不产生位移的情形下执行程序，以检验 XY 平面方向是否有超程现象，这样对 Z 轴的动作就只能靠人工来核查了。如果在运行程序前先按下"机床锁住"钮，则运行效果将和程序校验一样，所有送到机械各轴的控制运动将被自动截断，仅在数控装置内部运行，但和校验不同的是，此时 MST 功能将受程序控制，可用于对一些工艺性指令安排的合理性实施检查。

3.4 刀具补偿及程序调试

3.4.1 刀具半径补偿

从上节的轮廓铣削编程加工调试实例可知，系统程序控制的总是让刀具刀位点行走在程序轨迹上。铣刀的刀位点通常是定在刀具中心上，若编程时直接按图纸上的零件轮廓线进行，又不考虑刀具半径补偿，则将是刀具中心(刀位点)行走轨迹和图纸上的零件轮廓轨迹重合，这样由刀具圆周刃口所切削出来的实际轮廓尺寸，就必然大于或小于图纸上的零件轮廓尺寸一个刀具半径值，因而造成过切或少切现象。为了确保铣削加工出的轮廓符合要求，就必须在图纸要求轮廓的基础上，整个周边向外或向内预先偏离一个刀具半径值，作出一个刀具刀位点的行走轨迹，求出新的节点坐标，然后按这个新的轨迹进行编程(如图3-23(a)所示)，这就是人工预刀补编程。上节的槽形铣削就是这样编的。这种人工预先按所用刀具半径大小，求算实际刀具刀位点轨迹的编程方法虽然能够得到要求的轮廓，但很难直接按图纸提供的尺寸进行编程，计算繁杂、计算量大，并且必须预先确定刀具直径大小，当更换刀具或刀具磨损后需重新编程，使用起来极不方便。

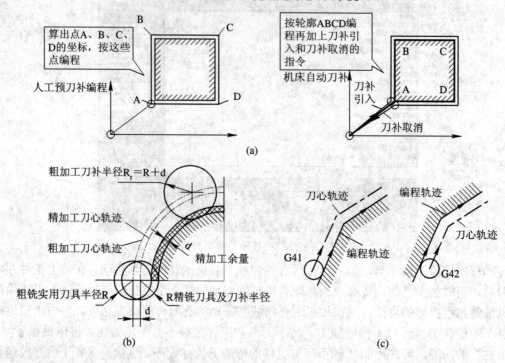

图 3-23　刀具半径补偿

现在很多数控机床的控制系统自身都提供自动进行刀具半径补偿的功能，只需要直接按零件图纸上的轮廓轨迹进行编程，在整个程序中少量的地方加上几个刀补开始及刀补解除的代码指令。这样无论刀具半径大小如何变换，无论刀位点定在何处，加工时都只需要使用同一个程序或稍作修改，只需按照实际刀具使用情况将当前刀具半径值输入到刀具数据库中即可。在加工运行时，控制系统将根据程序中的刀补指令自动进行相应的刀具偏置，确保刀具刃口切削出符合要求的轮廓。利用这种机床自动刀补的方法，可大大简化计算及编程工作，并且还可以利用同一个程序、同一把刀具，通过设置不同大小的刀具补偿半径值而逐步减少切削余量的方法来达到粗、精加工的目的，如图 3-23(b) 所示。

刀具半径补偿指令共有 G41、G42、G40 三个，其使用程序格式为

　　　G90(G91)G17 G00(G01)G41(G42)X… Y… D…

　　　G90(G91)G18 G00(G01)G41(G42)X… Z… D…

　　　G90(G91)G19 G00(G01)G41(G42)Y… Z… D…

　　　G90(G91)G17 G00(G01)G40 X… Y…

　　　G90(G91)G18 G00(G01)G40 X… Z…

　　　G90(G91)G19 G00(G01)G40 Y… Z…

在进行刀径补偿前，必须用 G17 或 G18、G19 指定刀径补偿是在哪个平面上进行。平面选择的切换必须在补偿取消的方式下进行，否则将产生报警。

刀径补偿指令程序就是在原 G00 或 G01 线性移动指令的格式上加上了 G41(G42、G40)...D...的指令代码。其中 G41 为刀径左补偿，G42 为刀径右补偿，G40 为取消(解除)刀径补偿。D 为刀具半径补偿寄存器的地址字，在补偿寄存器中存有刀具半径补偿值。刀径补偿有 D00～D99 共 100 个地址号可用，其中 D00 已为系统留作取消刀径补偿专用。补偿值可在 MDI 方式下键入。X、Y 及其坐标值还是按 G00 及 G01 的格式意义进行确定，和不考虑刀补时一样编程计算。所不同的是，无刀补指令时，是刀具中心走在程序路线上，有刀径补偿指令时是刀具中心走在程序路线的一侧，刀具刃口走在程序路线上(刀补引入和取消的程序段有所不同)。

刀补位置的左右应是顺着编程轨迹前进的方向进行判断的。如图 3-23(c)所示，当用 G41 指令时，刀具中心将走在编程轨迹前进方向的左侧，当用 G42 指令时，刀具中心将走在编程轨迹前进方向的右侧。实际编程应用时，应根据是加工外形还是加工内孔以及整个切削走向等进行确定。当将刀具半径设置为负值时，G41 和 G42 的执行效果将互相替代。

刀径补偿在整个程序中的应用共分刀补引入(初次加载)、刀补方式进行中、刀补解除三个过程。刀补引入是一个从无到有的渐变过程，从线性轨迹段的起点处开始，刀具中心渐渐往预定的方向偏移，到达该线性轨迹段的终点处时，刀具中心相对于终点产生一刀具半径大小的法向偏移。以下是图 3-24 所示方形零件轮廓考虑刀补后编写的程序：

O0003
N1	G54 G90 G17 G00 M03	由 G17 指定刀补平面
N2	G41 X20.0 Y10.0 D01	刀补引入，由 G41 确定刀补方向，由 D01 指定刀补大小
N3	G01 Y50.0 F100	⎫
N4	X50.0	⎬ 刀补进行中
N5	Y20.0	⎪
N6	X10.0	⎭
N7	G00 G40 X0 Y0 M05	由 G40 解除刀补
N8	M30	

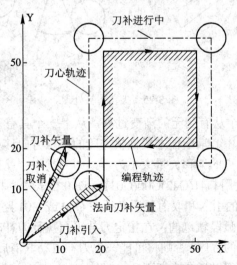

图 3-24　刀补加载和解除的过程

当程序运行到含刀补引入的程序段 N2 后，运算装置即同时先行读入 N3、N4 两段，在 N2 的终点(N3 的起点)处，作出一个矢量，该矢量的方向是与下一段 N3 的前进方向垂直向左(G41)、大小等于刀补 D01 的值。刀具中心在执行这一段(N2 段)时，就移向该矢量的终点。刀补引入指令只能在 G00、G01 的线性段中进行，不能用于 G02、G03 的圆弧段中。

从 N3 程序段开始转入刀补方式行进状态，在此状态下，G00、G01、G02、G03 都可使用。它也是每次都先行读入两段，在进行偏移计算后得到刀具中心在该段终点的坐标，刀具中心就移向这点。在刀补进行过程中，刀具中心的轨迹基本上就是编程轮廓轨迹的平行线，平行间距等于刀补 D01 的值。由于刀径补偿指令都是模态指令，因此对补偿进行中的程序段而言，如果刀补形式没有什么变化的话，可不需再书写刀补指令。

早期的数控机床刀具补偿功能还不完善，其刀径补偿都是一段一段独立计算的，这时进行中的刀补路线都是从每一段线段起点的法向矢量走到该线段终点的法向矢量处，当两段线间呈尖角过渡时，这种刀补法的刀补路线将无法自动从前段线接续到下一段线，因而出现脱节现象。为此有的控制系统要求预先对所有的尖角都进行倒圆处理，确保前后之间都能顺滑连接，有的控制系统则是在编程时对尖角处预先增加尖角处理指令，将前后两段线用合理的路线连接起来，比如 FANUC-3MA 控制系统使用的 B 功能刀补就是采用尖角圆弧插补 G39 指令来处理尖角的。

现代数控机床的刀补功能已相当完善，如使用 C 功能刀补的机床基本上都是采用预先读入前后几段线，进行平行偏移计算，求解出刀具中心偏移线的交点，作为前段线的终点，同时又是下一段线的起点，从而得到刀补轨迹的。当偏移计算得出的交点与原轮廓转角尖点偏离太远时，将自动插入转折型刀具路径，如图 3-25 所示。

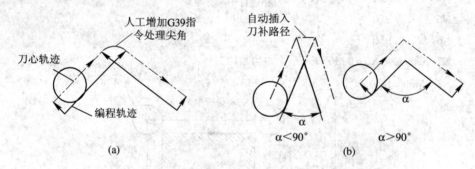

图 3-25　尖角刀补处理

刀补解除(取消)是一个从有到无的渐变过程，从上一个具有正常偏移轨迹线段的终点的法向矢量处开始，刀具中心渐渐往本线性轨迹段的终点方向移动，到达该轨迹段的终点处时，刀具中心相对于终点的偏移矢量大小为零，即刀具中心就正好落在终点上。当刀径补偿号采用 D00 时，若使用 G41(G42)G00(G01)… D00 格式，则相当于使用了 G40。

需要注意的是，刀补的引入和取消要求必须在 G00 或 G01 路线段，但在刀补进行的中间轨迹线中，还是允许圆弧段轨迹的；在指定刀补平面执行刀补时，不能出现连续两行不包含指定平面内刀具移动的程序，否则将可能产生刀补自动取消后又重新启动的刀补过程，因而在继续运行程序时出现过切或少切现象。

3.4.2　刀具长度补偿

在 3.2.3 节的 Z 向对刀内容中已经提到，当一个程序中需要用到多把刀具时，它们可以共用一个工件坐标系(如 G54)，因刀具长短的不同而出现的 Z 向对刀数据的差距可以使用刀具长度补偿功能来修正。另外当实际使用刀具与编程时估计的刀具长度有出入时，或刀长磨损后导致 Z 向加工不到位时，亦可不需重新改动程序或重新进行对刀调整，只需改变刀具数据库中刀具长度补偿量即可。

刀具长度补偿指令有 G43、G44 和 G49 三个，其使用格式如下：

G43(G44) G00(G01) Z... H...　　　　刀具长度正补偿 G43、负补偿 G44

G49 G00 (G01) Z...　　　　　　　取消刀具长度补偿

在 G17 的情况下，刀长补偿 G43、G44 只用于 Z 轴的补偿，而对 X 轴和 Y 轴无效。格式中，Z 值是属于 G00 或 G01 的程序指令值，同样有 G90 和 G91 两种编程方式。H 为刀长补偿号，它后面的两位数字是刀具补偿寄存器的地址号，如 H01 是指 01 号寄存器，在该寄存器中存放刀具长度的补偿值。刀长补偿号可用 H00~H99 来指定。

如图 3-26 所示，执行 G43 时：

$$Z_{实际值} = Z_{指令值} + (Hxx)$$

执行 G44 时：

$$Z_{实际值} = Z_{指令值} - (Hxx)$$

其中，(Hxx)是指 xx 寄存器中的补偿量，其值可以是正值或者是负值。当刀长补偿量取负值时，G43 和 G44 的功效将互换。

刀具长度补偿指令通常用在下刀及提刀的直线段程序 G00 或 G01 中，使用多把刀具时，通常是每一把刀具对应一个刀长补偿号，下刀时使用 G43 或 G44，该刀具加工结束后提刀时使用 G49 取消刀长补偿。刀长补偿实例如图 3-27 所示，编程如下：

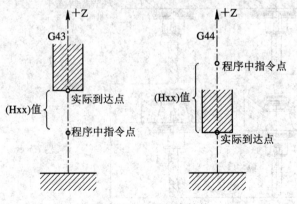

图 3-26　刀具长度补偿

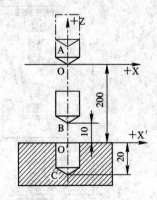

图 3-27　刀长补偿实例

(H02)= 200 mm 时：

N1 G90 G54 G0 X0 Y0　　　　　G54 以点 O 为程序零点

N2 G44 Z10.0 H02　　　　　　指定点 A，实到点 B

N3 G01 Z −20.0　　　　　　　实到点 C

N4　　　Z10.0　　　　　　　　　　　实际返回点 B

N5 G00 G49 Z0　　　　　　　　　　实际返回点 O

...

(H02)= −200 mm 时：

N1 G90 G54 G0 X0 Y0

N2 G43 Z10.0 H02

N3 G91 G01 Z −30.0

N4　　　Z30.0

N5 G00 G49 Z−10.0

...

　　从上述程序例中可以看出，使用 G43、G44 相当于平移了 Z 轴原点，即将坐标原点 O 平移到了 O' 点处，后续程序中的 Z 坐标均相对于 O' 进行计算。使用 G49 时则又将 Z 轴原点平移回到了 O 点。

　　同样地，也可采用 G43...H00 或 G44...H00 来替代 G49 的取消刀具长度补偿功能。

　　若以工件上表面为程序的 Z 零平面，多把刀具的 Z 轴对刀操作即刀长补偿数据的测定，可如图 3-28 所示，在机床上通过 Z 轴设定器来实现。分别用每把刀具的底刃去接触 Z 轴设定器至灯亮，然后逐步减小微调量到"X1"挡，使得 Z 轴设定器在灯亮/灯熄的分界位置时，记下此时刀具在机床坐标系中的 Z 坐标值，分别按刀号预置到刀具表中对应的 H01、H02、H03 长度补偿存储地址中即可，此时 G54 的 Z 值设为 −50(Z 轴设定器的高度=50)；或将各刀具对刀获得的 Z 值减 50 后的计算结果预置到刀具表中对应的 H01、H02、H03 刀长补偿地址中，此时 G54 的 Z 值设为 0。若以工件下表面为程序的 Z 零平面，则上述 G54 的 Z 设置值应按照再多负一个工件厚度来计算。

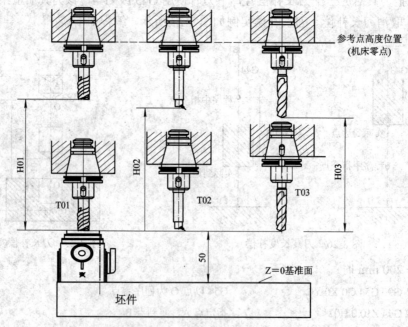

图 3-28　机内对刀时刀长补偿的测定

　　机内对刀及刀长补偿的设置方法很多，如图 3-29 所示，也可以将多把刀具中某一把刀具作为基准刀具(如 T01)，用 Z 向设定器对刀，将其 Z 向对刀数据减 50 后的结果作为 G54 的 Z 设置值，此基准刀具的 H01 设为 0。然后将该刀具在对刀接触位置时的 Z 坐标数据清零，此位置即设为 Z 轴相对零点，则其他刀具分别碰触 Z 向设定器时的相对 Z 坐标即为各刀具的长短差距，将这些相对 Z 坐标数据预置到对应的刀长补偿地址 Hxx 中即可。

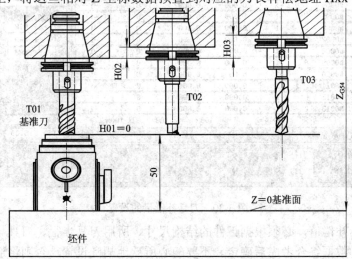

图 3-29　基准刀对时刀长补偿的设定

　　实际生产加工中，为节省机内对刀的占机时间，也可先在机床外利用刀具预调仪精确测量每把刀具相对于基准刀具的 Z 向长度差距，记录下来作为对应的刀长补偿数据，这样在机床上只需要对基准刀具作 Z 向对刀并设定 G54，基准刀具的刀长补偿值设为 0，其他刀具刀长补偿按记录数据设定即可。

3.4.3　刀具数据库的设置

　　HNC–22M 数控系统的刀具数据库设置可在基本功能主菜单下选按"刀具补偿 F4"后出现的菜单项目中选择进行。其中"刀库表 F1"功能项主要应用于有自动换刀功能的加工中心机床，对铣床系统无效，在此仅对使用"刀补表 F2"功能项进行刀具补偿量的设置作些介绍。

　　刀补设置可按如下步骤进行：

　　(1) 按 F2 选择"刀补表"功能项，进入刀补设置画面，如图 3-30 所示。此时中心窗口将显示刀补数据，可用上下左右光标键移动光标到需要设置修改的地方，也可用 PgUp、PgDn 页面键翻页。

　　(2) 按照刀号 0 对应 D00 及 H00，刀号 1 对应 D01 与 H01 的对应关系，移动光标到所需设置刀号对应的刀具长度以及刀具半径数据处。按回车键后，命令行将出现所选刀补数据，可编辑、修改。

　　(3) 修改完毕后，按回车键确认。若输入数据符合格式要求，所修改设置的数据将显示在正文窗口的对应位置上。否则机器将鸣叫提示出错，原值保持不变。

　　(4) 所有刀补内容设置完成后，可按 F10 返回基本功能主菜单。

		加工方式：自动		运行正常		
当前加工程序行：						

刀具表：

刀号	组号	长度	半径	寿命	位置
#0001	1	-345.000	4.000	0	1
#0002	-1	-366.995	0.000	0	-1
#0003	-1	0.000	3.000	0	-1
#0004	-1	0.000	0.000	0	-1
#0005	-1	0.000	0.000	0	-1
#0006	-1	0.000	0.000	0	-1
#0007	-1	0.000	0.000	0	-1
#0008	-1	0.000	0.000	0	-1
#0009	-1	0.000	0.000	0	-1
#0010	-1	0.000	0.000	0	-1
#0011	-1	0.000	0.000	0	-1
#0012	-1	0.000	0.000	0	-1
#0013	-1	0.000	0.000	0	-1

运行程序索引：无 N0000

机床指令坐标：
X -61.543
Y -280.000
Z -366.995
F 0.000

工件坐标零点：
X -50.010
Y -280.000
Z -50.000

毫米　分进给　100%　100%　100%

辅助机能　M00　S 0
CT00　ST00

刀具表编辑

刀库表 F1　刀补表 F2　显示切换 P9　返回 F10

图 3-30　刀具补偿量的设置

对于各刀具补偿值，必须根据工件的结构尺寸、所用刀具半径、刀具与工件间的相对位置等各方面的数据综合考虑后确定。不要随心所欲地胡乱设置，否则将造成运行轨迹不正确。刀具长度补偿值设置不合适时，还会造成刀具冲撞工作台的危险事故。

3.4.4　刀补程序的编写与上机调试

例 1　对前述轮廓铣削的零件，考虑刀具补偿情况再进行编程。

零件形状及刀补路线如图 3-31 所示，设对刀操作是采用刀座进行的，安装上 φ8 mm 的刀具后，测得刀具伸出长度为 45 mm，因此设置刀补地址数据为 (D01)= 4，(H01)=45。

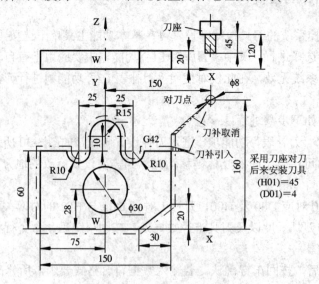

图 3-31　刀补编程实例

编程如下：

程 序 内 容	含 义
O0004	主程序号
G92 X150.0 Y160.0 Z120.0	建立工件坐标系，以刀座下底面中心为对刀点，编程零点为 W 绝对值方式，快进到 X=100，Y=60
G90 G00 X100.0 Y60.0	
G43 Z −2.0 H01 S100 M03	刀座底面移到指令高度 Z= −2，实际到达高 Z= −2 + 45 = 43 处
G42 G01 X75.0 D01 F100	刀径补偿引入，插补至 X= 75，Y= 60，进给速度 100 mm/min
X35.0	直线插补至 X = 35，Y = 60
G02 X15.0 R10.0	顺圆插补至 X = 15，Y = 60
G01 Y70.0	直线插补至 X = 15，Y = 70
G03 X −15.0 R15.0	逆圆插补至 X = −15，Y = 70
G01 Y60.0	直线插补至 X = −15，Y = 60
G02 X −35.0 R10.0	顺圆插补至 X = −35，Y = 60
G01 X −75.0	直线插补至 X = −75，Y = 60
G09 Y0	直线插补至 X = −75，Y = 0 处，并准停校验以确保尖角形成
X45.0	直线插补至 X = 45，Y = 45
X75.0 Y20.0	直线插补至 X = 75，Y = 20
Y65.0	直线插补至 X = 75，Y = 65，轮廓切削完毕
G40 G00 X100.0 Y60.0 M05	取消刀径补偿，快速退至 X = 100，Y = 60 的下刀处，主轴停
G49 Z120.0	快速抬刀至刀座底面处于高度 Z = 120 的对刀点平面
X150.0 Y160.0	快速退刀至对刀点
M30	程序结束，复位

和前述不考虑刀补的轮廓铣削程序相比，可以看出：采用机床自动刀补的程序与不考虑刀补的程序并没有多大的不同，只是在原来的程序上增加了有关刀补指令而已。但考虑刀补后的程序适应性强，对不同长度、不同半径的刀具仅只需改变刀具补偿量即可。当然由于零件形状上的最小圆弧半径的限制，本零件的轮廓加工不可使用直径大于φ20 mm 的铣刀。

由于使用了刀具补偿功能，可以使用同一把刀具，通过改变刀具补偿半径的方法，先设定较大的 D01 值，进行轮廓粗切，再逐步减小 D01 的值，重复运行程序，实现从粗切到精切的过程。

例2 图 3-32 所示为一零件钻孔。以上表面左下角点为工件零点，按原刀具进行的对刀并设置的 G54，现测得换上的新钻头比原钻头短 8 mm，设定(H01) = −8 mm。

编程如下：

程 序 内 容	含 义
O0005	主程序号
G90 G54 G00 X0.0 Y0.0	按 G54 构建工件坐标系，且快速定位到 X、Y 零点正上方
Z35.0 S630 M3	原刀具走到 Z = 35 mm 高度，新刀具则到图示虚线位置 Z = 43 mm 高度
N1 X20 Y70	走到#1 孔的正上方
N2 G91 G43 Z −32.0 H01	原刀具下移 −32，新刀具则下移 −32 + (−8) = − 40，均走到 Z=3 mm 高度

N3 G01 Z −21.0 F120	以工进方式继续下移到孔底，进给速度为 120 mm/min
N4 G04 P1.0	孔底暂停 1 s
N5 G00 Z21.0	快速提刀至 Z = 3 的安全面高度
N6 X90.0 Y −20.0	快移到#2 孔的正上方
N7 G01 Z −23.0	向下进给 23 mm，钻盲孔 #2
N8 G04 P1.0	孔底暂停 1 s
N9 G00 Z23.0	快速上移 23 mm，提刀返回至安全平面
N10 X-60.0 Y −30.0	快移到 #3 孔的正上方
N11 G01 Z −41.0	向下进给 41 mm，钻通孔 #3
N12 G49 G00 Z73.0	原刀具上移 73 到 Z = 35 高度，新刀具上移 73 + 8 = 81 至 Z =43 的虚线位置
N13 G90 X0.0 Y0.0 M5	刀具返回 X、Y 零点位置处，主轴停
M30	程序结束

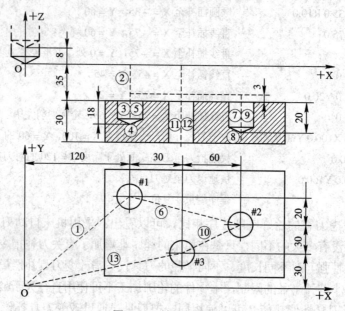

图 3-32　钻孔加工图例

　　以上是用基本指令编制钻孔加工的程序，主要用于了解钻孔加工走刀路线的安排，现代数控铣床及加工中心系统中还提供更简化的钻孔加工编程方法——钻镗固定循环，将在第 4 章进行介绍。

3.5　综合铣削加工技术

3.5.1　子程序及其调用

　　在程序中含有某些固定顺序或重复出现的程序区段时，把这些固定顺序或重复区段的程序作为子程序单独存放，通过在主程序内书写反复调用子程序的指令可多次调用这些子程序，甚至在子程序中还可再去调用另外的子程序，如图 3-33 所示，这种由主、子程序综合作用的程序结构使得数控系统的功能更为强大。在 HNC-22M 数控系统中，最多可进行 8 重调用。

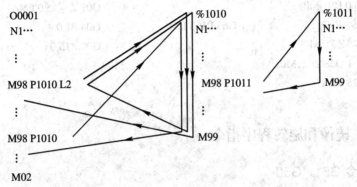

图 3-33　主、子程序调用关系

　　子程序的格式和一般程序格式差不多，也以"%xxxx"开头，"%"后跟的几位数字是子程序的番号，是作调用入口地址用的，必须和主程序中的子程序调用指令中所指向的番号一致。另外，子程序结束不要用"M02"或"M30"，而要用"M99"指令，以控制执行完该子程序后返回调用它的程序中。

　　调用子程序的指令格式如下：

M98 P…　　　　子程序调用指令，P 后跟被调用的子程序番号。

M98 P… L…　　重复调用子程序指令，L 后跟重复调用的次数。

G65 P… L…　　子程序或宏程序调用指令。

　　在 HNC 系统下，主、子程序可写在同一个文件中，主程序在前，子程序在后，两者之间可加空行作分隔。

　　如图 3-34 所示，G54 的原点在上表面左下角，要钻五个同样大小、同样深度的圆孔，由于孔位排列比较规则，我们可以让刀具先走到与第一个孔有同样间距的假想孔位置，用增量表示孔距作如下编程：

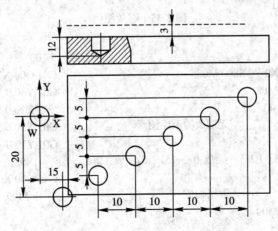

图 3-34　等距孔钻削

主程序	子程序
O0006	%100
G90 G54 G00 X −3.0 Y −2.0 S630 M03	G91 G00 X10.0 Y5.0
G43 Z3.0 H01 M08	G01 Z −15.0 F50
M98 P100 L5　　　　(或 G65 P100 L5)	G04 P1.0
G90 G49 Z3.0 M09	G00 Z15.0
G91 G28 Z0.0 M05	M99
G28 X0 Y0	
M30	

3.5.2　缩放、镜像和旋转程序指令

1. 缩放指令 G51、G50

使用缩放指令可实现用同一个程序加工出形状相同，但尺寸不同的工件。指令格式为

　　G51 X… Y… Z… P…　　　　缩放有效，其中 X、Y、Z 应是缩放中心的坐标值，
　　　　　　　　　　　　　　　　P 后为缩放倍数

　　G50　　　　　　　　　　　取消缩放

G51 既可指定平面缩放，也可指定空间缩放。

如图 3-35 所示零件，采用缩放功能，编程如下：

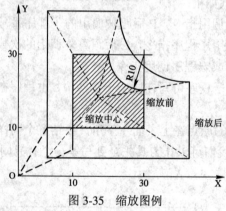

图 3-35　缩放图例

主程序	子程序
O0007	%100
G90 G54 G00 X0 Y0 S800 M03	G41 G00 X10.0 Y4.0 D01
G43 Z5.0 H01 M08	G01 Y30.0
G01 Z −5.0 F100	X20.0
M98 P100　　　　　　无缩放的原始图形	G03 X30.0 Y20.0 I10.0
G01 Z −8.0	G01 Y10.0
G51 X15.0 Y15.0 P2　缩放中心(15，15)，放大2倍	X5.0
M98 P100	G40 G00 X0 Y0
G50　　　　　　　　　取消缩放	M99
G91 G28 Z0.0 M09	
G28 X0 Y0 M05	
M30	

缩放指令不能用于补偿量的缩放，刀具补偿将根据缩放后的坐标值进行计算。

2. 镜像指令 G24、G25

当工件具有相对于某一轴对称的形状时，可以利用镜像功能和子程序的方法，只对工件的一部分进行编程，就能加工出工件的整体，这就是镜像功能。当某一轴的镜像有效时，该轴执行与编程方向相反的运动。镜像指令格式为

　　G24 X… Y… Z…　　镜像设置有效

　　G25 X… Y… Z…　　取消镜像设置

在 HNC-22M 系统中，当采用绝对编程方式时，如 G24 X-9.0 表示图形将以方程 X=-9.0 的直线作为对称轴，G24 X6.0 Y4.0 表示以点(6.0，4.0)为对称中心的原点对称图形。某轴对称一经指定，持续有效，直到执行 G25 且后跟该轴指令才取消该轴的对称设定，此时轴后的坐标数据基本无意义，取任意数值均一样。若先执行过 G24 X…，后来又执行了 G24 Y…，则对称效果是两者的综合。当用增量编程时，镜像坐标指令中的坐标数值没有意义，所有的对称都是从当前执行点处开始的。

如图 3-36 所示零件，采用镜像加工，先按 Y 轴镜像(G24X0)，在不取消 Y 轴镜像的情形下，接着进行 X 轴镜像(G24Y0)，然后先取消 Y 轴镜像，最后再取消 X 轴镜像。每次镜像设定后，调用运行一次基本图形加工子程序，共得到四个不同方位的加工轨迹，编程如下：

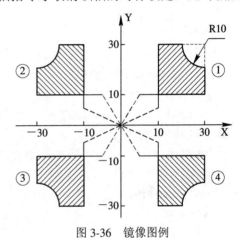

图 3-36　镜像图例

编程如下：

主程序		子程序
O0008		%100
G90 G54 G00 X0 Y0 S800 M03		G01 Z −5.0 F200
G43 Z5.0 H01 M08		G41 X10.0 Y4.0 D01
M98 P100	加工第一象限图形	Y30.0
G24 X0		X20.0
M98 P100	加工第二象限图形	G03 X30.0 Y20.0 I10.0
G24 Y0		G01 Y10.0
M98 P100	加工第三象限图形	X5.0
G25 X0		G40 X0 Y0
M98 P100	加工第四象限图形	G00 Z5.0
G25 Y0		M99
G91G28 Z0.0 M09		
G28 X0 Y0 M05		
M30		

3. 旋转变换指令 G68、G69

在指定加工平面作旋转变换，指令格式为：

G17 G68 X… Y… P…

G18 G68 X… Z… P…

G19 G68 Y… Z… P…

　　G69

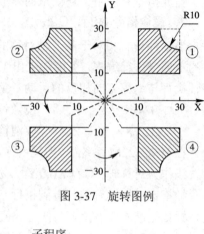

图 3-37　旋转图例

其中：X、Y、Z 是旋转中心的坐标值；P 是旋转角度，单位为度，取值范围为 0～360°。

G68 使坐标旋转功能有效，G69 则取消坐标旋转功能。

如图 3-37 所示零件，采用旋转变换处理，分别旋转 90°、180°、270°，得到的效果和镜像处理时一样。

主程序		子程序
O0009		%100
G90 G54 G0 X0 Y0 S800 M3		G01 Z −5.0 F200
G43 Z5.0 H1 M8		G41 X10.0 Y4.0 D01
M98 P100	加工第一象限图形	Y30.0
G68 X0 Y0 P90.0		X20.0
M98 P100	加工第二象限图形	G03 X30.0 Y20.0 I10.0
G69		G01 Y10.0
G68 X0 Y0 P180.0		X5.0
M98 P100	加工第三象限图形	G40 X0 Y0
G69		G00 Z5.0
G68 X0 Y0 P270.0		M99
M98 P100	加工第四象限图形	
G69		
G91 G28 Z0.0 M9		
G28 X0 Y0 M5		
M30		

在有刀具补偿的情况下，是先进行坐标旋转，然后才进行刀具半径补偿、刀具长度补偿。在有缩放功能的情况下，是先缩放，再旋转。

在有些数控机床中，缩放、镜像及旋转功能的实现是通过参数或功能键设定来进行的，不需要在程序中用指令代码来实现。这种处理方法虽然比较方便，但不如程序指令实现来的灵活。

3.5.3　综合加工应用实例

如图 3-38 所示零件，设中间 φ28 的圆孔与外圆 φ130 已经加工完成，现需要在数控机床上铣出直径 φ40～φ120、深 5 mm 的圆环槽及七个腰形通孔槽。

根据工件的形状尺寸特点，确定以中心内孔和外形装夹定位，先加工圆环槽，再铣七个腰形通孔。

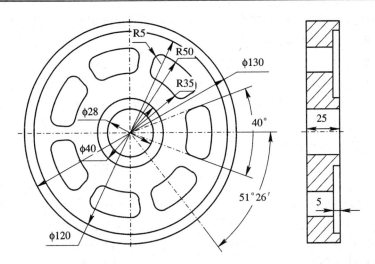

图 3-38　综合加工图例

铣圆环槽方法：采用φ20 mm 左右的铣刀，按φ120 的圆形轨迹编程，采用逐步加大刀具补偿半径的方法，一直到铣出φ40 的圆为止。

铣腰形通孔槽方法：采用φ8～φ10 mm 左右的铣刀(不超过φ10)，以正右方的腰形槽为基本图形编程，并且在深度方向上分三次进刀切削，其余六个槽孔则通过旋转变换功能铣出。由于腰形槽孔宽度与刀具尺寸的关系，只需沿槽形周围切削一周即可全部完成，不需要再改变径向刀补重复进行。如图 3-39 所示，现已计算出正右方槽孔的主要节点的坐标分别为

A(34.128，7.766)、B(37.293，13.574)、C(42.024，15.296)、D(48.594，11.775)

对刀方法：

(1) 先下刀到圆形工件的左侧，手动→步进(或手轮)调整机床至刀具接触工件左侧面，记下此时的坐标 X_1，手动沿 Z 向提刀，在保持 Y 坐标不变的情形下，移动刀具到工件右侧，同样通过手动调整步骤，使刀具接触工件右侧，记下此时的坐标 X_2。计算出 $X_3=(X_1+X_2)/2$ 的结果，手动提刀后，通过手动调整过程，将刀具移到坐标 X_3 处，此即 X 方向上的中心位置，如图 3-39 所示。

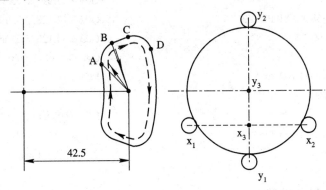

图 3-39　对刀方式图

(2) 用同样的方法，移动调整到刀具接触前表面，记下坐标 Y_1，在保持 X 坐标不变的

前提下,移动调整到刀具接触后表面,记下坐标 Y_2,最后移动调整到刀具落在 $Y_3=(Y_1+Y_2)/2$ 的位置上,此即圆形工件圆心的位置。

(3) 用手动方法沿 Z 方向移动调整至刀具接触工件上表面。

(4) 用 MDI 方法执行指令 G92 X0 Y0 Z0;则当前点即为工件原点;或者将当前刀具在机床坐标系中的坐标数据预置到 G54 的 X、Y、Z 地址中。然后提刀至工件坐标高度 Z=25.0 的位置处,至此对刀完成。

按照上述思路,编程如下:

主程序	子程序
O0010	%100
G90 G54 G0 X0 Y0 S600 M3	G00 X42.5 Y0
G43 Z5.0 H01 M8	G01 Z-8.5 F100
G00 X30.0	M98 P110
G01 Z-5.0 F150	G01 Z-17.0 F100
G41 G01 X60.0 D01　应设置 D01=10	M98 P110
G03 I-60	G01 Z-25.5 F100
G01 G40 X30.0	M98 P110
G41 G01 X60.0 D02　设置 D02=20	G00 Z5.0
G03 I-60	X0 Y0
G01 G40 X30.0	M99
G41 G01 X60.0 D03　设置 D03=30	
G03 I-60	嵌套的子程序
G01 G40 X30.0	%110
G00 Z5.0 M9	G01 G42 X34.128 Y7.766 D04
G91 G28 Z0.0 M05	G02 X37.293 Y13.574 R5.0
G28 X0 Y0	G01 X42.024 Y15.296
M00　暂停、换刀	G02 X48.594 Y11.775 R5.0
G90 G54 G0 X0 Y0 S1000 M3	G02 Y-11.775 R50.0
G43 Z5.0 H02 M8	G02 X42.024 Y-15.296 R5.0
M98 P100	G01 X37.293 Y-13.574
G68 X0 Y0 P51.43	G02 X34.128 Y-7.766 R5.0
M98 P100	G03 X34.128 Y7.766 R35.0
G69	G40 G01 X42.5 Y0
G68 X0 Y0 P102.86	M99
M98 P100	
G69	D04 应按实际使用的刀具半径设定
G68 X0 Y0 P154.29	H01=0、H02按第二把刀具相对于第一把
M98 P100	刀具刀长差值设定
G69	
G68 X0 Y0 P205.72	
M98 P100	
G69	

```
        G68 X0 Y0 P257.15
        M98 P100
        G69
        G68 X0 Y0 P308.57
        M98 P100
        G69
        G00 Z25.0 M9
G91 G28 Z0.0 M05
        G28 X0 Y0
        M30
```

3.5.4　加工进程控制

以下加工进程控制使用 XD40 数控铣床、HNC-22M 系统介绍。

加工运行过程中，总会因为各种原因需要暂停或中止运行等，有时还会因时间关系需要中断加工，到下一班次时再接续加工，这就需要用到加工进程控制的功能。

1．暂停运行

暂停运行可用机床操作面板上的"进给保持"按钮实施，也可以利用软件菜单控制。软件控制是在程序运行状态下，按 F6"停止运行"，然后系统将提示"已暂停加工，您是否要取消当前运行程序 Y/N？(Y)"，按 N 键则暂停程序运行，并保留当前运行程序的模态信息。

暂停运行时，模态信息得到保留，可按机床操作面板上的"循环启动"按钮从暂停处重新接续加工。

2．中止运行

在上述提示信息出现后，如果按 Y 键，将中止程序运行，并卸载当前运行程序的模态信息，退出本程序的运行，此情况下不能从中断处接续加工。当前加工程序中止自动运行后，若希望从程序头重新开始运行，可在主菜单下，按 F1"程序"→F7"重新运行"，出现"是否重新开始执行 Y/N？(Y)"的提示信息，按"Y"或回车，光标将返回到程序头部，并清除以前的轨迹图形。再按"循环启动"，即可重新从头运行。

3．加工断点保存与恢复

当某零件的加工时间超过一个工作日时,加工断点保存和恢复功能可以为此提供方便。该功能可在零件加工一段时间后，保存断点，关断电源；在下一工作班次，打开电源后，可以恢复断点，接续加工。方法如下：

保存断点：暂停加工后，在主菜单下，按 F2"运行控制"→"F5 保存断点"，然后在信息栏出现以当前程序号对应的断点数据文件名，如 Oxxxx.BP1，回车后系统将自动建立一断点数据文件。

恢复断点：

(1) 接通电源进入系统后应先回参考点，然后调入保存断点时所运行的程序文件，先手动启动主轴和切削液，并移动坐标轴到断点位置附近，并确保当机床自动返回断点时不至于发生碰撞；

(2) 然后在主菜单下，按 F2 "运行控制"→F6 "恢复断点"，在文件选择窗口选择所保存的断点数据文件，如 Oxxxx.BP1；回车后系统会根据断点文件中的信息，恢复到中断运行时的模态，并提示 "运行断点已恢复，请在 MDI 功能下返回断点" 若断点数据与当前程序不匹配，则出现错误警示；

(3) 回主菜单按 F3 切换到 "MDI" 方式，再按 F7 "返回断点"，则断点数据将自动输入到 MDI 缓冲区，按 "循环启动" 执行 MDI 指令，系统将移动刀具到断点位置；

(4) 按 "循环启动" 键即可开始接续加工。

如果保存断点后未关断电源，可跳过步骤(1)，如果未关断电源且刀具本身就停在断点位置，可跳过步骤(3)。

如果保存断点后松动过工件，则可使用 "重新对刀" 功能。操作方法是：先手动将刀具移动到加工断点处，然后在主菜单下，按 F2 "运行控制"→F6 "恢复断点"，再切换到 MDI 功能，按 F8 "重新对刀"，则系统将自动把断点处的工件坐标值数据输入到 MDI 缓冲区，指令功能设成 "G92"，按 "循环启动" 执行 MDI 指令，系统将以当前断点为参照点重建工件坐标系，将求算出来的工件原点在机床坐标系中的坐标重置到当前坐标系(如 G54)中。由于该操作本身就以当前点作为断点重建的工件坐标系，因此不需要再返回断点即可按 "循环启动" 接续加工。

4. 回程序起点

当程序使用 G92 构建工件坐标系，批量加工更换工件期间，若因刀具发生移动而不在构建坐标系的起刀点处时，可先在 "MDI" 功能菜单下按 F4 "回程序起点"，然后按 "循环启动" 定位到程序起点，以确保刀具停留在起刀点上。

5. 任意行开始运行

若需要从程序中间某行处开始运行，可按 F9 "显示切换" 到显示程序文本画面，在主菜单中选择 F2 "运行控制"，再从弹出的菜单中选择 "从指定行开始运行" 后，输入要开始运行的行号，按 ENTER 后，按 "循环启动" 即可；也可在选择重新运行后，按 "↓" 键，直接在程序显示区移动光标出现红色光条后，移到欲开始运行的程序行处，然后选择 "从红色行开始运行"。经以上选择确认后的程序行或者运行暂停时光标所在的程序行即为当前行，系统以蓝色光条标识，从弹出的菜单中选择 "从当前行开始运行" 即指蓝色光条所在程序行。

思考与练习题

1. 数控铣床的类型有哪些？立式铣床的 Z 轴运动实现可有哪些形式？

2. XK5032、XD40 型数控铣床各是什么性质的进给伺服控制系统？它们的 Z 轴运动分别是怎样实现的？XK5032 的可调升降台能否实现 Z 轴的程序控制？

3. 数控铣床的三轴联动和两轴联动是一个什么样的概念？它们在加工应用上有什么差别？

4. XD40 型数控铣床能否实现主轴转速的程序控制？其控制范围如何？为什么有些数控铣床的主轴变速要分高、低挡分别控制？

5. 如何进行回参考点的操作？回参考点有什么意义？自动回参考点有什么要求？

6. XD40 型立式数控铣床的机床原点、参考点及工件原点之间有何区别？用图示表达出它们之间的相对位置关系。

7. XD40 型数控铣床的机床坐标系是怎样建立的？开机返回参考点后屏幕上显示的 (0，0，0)是指机床原点吗？此时若用 MDI 执行"G90 G00 X100.0 Y50.0"后屏幕上显示的是刀位点在机床坐标系中的坐标吗？

8. XD40 型数控铣床的工件坐标系是怎样建立的？如果屏幕显示当前刀位点在机床坐标系中的坐标为(150，−100，−80)，用 MDI 执行"G92 X100.0 Y50.0 Z-20.0"后，工件原点在机床坐标系中的坐标是多少？

9. 上题中若再用 MDI 执行"G90 X100.0 Y50.0 Z-20.0"后，屏幕上工件坐标系的显示坐标是多少，机床坐标系的显示坐标又是多少？若用 MDI 执行"G91 X100.0 Y50.0 Z-20.0"后，显示坐标又是多少？

10. 简要说明在 XD40 型数控铣床上如何进行 MDI 操作。

11. G54～G59 指令的含意是什么？它们和 G92 之间有何区别？如何预置 G54～G59 的值？

12. 常用的钻、镗、铣用刀具有哪些？画图表示出立铣刀的装夹及其基本组成。

13. 数控铣床的对刀内容包括哪些？以基准铣刀的对刀为例说明对一个圆形毛坯的对刀过程是如何进行的？

14. 数控铣床的圆弧插补编程有什么特点？圆弧的顺逆应如何判断？试写出在 XY 平面上铣切一个 φ40 的整圆的程序行。

15. 操作面板上的"机械锁住"和"Z 轴锁住"按键有什么用途？在 XD40 型数控铣床的控制系统中，执行程序校验时，机械及程序在运行上有什么特征？如何进行程序校验？

16. 在 XD40 型数控铣床上编写程序时，应注意些什么？

17. G28 指令中的坐标值指的是什么？试画图表示 G28、G29 的运行路线？G28、G29 适用于什么场合？

18. 数控铣床上的刀具补偿内容有哪些？人工编程预刀补和机床自动刀补分别是如何进行的？机床自动刀补有哪些优势？

19. 画图表示刀具直径补偿的引入、引出过程。说说刀具直径补偿编程时应注意哪些问题？如何利用刀径补偿功能实现粗、精加工？

20. C 功能刀补和 B 功能刀补有什么不同？哪一种更好？

21. 刀长补偿应用时，若所用刀具因多次使用磨损而变短了，应怎样设置刀补？若原来是按刀座对刀编程的，现装上了一把刀具，应怎样设置刀补？

22. 在 XD40 型数控铣上如何进行刀补数据的设定？多把刀具的机外预调是怎样一回事？

23. 画图表示主、子程序及嵌套调用关系？在 HNC-22M 数控系统中，子程序应如何编写？

24. 缩放、镜像和旋转编程有什么实用意义？和自动编程中用到的同类功能相比，它又有什么优势？

25. 对数控铣床加工编程时，如何进行多把刀具的换刀程序控制？

26. 试编制题图 3-1 中各零件的数控加工程序，并说明在执行加工程序前应作什么样的对刀考虑。(设工件厚度均为 15 mm)。

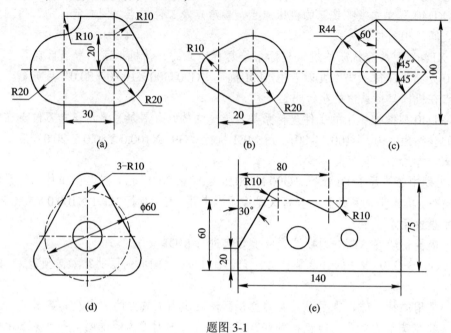

题图 3-1

27. 对题图 3-2(a)所示的凸轮零件轮廓，在深度方向上分两刀切削，试编程。

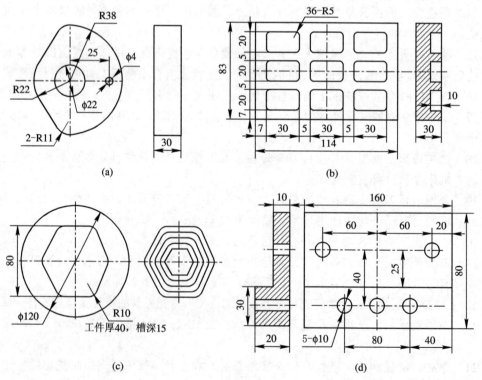

题图 3-2

28. 对题图 3-2(b)所示各槽加工，试用主、子程序调用的编程方式编程。

29. 对题图 3-2(c)所示零件进行挖槽加工，试用改变刀补而实现粗、精加工的方法编程。

30. 对题图 3-2(d)所示零件进行钻孔和铣 A 平面，试编程。

第4章　加工中心的操作与编程

4.1　数控加工中心及其组成

4.1.1　加工中心的类型及其组成

加工中心是带有刀库和自动换刀装置(ATC)的数控机床,又称为自动换刀数控机床或多工序数控机床。其特点是数控系统能控制机床自动地更换刀具,连续地对工件各加工表面自动进行钻削、扩孔、铰孔、镗孔、攻丝、铣削等多种工序的加工,工序高度集中。这种机床一般具有刀库和自动换刀装置,有的还具有分度工作台或双工作台以及自动上料装置APC。适用于加工凸轮、箱体、支架、盖板、模具等复杂型面的零件。

1. 按功能特征分类

(1) 钻削加工中心。如图4-1所示,该类机床以钻削为主,刀库形式以转塔头形式为主,适用于中小零件的钻孔、扩孔、铰孔、攻丝及连续轮廓铣削等多工序加工。

(2) 镗铣加工中心。有一般立式、卧式镗铣加工中心和龙门式加工中心。以镗铣为主,适用于加工箱体、壳体以及各种复杂零件的特殊曲线和曲面轮廓的多工序加工,主要用于多品种小批量的生产方式。图4-2所示为龙门五面镗铣加工中心,可自动回转主轴头,进行立卧加工,可用于加工除安装面之外的其他五个工作面。

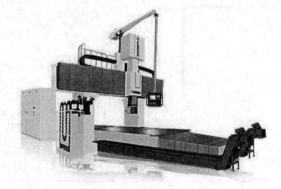

图4-1　钻削加工中心　　　　　　　　图4-2　龙门五面镗铣加工中心

(3) 复合加工中心。有车削中心、多面多轴加工中心、带APC的多工位复合加工中心等,有的是多种不同工艺方法复合型,有的是多工序复合型。

2. 按所用自动换刀装置分类

(1) 转塔头加工中心。转塔头加工中心有立式、卧式两种。主轴数一般为6~12个,换刀时间短、数量少、主轴转塔头定位精度要求较高。

(2) 主轴 + 刀库移动换刀式加工中心。这类加工中心特点是不用机械刀臂而由主轴或刀库相对移动实现自动换刀，利用主轴头升降运动、刀库移动及旋转，实现装卸刀具和顺序选刀。图 4-3(a)所示为主轴头升降换刀的卧式加工中心，图 4-3(b)所示为斗笠刀库移动换刀的立式加工中心。

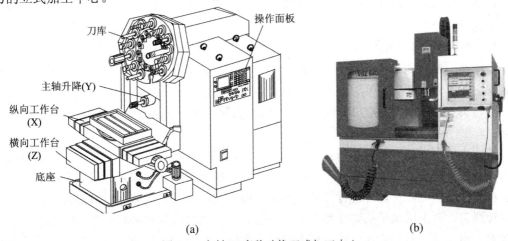

(a)　　　　　　　　　　　(b)

图 4-3　主轴/刀库移动换刀式加工中心

(a) 主轴移动换刀；(b) 刀库移动换刀

(3) 机械刀臂换刀式加工中心。这类加工中心结构多种多样，由于机械刀臂的卡爪可同时分别抓住刀库上所选的刀具和主轴上的刀具，换刀时间短。并且选刀时间可与切削加工时间重合，因此得到广泛应用。图 4-4 所示的立式加工中心多用此类机械手式换刀装置。

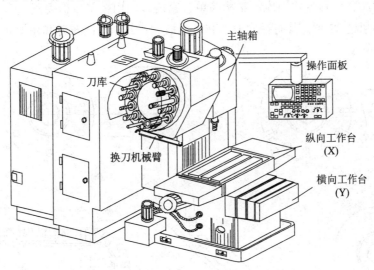

图 4-4　机械刀臂换刀立式加工中心

(4) 刀库 + 机械手 + 双主轴转塔头加工中心。这种加工中心在主轴上的刀具进行切削时，通过机械手将下一步所用的刀具换在转塔头的非切削主轴上。当主轴上的刀具切削完毕后，转塔头即回转，完成换刀工作，换刀时间短。

另外还可按所用工作台结构特征分为单、双工作台和多工作台式加工中心。按主轴种类分为单轴、双轴、三轴及可换主轴箱的加工中心等。

4.1.2　加工中心的自动换刀装置

自动换刀装置的用途是按照加工需要，自动地更换装在主轴上的刀具。自动换刀装置是一套独立、完整的部件。

1．自动换刀装置的形式

自动换刀装置的结构取决于机床的类型、工艺、范围及刀具的种类和数量等。自动换刀装置主要有回转刀架和带刀库的自动换刀装置两种形式。

回转刀架换刀装置的刀具数量有限，但结构简单，维护方便。如车削中心上的回转刀架。

带刀库的自动换刀装置是镗铣加工中心上应用最广的换刀装置，主要有机械手换刀和刀库换刀两种方式。其整个换刀过程较复杂，首先把加工过程中需要使用的全部刀具分别安装在标准刀柄上，在机外进行尺寸预调后，按一定的方式放入刀库；换刀时，先在刀库中进行选刀，并由机械手从刀库和主轴上取出刀具，或直接通过主轴以及刀库的配合运动来取刀，然后进行刀具交换，再将新刀具装入主轴，把旧刀具放回刀库。存放刀具的刀库具有较大的容量，它既可以安装在主轴箱的侧面或上方，也可以作为独立部件安装在机床以外。

2．刀库的形式

刀库的形式很多，结构各异。加工中心常用的刀库有鼓轮式和链式刀库两种。

鼓轮式刀库又称圆盘式刀库，结构简单、紧凑，应用较多。但受圆盘直径的限制，一般存放刀具不超过 32 把。其有径向取刀和轴向取刀、刀具径向布置和角度布置等形式，如图 4-5(a)～(d)所示。

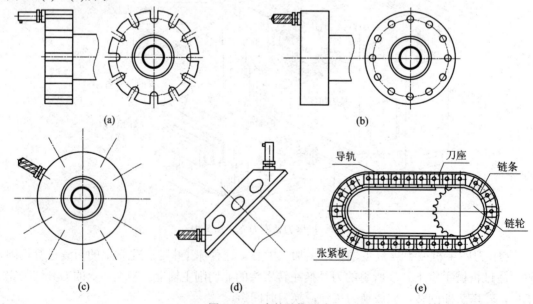

图 4-5　刀库的结构形式

(a) 径向取刀式；(b) 轴向取刀式；(c) 径向布置式；(d) 角度布置式；(e) 链式

图 4-5(e)所示为链式刀库结构，多为轴向取刀形式，适于要求刀库容量较大的数控机床。图 4-2 所示加工中心机床用的就是链式刀库。

3. 换刀过程

自动换刀装置的换刀过程由选刀和换刀两部分组成。当执行到 Txx 指令即选刀指令后，刀库自动将要用的刀具移动到换刀位置，完成选刀过程，为下面换刀做好准备；当执行到 M06 指令时即开始自动换刀，把主轴上用过的刀具取下，将选好的刀具安装在主轴上。

1) 选刀

选刀方式常有顺序选刀方式和任选方式两种。

(1) 顺序选刀方式是将加工所需要的刀具，按照预先确定的加工顺序依次安装在刀座中，换刀时，刀库按顺序转位。这种方式的控制及刀库运动简单，但刀库中刀具排列的顺序不能错。

(2) 任选方式是对刀具或刀座进行编码，并根据编码选刀。它可分为刀具编码和刀座编码两种方式。刀具编码方式是利用安装在刀柄上的编码元件(如编码环、编码螺钉等)预先对刀具编码后，再将刀具放在刀座中；换刀时，通过编码识别装置根据刀具编码选刀。采用这种方式编码的刀具可以放在刀库的任意刀座中；刀库中的刀具不仅可在不同的工序中多次重复使用，而且换下来的刀具也不必放回原来的刀座中。刀座编码方式是预先对刀库中的刀座(用编码钥匙等方法)进行编码，并将与刀座编码相对应的刀具放入指定的刀座中；换刀时，根据刀座编码选刀，使用过的刀具也必须放回原来的刀座中。

目前应用最多的是计算机记忆式选刀。这种方式的特点是，刀具号和存刀位置或刀座号对应地记忆在计算机的存储器或可编程控制器内。不论刀具存放在哪个地址，都始终记忆着它的踪迹。在刀库上装有位置检测装置。这样刀具可以任意取出，任意送回。刀具本身不必设置编码元件，结构大为简化，控制也十分简单，计算机控制的机床几乎全都用这种选刀方式。在刀库上设有机械原点，每次选刀运动正反向都不会超过 180° 的范围。

当选刀动作完成后，即处于等待状态，一旦执行到自动换刀的指令，即开始换刀动作。

2) 换刀

有通过机械手换刀和通过刀库-主轴运动换刀两种方式。

对机械手换刀的加工中心，其 Txx 指令的选刀动作和 M6 指令的换刀动作可分开使用，图 4-6 是机械手角度布置形式，图 4-7 是刀库刀袋可翻转的形式。

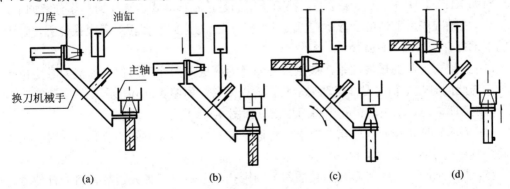

(a)　　　　　　(b)　　　　　　(c)　　　　　　(d)

图 4-6　换刀机械手的换刀过程

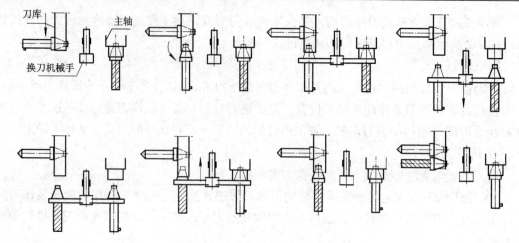

图 4-7　刀袋翻转的机械手换刀过程

机械手换刀装置的自动换刀动作如下：

(1) 主轴端：主轴箱回到最高处(Z 坐标零点)，同时实现"主轴准停"。即主轴停止回转并准确停止在一个固定不变的角度方位上，保证主轴端面的键也在一个固定的方位，使刀柄上的键槽能恰好对正端面键。

刀库端：刀库旋转选刀，将要更换刀号的新刀具转至换刀工作位置。对机械手平行布置的加工中心来说，刀库的刀袋还需预先作 90° 的翻转，将刀具翻转至与主轴平行的角度方位。

(2) 机械手分别抓住主轴上和刀库上的刀具，然后进行主轴吹气，松紧刀气缸推动卡爪压缩碟形弹簧而松开主轴上的刀柄拉钉。

(3) 活塞杆推动机械手伸出，从主轴和刀库上取出刀具。

(4) 机械手回转 180°，交换刀具位置。

(5) 将更换后的刀具装入主轴和刀库，松紧刀主轴气缸缩回，碟形弹簧复位而使卡爪卡紧刀柄上的拉钉。

(6) 机械手放开主轴和刀库上的刀具后复位。对机械手平行布置的加工中心来说，刀库的刀袋还需要再作 90° 的翻转，将刀具翻转至与刀库中刀具平行的角度方位。

(7) 限位开关发出"换刀完毕"的信号，主轴自由，可以开始加工或其他程序动作。

对如 XH754 型的卧式加工中心，换刀采用的是主轴移动式，其换刀动作分解如下：

(1) 主轴准停，主轴箱沿 Y 轴上升。这时刀库上刀位的空挡正对着交换位置，装卡刀具的卡爪打开，如图 4-8(a)所示。

(2) 主轴箱上升到极限位置，被更换的刀具刀杆进入刀库空刀位，即被刀具定位卡爪钳住，与此同时，主轴内刀杆自动夹紧装置放松刀具，如图 4-8(b)所示。

(3) 刀库伸出，从主轴锥孔中将刀拔出，如图 4-8(c)所示。

(4) 刀库转位，按照程序指令要求，将选好的刀具转到最下面的位置，同时，压缩空气将主轴锥孔吹净，如图 4-8(d)所示。

(5) 刀库退回，同时将新换刀具插入主轴锥孔，主轴内刀具夹紧装置将刀杆拉紧，如图 4-8(e)所示。

(6) 主轴下降到加工位置并启动，开始下一步的加工，如图 4-8(f)所示。

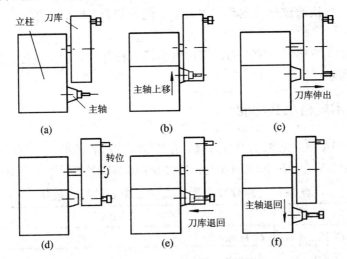

图 4-8　主轴移动式换刀过程

这种换刀机构中不需要机械手，结构比较简单。刀库旋转换刀时，机床不工作，因而影响到机床的生产效率。

图 4-9 所示是目前在 XH713、XH714、XH715 等中小型立式加工中心上广泛采用的斗笠式刀库移动-主轴升降式换刀方式。其换刀过程如下：

(1) 分度：由低速力矩电机驱动，通过槽轮机构实现刀库刀盘的分度运动，将刀盘上接受刀具的空刀座转到换刀所需的预定位置，如图 4-9(a)所示。

(2) 接刀：气缸活塞杆推出，将刀盘接受刀具的空刀座送至主轴下方并卡住刀柄定位槽，如图 4-9(b)所示。

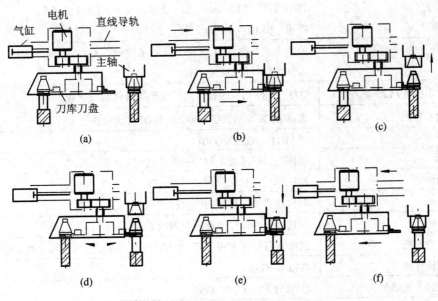

图 4-9　刀库移动-主轴升降式换刀过程

(3) 卸刀：主轴松刀，铣头上移至第一参考点，刀具留在空刀座内，如图 4-9(c)所示。

(4) 再分度：再次通过分度运动，将刀盘上选顶的刀具转到主轴正下方，如图 4-9(d)所示。

(5) 装刀：铣头下移，主轴夹刀，刀库气缸活塞杆缩回，刀盘复位，完成换刀动作，如图 4-9(e)、(f)所示。

4.1.3 机床技术规格及其功能

下面以 XH713A 型立式加工中心为例，介绍加工中心机床的技术规格及其主要功能特点(见表 4-1)。该机床采用 FANUC-0i(或 SINUMERIK 802)数控系统，半闭环控制。

表 4-1　　XH713A 型立式加工中心的技术规格

名　　称	规　　格
工作台纵向行程(X 轴)	600 mm
工作台横向行程(Y 轴)	410 mm
工作台垂直行程(Z 轴)	510 mm
主轴转速(无级)	60～4500 r/min
刀库容量	16 把，换刀时间 6 s
选刀方式	任选
同时控制轴数	X、Y、Z 三轴
最小设定单位	0.001 mm
插补方式	直线、圆弧、螺旋线、圆柱插补
指令方式	增量值、绝对值，最大指令值 ± 99 999.999 mm
进给速度	工进速度：1～5000 mm/min，0%～150%倍率(每挡相差 10%)
	快进速度：20 m/min，低、25%、50%、100%倍率设定
	增量：0.001/0.01/0.1 三挡，手轮调节
刀具补偿	刀具半径补偿 G40～G42，刀具长度补偿 G43、G44、G49
	刀具位置补偿 G45～G48
钻镗固定循环功能	G73～G89 钻、镗孔，刚性攻丝等简化编程功能
手动输入数据	通过 MDI 手动键盘可输入，MDI 方式可执行多行指令
回参考点	手动/自动(G27～G30)
空运行	机械以快移速度沿程序控制路线空走
机械锁住	机床不动，只让位置显示器按指令值工作
单步方式	只读取和执行程序的一个程序段
随意停机	可选择程序暂停功能为有效或无效
程序随意跳跃	选择在程序中出现"/"代码时能否无视这一程序信息的功能
可编程镜像加工	G50.1、G51.1
图形旋转、缩放加工	G68、G69，G50、G51
公英制转换	根据参数设定，可采用公制或英制单位的输入

4.2 机床控制面板及其操作

XH713A 立式加工中心和 TH6350 卧式四轴加工中心均采用 FANUC-0i 数控系统，其数控操作面板及操作习惯基本相同，本节主要针对 FANUC-0i 数控系统进行介绍。

4.2.1 数控操作面板

XH713A 的操作面板如图 4-10 所示，上部为 CRT 显示器和数控操作面板，下部为手动机械操作面板。

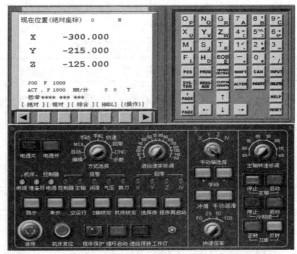

图 4-10 XH713A 立式加工中心操作面板

上部面板左方为 CRT 显示器，用于显示程序、数据输入显示、监视坐标图形等，屏幕下方为菜单操作对应的软键。不同的功能方式下有不同的显示内容，有的功能方式下还有多个屏幕显示页，可用翻页键切换。图 4-11 所示为位置坐标显示(按 POS 功能键时)的其中两个画页——大字符显示的当前坐标和综合坐标显示。

现在位置(绝对)	O1130 N00260
X 213.000	
Y 231.424	
Z 508.500	
JOG F 2000	加工产品数 142
运转时间 15H 0 M	切削时间 0 H 0 M 0 S
ACT.F 0 mm/分	0S100% L 0%
JOG *** *** ***	10：03：04
[绝对] [相对] [综合] [HNDL] [操作]	

现在位置(综合)	O1130 N00260
相对坐标	绝对坐标
X 0.000	X 213.000
Y 0.000	Y 231.424
Z 0.000	Z 508.500
机械坐标	余移动量
X −412.997	X 0.000
Y −91.202	Y 0.000
Z −20.702	Z 0.000
JOG F 2000	加工产品数 142
运转时间 15H 0 M	切削时间 0 H 0 M 0 S
ACT.F 0 mm/分	0S100% L 0%
JOG *** *** ***	10：03：04
[绝对] [相对] [综合] [HNDL] [操作]	

图 4-11 位置坐标显示画页

当前位置坐标显示时，共有几组坐标显示，它们分别是：

相对坐标系(RELATIVE)：若需要将某坐标轴位置置为相对零点时，可在 3 倍文字显示画页下，先按坐标轴地址键，这时所按的地址闪动，然后再按原点[起源]软键(ORIGIN)，则该轴相对坐标就被复位为零，若按[全轴]则所有轴的相对坐标值被复位为 0。以后位置变动时，在相对坐标系中的坐标值均是相对于此设置的零点来变化的。

工件坐标系(ABSOLUTE)：以 G92 或预置工件坐标系 G54～G59 指定的点为原点，显示当前刀具(或机械工作台)的位置坐标。

机床坐标系(MACHINE)：以机床原点为原点的机械现在位置的坐标。

剩余移动量(DISTANCE TO GO)：在自动、MDI、DNC 方式加工时，当前程序段中刀具还需要移动的距离。

其他状态显示用于表示工作方式、零件计数、时间计数、实际进给速度等的状态。

上部面板右方为键盘区，各键作用如表 4-2 所示。

表 4-2　　数控操作功能键

键类别	英文键名	图标	功能说明	键类别	英文键名	图标	功能说明
光标键	CURSOR	←↑↓	光标移动用	功能键	POS		位置坐标显示
页面键	PAGE		翻页用		PROG		程序显示
地址数字键	地址字母键数字符号键				OFFSET SETTING		刀补、设置和预置工件坐标系的显示和设定
编辑键	SHIFT		换挡键		SYSTEM		系统参数、诊断等显示
	CAN		取消键		MESSAGE		报警信息等显示
	INPUT		数据输入键		CUSTOM GRAPH		轨迹图形显示用户宏程序显示
	ALTER		改写键				
	INSERT		插入键	复位键	RESET		解除报警、复位等
	DELETE		删除键	帮助键	HELP		MDI 操作帮助

4.2.2 手动操作面板

图 4-10 下部为 XH713A 立式加工中心的手动机械操作面板，主要用于数控系统功能的辅助控制，各按键与旋钮均用中文标识，操控直观快捷；图 4-12 为 TH6350 卧式四轴加工中心机械操作面板，各按键与旋钮均用图标标识，需强化记忆后才能熟练操控。具体各操作钮的功能说明如下。

(1) 方式选择开关/按键：选择操作方式的开关/按键，有以下几种方式。

① 　编辑(EDIT)　　　　　　　　编辑修改已存储或新建程序的模式

② 　自动(MEM 或 AUTO)　　　　存储运转方式(或称自动加工)

③ 　MDI　　　　　　　　　　　MDI 手动数据输入方式

④ 　手动(JOG)/快速　　　　　　手动连续进给方式

⑤ 　　　手轮　　　　　　　　　手轮增量进给方式

⑥ 　回零(REF 或 ZRN)　　　　　手动返回参考点方式

⑦  DNC　　　　　　　　　联机通信、PC 电脑直接加工控制方式

⑧ 示教　　　　　　　　　示教方式

图 4-12　TH6350 型卧式四轴加工中心机械操作面板

(2) 手动轴选择旋钮/按键：选择移动轴，再按下方的轴移动方向钮。各轴的正负方向遵循标准设定，即以假定工件不动，刀具相对于工件在运动来理解。亦即按编程坐标系来看。

(3) 主轴速度修调旋钮：调节主轴转速，可在 50%～120% 范围内每隔 10% 修调。

(4) 进给速度修调旋钮：根据程序指定的进给速度，选择修调倍率的旋钮。可在 0～150% 范围内每隔 10% 修调。

(5) 快速倍率修调旋钮：选择快速进给速度倍率的开关。

注： TH6350 卧加的进给及快进使用同一个修调旋钮。

(6) 手轮进给调节：置方式开关为手轮方式后可由手轮进行增量调节。手轮结构参见图 2-8，先选择移动轴，再调节移动量，有 ×1、×10、×100 三种选择，对应每刻度值为 0.001 mm、0.01 mm、0.1 mm。手轮旋转 360°，相当于 100 个刻度的对应值。

(7) 循环启动按键：用于自动运转开始的按钮，也用于解除临时停止，自动运转中按钮灯亮。

(8) 进给保持按键：用于自动运转中临时停止的按钮，一按此按钮，轴移动减速并停止，灯亮。

(9) 跳步按键开关：需跳过带有 "/"（斜线号）的程序段时按下此开关(灯亮)，置接通状态，此开关对于在 "/" 号后标有番号的选择程序段跳跃无效。(再按一下，开关断开，灯熄。)

(10) 单步按键开关：按下此开关(灯亮)，程序运行处于单段方式。每运行一个程序段后都会停止，再按"循环启动"继续执行下一程序段，用于程序的校验，(再按一次，开关断开，灯熄。)

(11) 空运行按键开关：按下此开关(灯亮)，自动运转时进行空运转(无视程序指令的进给速度，而按照快移速度移动，但也受到"手动连续进给速度设定开关"设定的倍率的控制)。常用于程序加工前的校验。(再按一下，开关断开，灯熄。)空运行时将伴有机械各轴的移动，如果同时按下机床锁定开关，则将以空运行的速度校验程序。

(12) Z 轴锁定按键开关：按下此开关(灯亮)，自动运转时，往 Z 轴去的控制信号被截断，Z 轴不动，但数控运算和 CRT 显示正常。

(13) 机床锁定按键开关：按此开关(灯亮)，机械不动，仅让位置显示动作，用于机械不动而要校验程序时。(再按一次，开关断开，灯熄)。如果不是处于空运行方式，则程序按设定的速度运行。

(14) 选择停止按键开关：按此开关至灯亮，可在实施带有辅助功能 M01 的程序段后，停止程序。(再按一下开关断开，灯熄。)

(15) 程序再启动键开关：用于机械锁定或空运行过程中断电后的接续运行。

(16) 手动启停主轴操作按键(正/反/停转)：手动、手轮方式下，按下启动键，开启主轴，按下停止键，手动关闭主轴。此前需用 MDI 指定执行主轴转速和旋向，否则按当前模式运转主轴；若从未指定主轴转速和旋向，则主轴将不能运转。

(17) 手动冷却操作按键：按下启动键，手动开启冷却液，按下停止键，手动关闭冷却液。

(18) 手动选刀操作按键：按下正、反转键，开始正、反方向转动刀库，进行手动选刀操作。按键一次，转动一个刀位。

(19) 冲屑和手动润滑按键：冲屑是用于冲刷工作台座下大量的加工残屑；手动润滑是用于对各坐标轴导轨的润滑，一般情况下，系统将自动定时进行导轨润滑。

(20) 急停按钮：机床操作过程中若出现紧急情况时，按下此按钮，进给及主轴运行立即停止。

(21) 程序保护锁匙：用于提供临时离开时防止其他人员修改程序的保护措施。

(22) 电源开关和机床复位按钮：刚开机启动时，先按下电源开，接通电源，系统自检通过后，所有按键灯闪亮一下，显示器正常显示，状态行提示"准备好"，此时可解除急停钮，再按机床复位按钮，状态行显示"*** *** ***"，即可正常使用机床。关机时，先按下急停钮，再按电源关即可。

(23) 各种状态及报警指示灯：显示机床及系统各方面的状态及提供报警指示、回零指示等。注意：气压不足时，出现气压报警，系统无法正常工作，待气压充足时方可解除。

另外，在 TH6350 卧式四轴加工中心机械操作面板上，还有镜像设置和刀具装卸的控制按键。

镜像加工设置：按下对应功能键，该轴移动将作反向镜像运动。

松/紧刀和排屑操作： 主轴吹气； 主轴松刀； 主轴紧刀； 排屑启动。亦可通过执行 M45、M46 进行启停控制。

4.2.3 基本操作方法

1. 手动回参考点(机床原点)

将手动操作面板上的操作方式开关置 "回零"挡位，先将手动轴选择为 Z 轴，再按下"+"移动方向键，则 Z 轴将向参考点方向移动，一直至回零指示灯亮。然后分别选择 Y、X 轴进行同样的操作。

2．工作台的手动调整

工作台拖板的手动调整是采用方向按键通过产生触发脉冲的形式或使用手轮通过产生手摇脉冲的方式来实施的。和手柄的粗调、微调一样，其手动调整也有两种方式。

(1) 粗调：置操作方式开关为 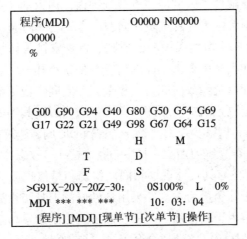"手动连续进给"方式挡。先选择要移动的轴，再按轴移动方向按钮，则刀具主轴相对于工作台向相应的方向连续移动，移动速度受快速倍率旋钮的控制，移动距离受按压轴方向选择钮的时间的控制，即按即动，即松即停。采用该方式无法进行精确的尺寸调整，当移动量大时可采用此方法。

(2) 微调：机床系统的微调可使用手轮来操作。将方式开关置为 "手轮"方式挡。再在手轮中选择移动轴和进给增量，按"逆正顺负"方向旋动手轮手柄，则刀具主轴相对于工作台向相应的方向移动，移动距离视进给增量档值和手轮刻度而定，手轮旋转 360°，相当于 100 个刻度的对应值。

3．MDI 程序运行

所谓 MDI 方式，是指临时从数控面板上输入一个或几个程序段的指令并立即实施的运行方式。其基本操作方法如下：

(1) 置手动操作面板上的方式开关于 MDI 运行方式。

(2) 按数控面板上的"PROG"功能键。屏幕显示如图 4-13 所示。当前各指令模态也可在此屏中查看出。

```
程序(MDI)              O0000 N00000
O0000
%




G00 G90 G94 G40 G80 G50 G54 G69
G17 G22 G21 G49 G98 G67 G64 G15
                      H      M
        T             D
        F             S
>G91X-20Y-20Z-30;      0S100%  L  0%
MDI *** *** ***        10：03：04
[程序] [MDI] [现单节] [次单节] [操作]
```

图 4-13 MDI 操作画页

(3) 在输入缓冲区输入一段程序指令，并以分号(EOB)结束，然后按 INSERT(插入)键，程序内容即被加到番号为 O0000 的程序中。本系统中 MDI 方式可输入执行最多 6 行程序指令，而且在 MDI 程序指令中可调用已经存储的子程序或宏程序。MDI 程序在运行以前可编辑修改，但不能存储，运行完后程序内容即被清空。若用 M99 作结束，则可重新运行该MDI 程序。

(4) 程序输入完成后，按 RESET(复位)键，光标回到程序头，按"循环启动"键即可实施 MDI 运行方式。若光标处于某程序行行首时，按了"循环启动"键，则程序将从当前光标所在行开始执行。

4.3　加工中心的工艺准备

4.3.1　加工中心的工艺特点

由于加工中心具有自动换刀的特点，因此容易实现工序的高度集中，零件的加工工艺应符合这些特点，尽可能地在一次装夹情况下完成铣、钻、镗、铰、攻丝等多工序加工。但一个单工作台的加工中心，不可能包下一个零件的全部加工工序，要充分发挥加工中心的特长，可把一些工序合理地安排在别的数控机床上加工，如有些箱体的大平面加工应采用龙门铣、数控铣床更为合适。对加工中心而言，其工艺设计可作如下考虑：

(1) 在机床选用上，应了解各类加工中心的规格、最佳使用范围和功能特点。例如卧式加工中心最适宜的是箱体、泵体、阀体、壳体等，即需做多面加工，传统方式下需多次更换夹具和工艺基准的零件。立式加工中心最适宜的是板类零件如箱盖、盖板、壳体、平面凸轮等单面加工零件，适合工件装夹次数较少的零件。由于同等规格的卧式与立式相比，价格要贵 50%～100%，因此完成工艺内容相近的加工，采用立式比卧式合算。一般地，机床工作台尺寸应稍大于工件尺寸，这样就可给安装夹具预留空间。个别情况下也有工件尺寸大于坐标行程的，但要求加工区域应在有效行程内，用内部装夹或采用辅助工艺手段进行装夹。当然，还应兼顾考虑工件总重负荷问题、电机功率问题、换刀空间问题等。

(2) 安排加工工序时应本着由粗渐精的原则。首先安排重切削、粗加工，去掉毛坯上的加工余量，然后安排加工精度要求不高的内容，如钻小孔、攻螺纹等，以使零件在精加工前有较充裕的时间冷却以及释放内应力。每个工序之间，应尽量减少空行程移动量。决定工步顺序时应考虑相近位置的加工顺序，同一把刀具应以其切削完成所有能够切削到的部位后再更换另一把刀具，以减少换刀次数，节省辅助时间。建议参考以下工序顺序：铣大平面、粗镗孔、半粗镗孔、立铣刀加工、打中心孔、钻孔、攻螺纹、精加工、铰镗精铣等。

(3) 批量加工时，即使刀具尺寸规格相同，粗切和精修也应分别使用不同的刀具，粗切时为大切削量加工以去除余量为主，应采用韧性好的刀具防止刀具弯折断损。粗切刀具的磨损不可避免，不应再用于精修加工。精修加工时为小余量切削，侧向受力不大，可采用抗弯折能力稍差但耐磨性较好的硬质合金刀具，能较好地保证精修加工后尺寸的一致性。当加工工件批量较大，工序又不太长时，可在工作台上一次安装多个工件同时加工，以减少换刀次数。

(4) 为减少加工时产生的大量热量对加工精度的影响，以提高刀具耐用度并尽可能地避免加工变形的产生，应选用或增添大流量的冷却装置以及带内冷装置的刀具。

(5) 自动换刀要留出足够的换刀空间。有些刀具直径较大或尺寸较长，自动换刀时要注意避免发生撞刀事故。由于加工中心大都是在 Z 轴参考点高度进行换刀，若在参考点高度换刀还有干涉，只能采用手工换刀，则应将该刀具加工内容安排在其他机床上进行。

(6) 为提高机床利用率，减少对刀的占机时间，尽量采用刀具机外预调，并将测量尺寸填写到刀具卡片中，以便操作者在运行程序前，及时修改刀具补偿参数。

对于切削用量而言，应根据刀具的材质、机床切削特性、工件材料等来确定，可从有关的切削手册中查到。一般地，在普通加工中心上，采用国产硬质合金刀具粗加工孔时，选切削速度 70 m/min，根据孔径大小换算成转速。进给速度可由给定的主轴转速以主轴每转或每齿(指单刀头，如果是双刃则是两倍)取 0.1 mm。精加工时切削速度可取 80 m/min，进给速度 0.06～0.08 mm。刀具材质好时还可加大切削用量，刀杆长时应适当减小切削用量。使用高速钢刀具时，切削速度在 20～25 m/min 左右。铣平面时若使用调整较好的面铣刀或端铣刀，切削速度可用到 80～100 m/min，进给速度可用 0.05 mm/每齿。粗铣平面的平面度可在 0.02 mm、表面粗糙度在 3.2 μm 左右。

4.3.2　刀具及刀库数据设置

1. 刀具规格型式

加工中心上使用的刀具分刃具部分和连接刀柄部分。刃具部分包括钻头、铣刀、铰刀、丝锥等，和数控铣床所用刀具类似。由于加工中心自动换刀时一般都是连刀柄一起更换的，因此其对刀柄的要求更为重要。连接刀柄应满足机床主轴自动松开和拉紧定位、准确安装各种切削刃具，适应机械手的夹持和搬运，适应在自动化刀库中储存和搬运识别等各种要求。

加工中心及数控镗铣床所用的刀具基本已规范化，制订了一系列标准。下面主要介绍一下 TSG 整体式工具系统。

TSG 工具系统中的刀柄，其代号由四部分组成，各部分的含义如下：

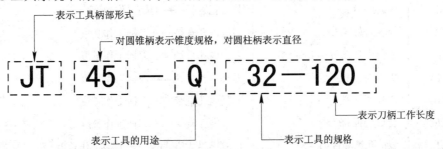

上述代号表示的工具为：自动换刀机床用 7∶24 圆锥工具柄(GB10944)，锥柄为 45 号，前部为弹簧夹头，最大夹持直径 32 mm，刀柄工作长度(锥柄大端直径处到弹簧夹头前端面的距离)为 120 mm。TSG 工具刀柄的形式代号及规格参数分类见表 4-3 及表 4-4。TSG 工具系统所用刀具见附录 C。

表 4-3　工具柄部形式代号

代　号	工 具 柄 部 形 式	标　准
JT	自动换刀机床用 7∶24 圆锥工具柄	GB 10944—89
BT	自动换刀机床用 7∶24 圆锥 BT 型工具柄	JIS B6339
ST	手动换刀机床用 7∶24 圆锥工具柄	GB 3837.3—83
MT	带扁尾莫氏圆锥工具柄	GB 1443—85
MW	带扁尾莫氏圆锥工具柄	GB 1443—85
ZB	直柄工具柄	GB 6131—85

表 4-4 工具的用途代号及规格参数

用途代号	用途	规格参数表示的内容
J	装直柄接杆工具	所装接杆孔直径——刀柄工作长度
Q	弹簧夹头	最大夹持直径——刀柄工作长度
XP	装削平型直柄工具	装刀孔直径——刀柄工作长度
Z	装莫氏短锥钻夹头	莫氏短锥号——刀柄工作长度
ZJ	装贾氏锥度钻夹头	贾氏锥柄号——刀柄工作长度
M	装带扁尾莫氏圆锥柄工具	莫氏锥柄号——刀柄工作长度
MW	装无扁尾莫氏圆锥柄工具	莫氏锥柄号——刀柄工作长度
MD	装短莫氏圆锥柄工具	莫氏锥柄号——刀柄工作长度
JF	装浮动铰刀	铰刀块宽度——刀柄工作长度
G	攻丝夹头	最大攻丝规格——刀柄工作长度
TQW	倾斜型微调镗刀	最小镗孔直径——刀柄工作长度
TS	双刃镗刀	最小镗刀直径——刀柄工作长度
TZC	直角型粗镗刀	最小镗孔直径——刀柄工作长度
TQC	倾斜型粗镗刀	最小镗孔直径——刀柄工作长度
TF	复合镗刀	小孔直径/大孔直径——小孔工作长度/大孔工作长度
TK	可调镗刀头	装刀孔直径——刀柄工作长度
XS	装三面刃铣刀	刀具内孔直径——刀柄工作长度
XL	装套式立铣刀	刀具内孔直径——刀柄工作长度
XMA	装 A 类面铣刀	刀具内孔直径——刀柄工作长度
XMB	装 B 类面铣刀	刀具内孔直径——刀柄工作长度
XMC	装 C 类面铣刀	刀具内孔直径——刀柄工作长度
KJ	装扩孔钻和铰刀	1:30 圆锥大端直径——刀柄工作长度

2. 对刀与刀库设定

加工中心的对刀总体上和数控铣床的对刀相类似。有使用对刀工具或任一刀具的 XY 方向的对刀(确定刀具刀位点相对于工件坐标原点或机床坐标原点的 XY 位置)和其他各刀具的长度对刀(刀长补偿量获取)两方面的内容。其对刀方法可参考 3.2.2 节中数控铣床的对刀内容。加工任务紧张时,可考虑使用机外刀具预调仪对刀,一台预调仪可为多台机床服务。

FANUC-0i 系统的刀具补偿数据的设定可通过数控操作面板的 OFFSET SETTING 功能项进行。当对刀操作至刀具与对刀基准面接触时,按如下步骤操作:

(1) 置工作方式开关于 MDI 手动数据输入方式。

(2) 按数控操作面板上的"OFFSET SETTING"功能按键后,CRT 屏幕显示如图 4-14 所示。NO.列为刀具补偿地址号,若同时设置几何补偿和磨损补偿值,则刀补是它们的矢量和。

(3) 按光标移动键，让光标停在要修改设定的数据位置上，键入 Zxx 后再按"测量"菜单软键即可，xx 为对刀基准面到 Z 工件零点的高度值(如 Z 向设定器的高度)。当欲设定的数据不在当前画页时，可按页面键翻页。

(4) 亦可在缓冲区直接输入要修改设定的刀长补偿数据后，再按"INPUT"输入键完成修改设定。

除按上述方法设置刀补数据外，FANUC-0i 系统还可允许在程序中用 G10 指令输入修改。其格式为

　　　　G10 L10 P… R…

或　　　　G10 L12 P… R…

其中：L10 用于输入 H 代码的几何补偿值；L12 用于输入 D 代码的几何补偿值；P 后为刀具补偿号；R 后为刀具补偿值；G90 时为新设置值；G91 时是与指定的刀具补偿号中的值相加，相加后的和为新的补偿值。

```
OFFSET(刀补)        O1130 N00260
  NO. 几何(H) 磨损(H) 几何(D) 磨损(D)
  001   0.000  0.000  0.000  0.000
  002  −1.000  0.000  8.000  0.000
  003   0.000  0.000  0.000  0.000
  004  20.000  0.000  0.000  0.000
  005   0.000  0.000  0.000  0.000
  006   0.000  0.000  0.000  0.000

  测量刀长位置(相对)
  X   0.000   Y   0.000
  Z   0.000
 >-
 MDI *** *** ***     16: 03: 04
[刀补] [设定] [坐标系] [   ] [操作]
```

图 4-14　刀补设置

4.3.3　机床及工件的坐标系

加工中心机床的坐标轴及其运动方向按 1.3 节的原则确定，遵循右手直角坐标系法则。但在编程使用过程中，一定要理解机床工作台和刀具间的相对运动关系。X、Y、Z 的运动方向均是以刀具相对工件运动为准，即假定工件(工作台)相对静止，设想是刀具在运动。大多数加工中心都是将参考点设定在机床原点上的，而机床坐标原点一般设定在各轴行程极限点上。但究竟是取在正向还是负向极限处，则各机床厂均有所不同，应仔细阅读机床说明书。

加工中心的工件坐标系建立同样可使用 G92 X… Y… Z… 格式，但 G54～G59 预置工件坐标系的构建方法通常是加工中心机床加工编程的首选。FANUC-0i 数控系统中 G54～G59 的设置可通过按"OFFSET SETTING"功能键后，再按"坐标系"软键进入如图 4-15 所示画页，移动光标到欲设定的坐标上，在缓冲区输入数据后再按"INPUT"键即可。如果已知当前刀具位置到工件原点的有向距离，可在光标定位到 X 段上，输入 Xxx 后按"测量"，在光标定位到 Y 段上，输入 Yxx 后按"测量"，xx 即为其矢量距离大小。

```
工件坐标系          O1130 N00260
 (G54)
  NO.  DATA       NO.    DATA
  00   X  0.000   02   X  213.000
 (EXT) Y  0.000  (G55)  Y  231.424
       Z  0.000         Z  508.500

                         余移动量
  01   X −412.997  03   X  0.000
 (G54) Y  −91.202 (G56)  Y  0.000
       Z  −20.702         Z  0.000

 >-               S 0   T0000
 MDI *** *** ***     16: 03: 10
[刀补] [设定] [坐标系] [   ] [操作]
```

图 4-15　预置工件坐标系

G54～G59 共占两个画页，可按页面键翻页，其中(EXT)为公共坐标系，通常在 G54～G59 几个坐标原点均需要平移某一同样距离时进行设置。设置该公共坐标系后，实际工件原点将是它与任一坐标系设置值的代数和。

除可采用 MDI 手动输入方法外，该机床系统还可在程序中通过变更工件坐标系 G10

指令进行。其格式为

   G10 L2 P… X… Y… Z…

其中：P=0 时，为外部工件零点偏移；P=1～6 时，对应于 G54～G59 的零点；X、Y、Z 为各轴零点的偏移值，即加工工件坐标系相对于机床零点的偏移值。

  如：G90 G10 L2 P6 X50.0 Y–75.0 Z–20.0；即是设定 G59 的坐标原点在机床坐标系中坐标为(50.0，–75.0，–20.0)。

4.4 加工中心编程与上机调试

4.4.1 基本程序指令

  加工中心配备的数控系统，其功能指令都比较齐全。3.3.1 节中数控铣床所用到的 G、M、F、S 等功能指令基本上都适用于加工中心，这些指令就不再重复说明。在此主要介绍一些前面没有进行说明的程序指令。当然这些指令并非所有加工中心都有，也并非只有加工中心才有。具有什么样的指令功能，主要取决于该机床采用的数控控制软件系统。有些数控系统虽然只是配备在数控铣床上，但可能它本来就是为加工中心所设计的。以下介绍的内容主要是在第三章所介绍的指令基础上进行的补充，目的是全面地了解一些指令，以增强对各种数控机床的适应能力。

1. 虚轴指令或称假想轴切削指令 G07

  假想轴切削指令和 3.3.2 节中所介绍的空间螺旋线切削指令功能一起使用时，如果先设定圆弧插补平面的某一个坐标轴为假想轴，则刀具在执行螺旋切削时，只沿另外两坐标轴移动，形成正弦函数曲线轨迹，而在假想轴方向，刀具并不移动。指令格式：

   G07 X0　或 G07 Y0　或 G07 Z0　　设定 X(或 Y、Z)轴为假想轴

   G07 X1　或 G07 Y1　或 G07 Z1　　假想轴取消

  例如，图 4-16 所示的正弦线，是按 YZ 平面内一半径为 10 的整圆形状，同时在 X 方向升高 50 的螺旋线进行编程的。(设定 Z 轴为假想轴。)

   N1 G07 Z0

   N2 G91 G19 G02 Y0 Z0 J10.0 X50.0 F100

   N3 G01 Z10.0

   N4 G07 Z1

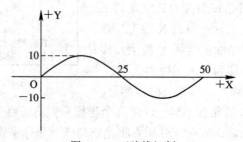

图 4-16　正弦线切削

2. 极坐标系设定指令 G15、G16

G15：极坐标系指令取消。

G16：极坐标系指定。

极坐标轴的方位取决于 G17、G18、G19 指定的加工平面。

当用 G17 指定加工平面时，+X 轴为极轴，程序中的 X 坐标指令极半径，Y 坐标指令极角。

当用 G18 指定加工平面时，+Z 轴为极轴，程序中的 Z 坐标为极半径，X 坐标为极角。

当用 G19 指定加工平面时，+Y 轴为极轴，程序中的 Y 坐标为极半径，Z 坐标为极角。

在如图 4-17 所示钻孔加工中，采用极坐标指令各孔位时，程序如下：

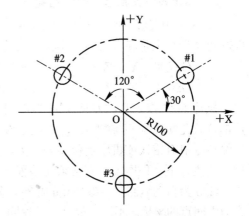

图 4-17 极坐标编程图例

G17 G90 G16	坐标指令编程，XY 加工平面
G00 X100.0 Y30.0	到孔#1 的上方，极半径为 100，极角为 30°
⋮	钻孔#1
G00 X100.0 Y150.0	到孔#2 的上方，极半径为 100，极角为 150°
⋮	钻孔#2
G00 X100.0 Y270.0	到孔#3 的上方，极半径为 100，极角为 270°
⋮	钻孔#3
G15	取消极坐标编程方式

3. 存储行程极限指令 G22、G23

为了避免程序错误造成刀具和机床部件或其他附件相撞，数控机床有两种行程极限。一种行程极限是由机床行程范围决定的最大行程范围，该范围由行程开关及参数设定，用户不得改变，属于硬行程极限。另一种行程极限是可随意设定改变的软行程极限，可用参数设定，也可用 G22 来指定，用 G23 指令来取消。其格式为

G22 X… Y… Z… I… J… K…

格式中，X、Y、Z 坐标指令为行程极限上极限点相对机床零点的坐标值；I、J、K 为行程极限下极限点相对机床零点的坐标值。如图 4-18 所示，在这上下极限点之间的三维空间范围内，刀具可以移动；如果刀具移动超出这个范围，机床立即停止移动，避免发生危险。

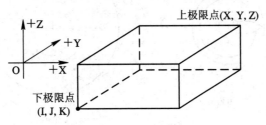

图 4-18 软行程极限点

4．参考点操作指令 G27、G30

3.3.3 节中已经介绍了 G28、G29 两个参考点操作的基本指令，有的机床另外还有 G27、G30 两个指令也是和参考点的操作有关的。

　　　　G27 X… Y… Z…　　　　　　　返回参考点校验的指令
　　　　G30 X… Y… Z…　　　　　　　第二参考点返回指令

执行 G27 指令时，刀具以快进速度移动到程序指令的 X、Y、Z 坐标位置。如果所到达的位置是机床原点(参考点)，则返回参考点的各轴指示灯亮；如果指示灯不亮，则说明所给指令值有错误或机床定位误差过大。执行 G27 指令后，并不会暂停程序运行，若不希望继续执行下一程序段，则必须在该程序段后增加 M00 或 M01 或采用单段运行方式。

G30 为自动返回第二参考点的指令，其功能与 G28 指令类似，后面跟的 X、Y、Z 坐标亦为中间点的坐标。不同之处是刀具返回的第二参考点并不是机床固有的参考点，而是通过参数来设定的第二参考点。若 G30 指令后出现 G29 指令，则刀具将经由 G30 指定的中间点后移到 G29 指令的坐标点。通常 G30 指令用于自动换刀位置与机床固有参考点不同的场合。

同样要求在执行 G27、G30 指令以前，机床必须返回过一次第一参考点，且要求必须先取消刀具补偿。

5．螺纹切削指令 G33

指令格式：

　　　　G33 X… Z… F… Q…

螺纹导程用 F 直接指定，Q 指令螺纹切削的开始角度(0°～360°)。对锥螺纹，其斜角 a<45° 时，螺纹导程以 Z 轴方向的值指令；45°～90° 时，以 X 轴方向的值指令。对如图 4-19 所示圆柱螺纹进行切削时，X 指令省略，其格式为

　　　　G33 Z… F… Q…

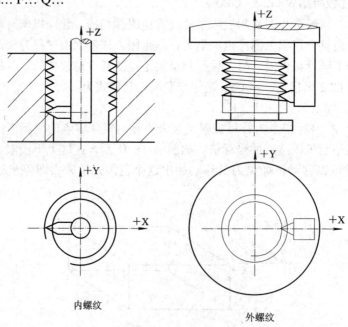

内螺纹　　　　　　　　外螺纹

图 4-19　螺纹切削

和螺纹车削加工一样，螺纹切削应注意在两端设置足够的升速进刀段和降速退刀段。切削到孔底时，应使用 M19 主轴准停指令，让主轴停在固定的方位上，然后刀具沿螺孔径向稍作移动，避开切削面轴向退刀。再启动主轴，作第二次切削。

多头螺纹可用 Q 指令变换螺纹切削开始角度来切削。

6．刀具位置偏移指令 G45～G48

G45～G48 指令可使程序中被指令轴的位移沿其移动方向扩大或缩小一或两倍的偏移量。

G45：沿指令轴移动方向扩大一个偏移量。

G46：沿指令轴移动方向缩小一个偏移量。

G47：沿指令轴移动方向扩大两倍偏移量。

G48：沿指令轴移动方向缩小两倍偏移量。

偏移量用 H 或 D 代码设定，通常多用 H 代码。各指令执行结果如图 4-20 所示。

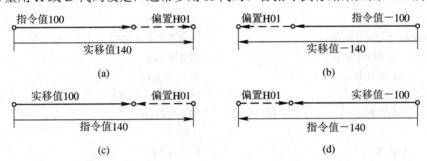

图 4-20　刀具位置偏移指令

图 4-20(a)：　G91 G45 X100.0 H01 (H01) = 40
或　　　　　　G91 G46 X100.0 H01 (H01) = −40
或　　　　　　G91 G47 X100.0 H01 (H01) = 20
或　　　　　　G91 G48 X100.0 H01 (H01) = −20
图 4-20(b)：　G91 G45 X140.0 H01 (H01) = −40
或　　　　　　G91 G46 X140.0 H01 (H01) = 40
或　　　　　　G91 G47 X140.0 H01 (H01) = −20
或　　　　　　G91 G48 X140.0 H01 (H01) = 20
图 4-20(c)：　G91 G45 X −100.0 H01 (H01) = 40
或　　　　　　G91 G46 X −100.0 H01 (H01) = −40
或　　　　　　G91 G47 X −100.0 H01 (H01) = 20
或　　　　　　G91 G48 X −100.0 H01 (H01) = −20
图 4-20(d)：　G91 G45 X −140.0 H01 (H01) = −40
或　　　　　　G91 G46 X −140.0 H01 (H01) = 40
或　　　　　　G91 G47 X −140.0 H01 (H01) = −20
或　　　　　　G91 G48 X −140.0 H01 (H01) =20

例　如图 4-21 所示，铣刀直径为 φ16 mm，(D01) = 8 mm，仅就平面移动编程。

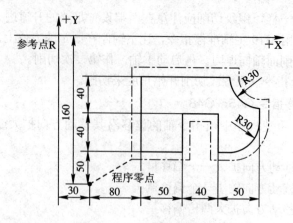

图 4-21　刀位偏移编程图例

程　序	释　义
O0001	程序番号
G00 G91 X30.0 Y-160.0	快速定位到工件附近
G91 G46 G00 X80.0 Y50.0 D01	缩减 8 mm
G47 X50.0	扩大 16 mm
Y40.0	保持原值，不缩扩
G48 X40.0	缩减 16 mm
Y-40.0	不缩扩
G45 X20.0	扩大 8 mm
G45 G03 X30.0 Y30.0 R30.0	扩大 8 mm
G45 G01 Y20.0	扩大 8 mm
G46 X0	缩减 8 mm
G46 G02 X-30.0 Y30.0 R30.0	缩减 8 mm
G45 G01 Y0	扩大 8 mm
G47 X-110.0	扩大 16 mm
G47 Y-80.0	扩大 16 mm
G46 G00 X-80.0 Y-50.0	缩减 8 mm
G28 X0 Y0 M30	返回参考点，程序结束

在实际应用中，很少像上例那样使用 G45～G48 指令，因为它们使用起来很麻烦，没有 G41、G42 方便。G45～G48 一般用于程序零点至参考点的距离不确定的情况下，这样可避免修改程序，而只需更改偏移量即可。如图 4-22 所示，可按如下编程处理。

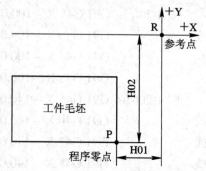

　G91 G00 G45 X0 H01　　沿 X 轴负向移动 H01 的值

　　　　G46 Y0 H02　　沿 Y 轴负向移动 H02 的值

　若按如下定值编程：

　　　G91 G00 X-150.0

　　　　　Y-300.0

图 4-22　刀位偏置的应用

相比之下，采用 G45～G46 指令的程序就比较灵活。

4.4.2　自动换刀程序的编写

加工中心的编程和数控铣床编程的不同之处，主要在于增加了 M6、M19 和 Txx 等与自动换刀功能相关的指令，并将多把刀具加工的程序编写在一起，其他都没有多大的区别。

M6——自动换刀指令。本指令将驱动机械手进行换刀动作，不包括刀库转动的选刀动作。

M19——主轴准停指令。本指令将使主轴定向停止，确保主轴停止的方位和装刀标记方位一致。

Txx 功能指令是铣床所不具备的，是用以驱动刀库电机带动刀库转动而实施选刀动作的。T 指令后跟的两位数字，是将要更换的刀具地址号。

对于采用机械手换刀的加工中心来说，Txx 和 M6 可分离使用。若 T 指令是跟在某加工程序段的后部时，选刀动作将和加工动作同时进行。为了节省自动换刀时间，提高加工效率，应将选刀动作与机床加工动作在时间上重合起来。比如可将选刀动作指令安排在换刀前的回参考点移动过程中，如果返回参考点所用的时间小于选刀动作时间，则应将选刀动作安排在换刀前的耗时较长的加工程序段中。

对于不采用机械手换刀的加工中心而言，其在进行换刀动作之时，要先将主轴上的刀具装回到刀库的空刀座之后，再进行刀库转位的选刀动作，然后换上新的刀具。其选刀动作和换刀动作无法分开进行，故编程上一般用 "Txx M06" 或 "M06 Txx" 的形式。有些机床厂家将自动换刀动作控制顺序编写成可受系统保护的子程序的形式，允许用户编程时以调用子程序的格式来实现选换刀动作，如某 XH713A 立式加工中心自动换刀时就采用 "Txx M98P9000" 的指令格式来调用。以下是其 O9000 程序的内容，我们可结合 4.1.2 节的图 4-9 加深了解自动换刀的程序实现过程。

O9000	子程序号
G91	切换到增量坐标控制方式
G30 Z0	Z 轴移到主轴与刀库等高的第二参考点高度
M6	主轴定向、刀库将主轴上刀号对应的空刀座转至正对主轴的换刀位置
M28	刀库气缸接通，刀库移到主轴下方接刀
M11	松紧刀气缸接通，活塞下顶拉杆压缩碟形弹簧，主轴松刀
G28Z0	Z 轴上提到第一参考点高度，刀具与主轴脱离
M32	刀库选刀，将要换的新刀具转到主轴下方
G30Z0	Z 轴下行到第二参考点高度，准备装刀
M10	松紧刀气缸换向，活塞退回，碟簧复位，主轴紧刀
M31	刀库气缸换向，刀库退回，换刀完成
G90	切换到绝对坐标控制方式
M99	调用结束，返回主程序

一般地，自动换刀前的主轴定向 M19 都包含在 M6 换刀指令内部而不需另外安排，而对于换刀前的回零动作，有的机床厂家也将其安排在 M6 换刀指令内部，有的则必须由用户编程时另行安排。

特别值得注意的是：对某些机床系统而言，"T1 M6"和"M6 T1"有很大的区别。

"T1 M6"是先执行选刀指令 T1，再执行换刀指令 M6。它是先由刀库转动将 T1 号刀具送到换刀位置上后，再由机械手实施换刀动作。换刀以后，主轴上装夹的就是 T1 号刀具，而刀库中目前换刀位置上安放的则是刚换下的旧刀具。执行完"T1 M6"后，刀库即保持当前刀具安放位置不动。

"M6 T1"是先执行换刀指令 M6，再执行选刀指令 T1。它是先由机械手实施换刀动作，将主轴上原有的刀具和目前刀库中当前换刀位置上已有的刀具(上一次选刀 Txx 指令所选好的刀具)进行互换，然后再由刀库转动将 T1 号刀具送到换刀位置上，为下一次换刀作准备。换刀前后，主轴上装夹的都不是 T1 号刀具。执行完"M6 T1"后，刀库中目前换刀位置上安放的则是 T1 号刀具，它是为下一个 M6 换刀指令预先选好的刀具。

对于一行中同时含 T 指令和 M 指令，但系统是先执行 M 指令再执行 T 指令功能的机床系统，可将其分行编写，令其先执行 T 指令，再执行 M6 指令，以确保正确换刀。

例 如图 4-23 所示零件，加工工序安排见表 1-9。用 $\phi40$ 的端面铣刀铣上表面，用 $\phi20$ 的立铣刀铣四侧面和 A、B 面，用 $\phi6$ 的钻头钻 6 个小孔，用 $\phi14$ 的钻头钻中间的两个大孔，对刀后各刀具长度和刀具直径分别设定在 H01～H04、D01～D04 中。

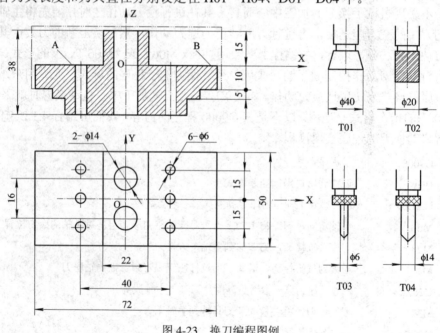

图 4-23 换刀编程图例

程序内容	含义
O0002	程序号
T1M98P9000 （T1M6）	自动换上 T1 刀具
G90 G54 G0 X60.0 Y15.0 S500 M3	走刀到毛坯外 G54 坐标系的 X60.0 Y15.0 处，启动主轴
G43 Z20.0 H01M8	Z 向下刀到离毛坯上表面 5 mm 处，开切削液
G01 Z15.0 F200	工进下刀到欲加工上表面高度处
X −60.0	加工到左侧(左右移动)

Y −15.0	移到 Y= −15 上
X60.0	往回加工到右侧
Z20.0 M9	上表面加工完成，关切削液
G91G28 Z0.0 M5	Z 向返回参考点，关主轴
M01	选择暂停
T2M98P9000　(T2M6)	换 T2 刀具
G90 G54 G0 X60.0 Y25.0 S600 M03	走刀到铣四侧的起始位置，启动主轴
G43 Z-12.0 H02 M8	下刀到 Z= −12 高度处，开切削液
G01 G42 X36.0 D02 F200	刀径补偿引入，铣四侧开始
X −36.0	铣后侧面
Y −25.0	铣左侧面
X36.0	铣前侧面
Y30.0	铣右侧面
G00G40Y40.0	刀补取消，引出
Z0	抬刀至 A、B 面高度
G01Y-40.0 F80	工进铣削 B 面开始(前后移动)
X21.0	…
Y40.0	…
X −21.0	移到左侧
Y −40.0	铣削 A 面开始
X −36.0	…
Y40.0	…
Z20.0 M9	A 面铣削完成，关切削液
G91 G28 Z0.0 M5	Z 向返回参考点，关主轴
M01	选择暂停
T3M98P9000　(T3M6)	自动换 T3 刀具
G90 G54 G0 X20.0 Y30.0 S800 M3	走刀到右侧三φ6 小孔钻削起始位置处，启动主轴
G43 Z3.0 H03 M8	下刀到离 B 面 3 mm 的高度，开切削液
M98 P120 L3	调用子程序，钻 3 −φ6 孔
G00 Z20.0	抬刀至上表面的上方高度
X −20.0 Y30.0	移到左侧 3 −φ6 小孔钻削起始处
Z3.0	下刀至离 A 面 3 mm 的高度
M98 P120 L3	调用子程序，钻 3 −φ6 孔
Z20.0 M9	抬刀至上表面的上方高度，关切削液
G91 G28 Z0.0 M5	Z 向返回参考点，关主轴
M01	选择暂停
T4M98P9000　(T4M6)	换 T4 刀具
G90 G54 G0 X0 Y24.0 S600 M3	走刀到中间 2-φ14 孔钻削起始位置处，启动主轴
G43 Z20.0 H04 M8	下刀到离上表面 5 mm 的高度，开切削液
M98 P130 L2	调用子程序，钻 2-φ14 孔

G91G28 Z0.0 M9	Z 向返回参考点，关切削液
G28 X0 Y0 M5	X、Y 向返回参考点，关主轴
M30	程序结束
%120	子程序——钻ϕ6 小孔
G91 G00 Y-15.0	…
G01 Z −30.0 F100	…
G00 Z30.0	…
G90 M99	子程序返回
%130	子程序——钻ϕ14 孔
G91 G00 Y-16.0	…
G01 Z-48.0 F80	…
G00 Z48.0	…
M99	子程序返回

4.4.3　程序输入与上机调试

本小节以 FANUC-0i 数控系统为例进行介绍。

1. 程序的检索和整理

程序的检索是用于查询浏览当前系统存储器内都存有哪些番号的程序，程序整理主要用于对系统内部程序的管理，如删除一些多余的程序。

(1) 将手动操作面板上的工作方式开关置编辑(EDIT)或自动挡，按数控面板上的程序(PROG)键显示程序画面。

(2) 输入地址"O"和要检索的程序号，再按 O SRH 软键，检索到的程序号显示在屏幕的右上角，若没有找到该程序，即产生"071"的报警。再按 O SRH 软键，即检索下一个程序。在自动运行方式的程序屏幕下，按"▶"软键，按 FL.SDL 软键，再按目录(DIR)软键，即可列出当前存储器内已存的所有程序。

(3) 若要浏览某一番号程序(如 O0001)的内容，可先键入该程序番号如"O0001"后，再按向下的光标键即可。若如此操作产生"071"的报警，则表示该程序番号为空，还没有被使用。

(4) 由于受存储器的容量限制，当存储的程序量达到某一程度时，必须删除一些已经加工过而不再需要的程序，以腾出足够的空间来装入新的加工程序。否则将会在进行程序输入的中途就产生"070"的存储空间不够的报警。删除某一程序的方法是：在确保某一程序如"O0002"已不再需要保留的情况下，先键入该程序番号"O0002"后，再按删除(DELETE)键即可。注意：若键入"O0010，O0020"后按 DELETE 键，则将删除程序号从 O0010 到 O0020 之间的程序。若键入"O-9999"后按 DELETE 键，则将删除已存储的所有程序，因此应小心使用。

2．程序输入与修改

程序输入和修改操作同样也必须在编辑挡方式下进行。

1）用手工键入一个新程序

（1）先根据程序番号检索的结果，选定某一还没有被使用的程序番号作为待输程序番号（如O0012），键入该番号 O0012 后按插入（INSERT）键，则该程序番号就自动出现在程序显示区，具体的程序行就可在其后输入，如图 4-24 所示。

（2）将上述编程实例的程序顺次输入到机床数控装置中，可通过 CRT 监控显示该程序。注意每一程序段（行）间应用"；"（EOB 键）分隔。

```
PROG(程序)              O0012 N00100
  O0012：
  N10 G92 X0 Y0 Z0；
  N12 S1000 M03；
  N14 G90 G01 X10.0 Y－5.0 F80；
  N16 Z－50.0 F100；
  N18 Y10.0；
  N20 X－10.0；
  N22 Y－10.0；
  N24 X10.0；
  N26 X－10.0 Y5.0 M05；
  N28 M30；
  %
  ＞
  EDIT *** *** ***      10：08：04
  [程序] [LIB] [   ] [C.A.P] [操作]
```

图 4-24　程序显示来页

2）调入已有的程序

若要调入先前已存储在存储器内的程序进行编辑修改或运行，可先键入该程序的番号如"O0001"后再按向下的光标键，即可将该番号的程序作为当前加工程序。

3）从PC机、软盘或纸带中输入程序（程序转存）

在 PC 机中用通讯软件设置好传送端口及波特速率等参数，联接好通讯电缆，将欲输入的程序文件调入并作好输出准备，置机床端为"编辑"方式，按 PROG 功能键，再按下"操作"软键，按"▶"软键，输入欲存入的程序番号，如"O0013"，然后再按"READ"和"EXEC"软键，程序即被读入至存储器内，同时在 CRT 上显示出来。如果不指定程序号，就会使用 PC 机、软盘或纸带中原有的程序番号；如果机床存储器已有对应番号的程序，将出现"073"的报警。

4）程序的编辑与修改

（1）采用手工输入和修改程序时，所键入的地址数字等字符都是首先存放在键盘缓冲区内，此时若要修改可用退格键 CAN 来进行擦除重输，当一行程序数据输入无误后，可按 INSERT 或 ALTER 键以插入或改写的方式从缓冲区送到程序显示区（同时自动存储），这时就不能再用 CAN 键来改动了。

（2）若要修改程序局部，可移光标至要修改处，再输入程序字，按"改写（ALTER）"键则将光标处的内容改为新输入的内容；按"插入（INSERT）"键则将新内容插入至光标所在程序字的后面；若要删除某一程序字，则可移光标至该程序字上再按"删除（DELET）"键。本系统中程序的修改不能细致到某一个字符上，而是以某一个地址后跟一些数字（简称程序字）作为程序更改的最小单位。

（3）若要删除某一程序行，可移光标至该程序行的开始处，再按"；"＋"DELET"，若按"Nxxxx"＋"DELET"键，则将删除多个程序行。

3．程序的空运行调试

空运行调试的意义在于：

(1) 用于检验程序中有无语法错误。有相当一部分可通过报警番号来分析判断。

(2) 用于检验程序行走轨迹是否符合要求。从图形跟踪可察看大致轨迹形状，若要进一步检查尺寸精度，则需要结合单段执行按键以察看分析各节点的坐标数据。

(3) 用于检验工件的装夹位置是否合理。这主要是从工作台的行程控制上是否超界，行走轨迹中是否会产生各部件间的位置干涉重叠现象等来判断。

(4) 用于通过调试而合理地安排一些工艺指令，以优化和方便实际加工操作。

空运行操作方法：将光标移至主程序开始处，或在编辑挡方式下按复位(RESET)键使光标复位到程序头部，再置工作方式为"自动"挡，按下手动操作面板上的"空运行"开关至灯亮后，再按"循环启动"按钮，机床即开始以快进速度执行程序，由数控装置进行运算后送到伺服机构驱动机械工作台实施移动。空运行时将无视程序中的进给速度而以快进的速度移动，并可通过"快速倍率"旋钮来调整。有图形监控功能时，若需要观察图形轨迹，可按数控操作面板上的 GRAPH 功能键切换到图形显示画页。

和数控铣床一样，校验程序时还可利用"机械锁定"、"Z轴锁定"等开关按键的功能。机械锁定时数控装置内部在按正常的程序进程模拟插补运算，屏幕上刀具中心的位置坐标值同样也在不停地变动，但从数控装置往机械轴方向的控制信息通路被锁住，所以此时机械部件并没有产生实质性的移动。若同时按下"机械锁定"和"空运行"按钮，则可以暂时不用考虑出现机械轴超程及部件间的干涉等问题，同时又可快速地检验程序编写的合理与否，及时地发现并修改错误，从而缩短程序调试的时间。

以上操作中，若出现报警信息都可通过按 RESET(复位)键来解除。若出现超程报警，应先将工作方式开关置"手动"或"手轮"挡，再按压相反方向的轴移动方向按键，当轴移至有效行程范围内后，按 RESET(复位)键解除报警。若在自动运行方式下出现超程，解除报警后，程序将无法继续运行。

4. 正常加工运行

当程序调试运行通过，工件装夹、对刀操作等准备工作完成后，即可开始正常加工。

正常加工的操作方法和空运行类似，只是应先按压"空运行"按键至灯熄，以退出空运行状态。按"循环启动"开始加工运行，按"进给保持"即处于暂停状态，再按"循环启动"即可继续加工运行。

4.4.4 加工中心的编程与调试要点

(1) 首先应进行合理的工艺分析。由于零件加工工序多，使用的刀具种类多，甚至在一次装夹下，要完成粗、半精、精加工，周密合理地安排各工序加工的顺序，有利于提高精度和生产效率。加工顺序如前所述的按铣大平面、粗镗孔、半粗镗孔、立铣刀加工、打中心孔、钻孔、攻螺纹、精加工、铰镗精铣等。

(2) 根据批量等情况，决定采用自动换刀还是手动换刀。一般对批量在 10 件以上，而刀具更换较频繁时，以采用自动换刀为宜。但当加工批量很小而使用的刀具种类又不多时，把自动换刀安排到程序中，反而会增加机床的调整时间，当然，这时就相当于把加工中心机床当数控铣床来使用了。

(3) 对于编好的程序，应认真检查，并于加工前安排好试运行。从编程的出错率来看，采用手工编程出错率高,特别是在生产现场,为临时加工而编程时,出错率更高,认真检查程序并安排好试运行就更为必要。

(4) 尽量把不同工序内容的程序,分别安排到不同的子程序中,或按工序顺序添加程序段号标记。当零件加工程序较多时,为便于程序调试,一般将各工序内容分别安排到不同的子程序中,主程序内容主要是完成换刀及子程序调用的指令。这样安排便于按每一工序独立地调试程序,也便于因加工顺序不合理而做出重新调整。对需要多次重复调用的子程序,可考虑采用 G91 增量编程方式处理其中的关键程序段,以便于在主程序中用 M98 Pxxxx Lxx 方式调用,这样可简化程序量。

(5) 尽可能地利用机床数控系统本身所提供的镜像、旋转、固定循环及宏指令编程处理的功能,以简化程序量。

(6) 加工所用的刀具通常在对刀时就已预装到刀库中,对加工时用的第一把刀具,若把它直接安装在主轴上,在加工程序的开头就可以不进行换刀操作,但在程序结束前必须要有换刀程序段,将这把刀具换到主轴上,以确保继续进行下一个零件的加工时刀具正确。也可以使用系统提供的选择跳跃功能,即在程序段前增加"/",在程序头按"/T1M6"形式来编写,若主轴上已是 T1 就按下操作面板上的"选择跳跃"至灯亮(有效),则程序执行时就跳过换刀指令,若主轴上不是 T1 就断开"选择跳跃"至灯熄(无效),则程序执行时就先将 T1 换到主轴上。

(7) 在加工中心编程时,每次换刀前最好安排一个"M01"的选择暂停指令。对于首件加工调试或批量加工中因尺寸出现偏差而需要作工序尺寸检查、察看刀具刃口状况等,可预先按下操控面板上的"选择暂停"为有效,则当某刀具加工完成后即处于等待状态,以方便用户进行相应操作;正常加工时不需要每次换刀都暂停等待,可置"选择暂停"为无效,则换刀加工自动进行,不需要人为干涉控制,从而提高生产效率。

4.5 钻、镗固定循环及程序调试

在数控车削加工编程中,已经介绍了采用固定循环编程的方便之处,而通过第 3 章的钻孔编程实例可知,当需要钻多个孔时,每一个孔的加工都至少需要几段程序,程序量相当大。尽管可用子程序调用技术,但其功能也受到限制,特别是当孔深不同时,子程序处理起来难度也很大。本节介绍的固定循环则可以很方便地处理钻、镗加工编程问题,很多数控铣床中就已经具备钻镗固定循环的指令功能,但对于无主轴准停功能的数控铣床而言,精镗和反镗指令是无法实现的,对于无螺纹编码器的数控铣床,攻丝指令无法实现。

4.5.1 钻、镗固定循环的实现

1. 固定循环的动作组成

如图 4-25 所示,以立式数控机床加工为例,钻、镗固定循环动作顺序可分解如下:

(1) X 和 Y 轴快速定位到孔中心的位置上。

(2) 快速运行到靠近孔上方的安全高度平面(R 平面)。

(3) 钻、镗孔(工进)。

(4) 在孔底做需要的动作。

(5) 退回到安全平面高度或初始平面高度。

(6) 快速退回到初始点的位置。

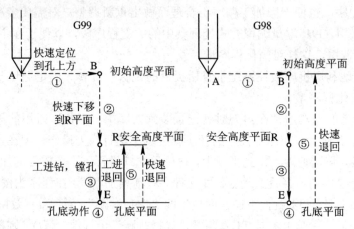

图 4-25 固定循环动作分解

2. 固定循环指令格式

G90(G91)G99(G98)G73(~G89)X… Y… Z… R… Q… P… F… S… L…

其中，G98、G99 为孔加工完后的回退方式指令。G98 指令是返回初始平面高度处，G99 则是返回安全平面高度处。当某孔加工完后还有其他同类孔需要接续加工时，一般使用 G99 指令，只有当全部同类孔都加工完成后或孔间有比较高的障碍需跳跃的时候，才使用 G98 指令，这样可节省抬刀时间。

G73~G89 为孔加工方式指令，对应的固定循环功能见表 4-5。

表 4-5 固定循环功能表

G 指令	加工动作—Z 向	在孔底部的动作	回退动作—Z 向	用 途
G73	间歇进给		快速进给	高速钻深孔
G74	切削进给(主轴反转)	主轴正转	切削进给	反转攻螺纹
G76	切削进给	主轴定向停止	快速进给	精镗循环
G80				取消固定循环
G81	切削进给		快速进给	定点钻循环
G82	切削进给	暂停	快速进给	锪孔
G83	间歇进给		快速进给	钻深孔
G84	切削进给(主轴正转)	主轴反转	切削进给	攻螺纹
G85	切削进给		切削进给	镗循环
G86	切削进给	主轴停止	切削进给	镗循环
G87	切削进给	主轴停止	手动或快速	反镗循环
G88	切削进给	暂停、主轴停止	手动或快速	镗循环
G89	切削进给	暂停	切削进给	镗循环

X、Y 为孔位中心的坐标。

Z 为孔底的 Z 坐标(G90 时为孔底的绝对 Z 值，G91 时为 R 平面到孔底平面的 Z 坐标增量)。

R 为安全平面的 Z 坐标(G90 时为 R 平面的绝对 Z 值，G91 时为从初始平面到 R 平面的 Z 坐标增量)。

Q 在 G73、G83 间歇进给方式中，为每次加工的深度，在 G76、G87 方式中为横移距离。在固定循环有效期间 Q 是模态值。

P 为孔底暂停的时间，用整数表示，单位为 ms。仅对 G82、G88、G89 有效。

F 为进给速度。

L 为重复循环的次数，L1 可不写，L0 将不执行加工，仅存储加工数据。

上述固定循环中的指令数据，不一定都写，根据需要可省去若干地址数据。固定循环指令是模态指令，一旦指定，持续有效，直到被另一固定循环指令所替代，或被 G80 所取消。此外，G00、G01、G02、G03 等也起取消固定循环指令的作用。

3. 各循环方式说明

(1) G73——用于高速深孔钻削。如图 4-26(a)所示，每次背吃刀量为 q(用增量表示，在指令中给定)，退刀量为 d，由 NC 系统内部通过参数设定。G73 指令在钻孔时是间歇进给，有利于断屑、排屑，适用于深孔加工。

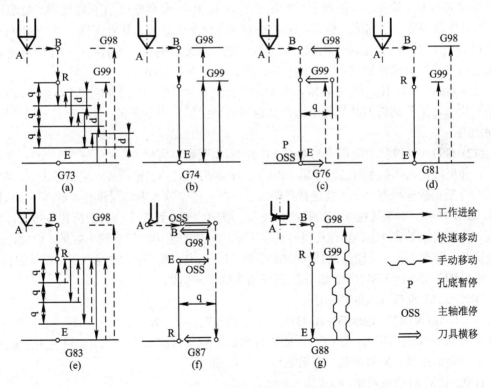

图 4-26　各种钻镗固定循环图解

(2) G74——用于左旋攻螺纹。如图 4-26(b)所示，执行过程中，主轴在 R 平面处开始反转直至孔底，到达后主轴自动转为正转，返回。

(3) G76——精镗。如图 4-26(c)所示，加工到孔底时，主轴停止在定向位置上，然后使刀头沿孔径向离开已加工内孔表面后抬刀退出，这样可以高精度、高效率地完成孔加工，退刀时不损伤已加工表面。刀具的横向偏移量由地址 Q 来给定，Q 总是正值，移动方向由系统参数设定。

(4) G81——一般钻孔循环，用于定点钻，如图 4-26(d)所示。

(5) G82——可用于钻孔、镗孔。动作过程和 G81 类似，但该指令将使刀具在孔底暂停，暂停时间由 P 指定。孔底暂停可确保孔底平整，常用于做锪孔、做沉头台阶孔。

(6) G83——深孔钻削。如图 4-26(e)所示，q、d 与 G73 相同，G83 和 G73 的区别是：G83 指令在每次进刀 q 深度后都返回安全平面高度处，再下去作第二次进给，这样更有利于钻深孔时的排屑。

(7) G84——右旋攻螺纹。G84 指令和 G74 指令中的主轴转向相反，其他和 G74 相同。

(8) G85——镗孔。动作过程和 G81 一样，G85 进刀和退刀时都为工进速度，且回退时主轴照样旋转。

(9) G86——镗孔。动作过程和 G81 类似，但 G86 进刀到孔底后将使主轴停转，然后快速退回安全平面或初始平面。由于退刀前没有让刀动作，快速回退时可能划伤已加工表面。因此只用于粗镗。

(10) G87——反向镗孔。如图 4-26(f)所示，执行时，X、Y 轴定位后，主轴准停，刀具以反刀尖的方向偏移，并快速下行到孔底(此即其 R 平面高度)。在孔底处顺时针启动主轴，刀具按原偏移量摆回加工位置，在 Z 轴方向上向上一直加工到孔终点(此即其孔底平面高度)。在这个位置上，主轴再次准停后刀具又进行反刀尖偏移，然后向孔的上方移出，返回原点后刀具按原偏移量摆正，主轴正转，继续执行下一程序段。

(11) G88——镗孔。如图 4-26(g)所示，加工到孔底后暂停，主轴停止转动，自动转换为手动状态，用手动将刀具从孔中退出到返回点平面后，主轴正转，再转入下一个程序段自动加工。

(12) G89——镗孔。此指令与 G86 相同，但在孔底有暂停。

在使用固定循环指令前必须使用 M03 或 M04 指令启动主轴；程序格式段中 X、Y、Z 或 R 指令数据应至少有一个才能进行孔的加工；在使用带控制主轴回转的固定循环(如 G74、G84、G86 等)中，如果连续加工的孔间距较小，或初始平面到 R 平面的距离比较短时，会出现进入孔正式加工前，主轴转速还没有达到正常的转速的情况，影响加工效果。因此，遇到这种情况，应在各孔加工动作间插入 G04 指令，以获得时间，让主轴能恢复到正常的转速。

4. HNC-22M 和 FANUC-0i 钻镗循环指令的用法区别

HNC-22M 的 G73 / G83 格式为

    G90(G91)G99(G98)G73(G83)X… Y… Z… R… Q… K… P… F… L…

G73 时 K 为每次退刀距离；G83 时，K 为每次退刀后，再次进给时，由快进转为工进时距上次加工面的距离。K 取正值，Q 取负值，且 K≤|Q|。

HNC-22M 的 G76 / G87 格式为

    G90(G91)G99(G98)G76(G87)X… Y… Z… R… I… J… P… F… L…

I 为 X 轴刀尖反向位移量；J 为 Y 轴刀尖反向位移量。I、J 指定各轴位移量的方法可沿任意方位让刀，从而降低了对镗刀安装方位的限制，这比 FANUC 具有一定的优势。

4.5.2　点位加工编程实例与调试

如图 4-27(a)所示零件，共有 13 个孔，需要使用三把直径不同的刀具，其刀具号分别为 T1、T3 和 T5。由于全部都是钻、镗点位加工，因此不需使用刀径补偿，仅考虑刀长补偿，对刀后分别按 H1、H3、H5 设置刀具长度补偿。

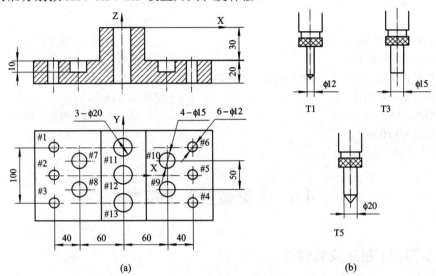

(a)　　　　　　　　　　　　　　　　　　　　(b)

图 4-27　固定循环编程图例

本例使用钻镗固定循环编程，程序如下：

程　序　内　容	含　　义
O0003	程序番号
/ T1 M6	换 T1 刀具，若已装在主轴上则跳过
G90 G54 G0 X0 Y0 S1000 M3	定位到工件原点，开主轴
G43 Z10.0 H1M8	下刀到初始高度面，开切削液
G99 G81 X −100.0 Y50.0 Z −53.0 R −27.0 F120	钻#1 孔，返回 R 平面
G91 Y −50.0 L2	钻#2、#3 孔，返回 R 平面
G90 X −60.0 Y-25.0 Z-40.0	预钻#8 孔，返回 R 平面
G98 Y25.0	钻#7 孔，返回初始平面
G99 X60.0	钻#10 孔，返回 R 平面
Y −25.0	钻#9 孔，返回初始平面
X100.0 Y −50.0 Z −53.0	钻#4 孔，返回 R 平面
Y0.0	钻#5 孔，返回 R 平面
G98 Y50.0	钻#6 孔，返回初始平面
G91 G28 Z0 M9 T3	回参考点，关切削液，预选 T3 刀具
G28 X0 Y0 M5	关主轴
M01	选择暂停
M6	换 T3 刀具
G90 G54 G0 X0 Y0 S800 M3	定位到工件原点，开主轴
G43 Z10.0 H3 M8	下到初始平面，开切削液
G99 G82 X −60.0 Y25.0 Z −40.0 R −27.0 P100 F70	镗钻#7 孔，返回 R 平面

G98 Y-25.0	锪钻#8 孔，返回初始平面
G99 X60.0	锪钻#9 孔，返回 R 平面
G98 Y25.0	锪钻#10 孔，返回初始平面
G91 G28 Z0 M9 T5	返回参考点，关切削液，预选 T5 刀具
G28 X0 Y0 M5	主轴停
M01	选择暂停
M6	换 T5 刀具
G90 G54 G0 X0 Y0 S600 M3	定位到工件原点，开主轴
G43 Z10.0 H5 M8	下到初始平面，开切削液
G99 G83 X0.0 Y50.0 Z −55.0 R3.0 Q5.0 F50	钻#11 孔，返回 R 平面
G91 Y −50.0 L2	钻#12、#13 孔，返回 R 平面
G28 Z0 M9 T1	返回参考点，关切削液，预选 T1 刀具
G28 X0 Y0 M5	关主轴
M30	程序结束

4.6 多轴数控加工技术

4.6.1 多轴加工机床及其特点

1. 四轴加工机床

在三坐标数控铣床或加工中心机床上增加一个附加轴即可构成四轴数控加工模式，采用回转工作台作第四轴的则多为卧式数控机床。

一般来说，增加的第四轴通常都是绕 X、Y、Z 回转的 A、B、C 轴，图 4-28 是在立式加工中心上增加了一个绕 X 轴回转的附加轴 A，可以作周向槽形铣削，对复杂曲面类零件可减少翻转装夹的次数，避免多次装夹带来的误差从而提高加工精度，还可以加工三轴机床无法加工的高难度零件。

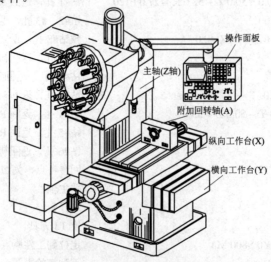

图 4-28　带附加轴的立式加工中心

图 4-29 卧式加工中心是具有一个绕 Y 轴回转的分度转台 B，利用转台分度，可以加工箱体类零件的四个侧面，若主轴能进行立卧转换(五轴模式)，则可以加工除安装面以外的五个面，其加工范围就非常大。

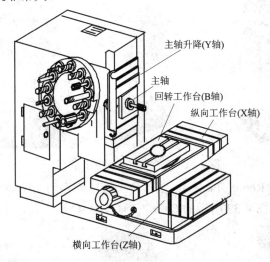

主轴升降(Y轴)
主轴
回转工作台(B轴)
纵向工作台(X轴)
横向工作台(Z轴)

图 4-29 带回转台的卧式加工中心

四轴控制相应地需要支持四轴的软件系统，有的四轴机床可以实现四轴四联动，而有的则只能四轴三联动。

图 4-30 所示的车削中心是一种以车削加工模式为主，添加铣削动力刀头后又可进行铣削加工模式的车-铣合一的切削加工机床类型。在回转刀盘上安装带动力电机的铣削动力头，装夹工件的回转主轴转换为进给 C 轴，便可对回转零件的圆周表面及端面等进行铣削类加工。尽管它只具有三轴，但在一定程度上它能完成甚至超过附加四轴机床所能够加工的零件类型。

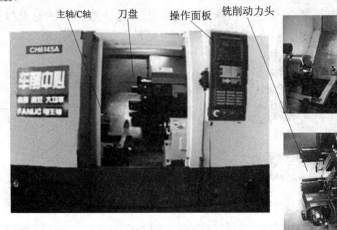

主轴/C轴   刀盘   操作面板   铣削动力头

图 4-30 车削中心机床

2．五轴加工机床

五轴加工机床通常是指除 X、Y、Z 以外，再增加两个旋转轴控制的机床。其旋转轴的组合及其控制实现方式有很多种形式。

(1) 双摆头式(Dual Rotary Heads)：主轴头摆转控制，工作台作水平运动。有如图 4-31 所示的 A+C、B+C 实现方式等。

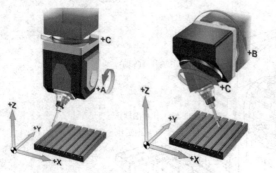

图 4-31　双摆头式五轴加工机床

(2) 双摆台式(Dual Rotary Tables)：工作台上旋转或摆动，主轴垂直升降运动或 X/Y/Z 龙门式十字移动。有如图 4-32 所示的 C+A、A+C、B+C 等方式，俗称摇篮式。

图 4-32　双摆台式五轴加工机床

(3) 主轴与工作台摆动式(Rotary Head and Table)：单一转台或附加旋转轴 + 主轴摆转。有如图 4-33 所示的 B+C、A+C 实现方式等。

(4) 3 + 2 轴定位加工：在三轴数控机床工作台面上添加一数控双轴分度盘附件(如图 4-34 所示)，即可进行五轴控制，卸下附件即为传统三轴数控加工机床。

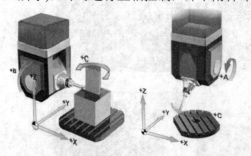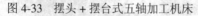

图 4-33　摆头 + 摆台式五轴加工机床　　　　　　图 4-34　3 + 2 附加双轴分度盘

工作台回转控制的机床结构简单，主轴刚性好，制造成本较低，同样行程下，加工效率比摆头式高。但工作台不能设计太大，能承重较小，特别是工作台回转过大时，由于需克服的自重的原因，工件切削时会对工作台带来较大的承载力矩，因此其可加工范围没有主轴摆转控制的机床大。

3. 多轴加工的特点

(1) 对复杂型面零件仅需少量次数的装夹定位即可完成全部或大部分加工，从而节省大量的时间。

(2) 通过多轴空间运行，可以使用更短的刀具进行更精确的加工。

(3) 倾斜后可增大切削接触点处的线速度以提高加工质量，同时使切削由点接触变为线接触，获得较高的切削效率，如图 4-35 所示。

球尖点
切削速度为零　　切刃点切削
速度不为零　　点接触的
球刀切刃　　线接触的
立铣侧刃

图 4-35　多轴加工时切削点的变化

(4) 利用端刃和侧刃切削，使得变斜角类加工表面质量得以提高。

(5) 就叶片类零件加工而言，多轴加工可使导随边边缘加工状况得到明显改善，且环绕加工有利于控制变形。

但多轴加工编程较复杂，大多需要借助 CAM 软件自动编制程序，且多轴加工的工艺顺序与三轴有较大的差异。

4.6.2　四轴数控加工的编程

对于带附加轴的四轴加工，大多数情形下并不需要作四轴联动，我们还是可以按照 2D 加工的编程模式来处理。本节主要介绍这类简单的四轴手工编程知识，对于复杂曲面类的编程，涉及到比较复杂的数学基础，在此就不作介绍。

1. 四轴加工的编程基础

如图 4-36 所示的引斜螺杆零件是典型的周向异形槽加工的例子，对于等槽深的槽形构造，可以像图中所示，直接按照其展开的 2D 槽形边界编制出 2D 岛屿挖槽的刀路程序，再以 Y 轴保持不动，将其转换成附加 A 轴回转加工的刀路程序后利用四轴数控加工机床进行加工。

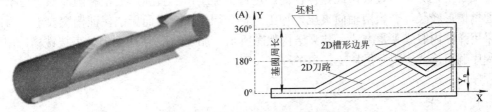

图 4-36　引斜螺杆零件及槽形展开图

如图所示，从 2D 刀路转换到回转四轴刀路只需要将所有 Y 轴坐标向对应切削深度基圆圆周上进行包络换算即可。即可按下式算法将刀路的移动 Y_n 值换算成回转角度 A_n 值：

$$A_n = \frac{360 \times Y_n}{\pi \times D}$$

式中 D 为对应切削深度上的基圆直径，换算后得到的四轴刀路如图 4-37 所示。

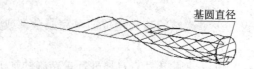

图 4-37　转换后的四轴刀路

对于变槽深的结构，如果能分层得到相应的 2D 展开图边界，则均可用上述算法得到每层由 2D 刀路换算出的四轴程序。

对于在车削中心上，其加工编程原理和附加四轴是一样的，只不过需对运动轴作简单修改。

对于利用卧式加工中心的回转工作台加工箱体零件的各个面的情形，只不过是利用第四轴作分度变换加工面，各面的加工是相对独立的，所以仅需在变换加工面时由程序安排使用第四轴指令改变一下分度角度。至于是所有刀具加工完一个面后再加工另一面，还是一把刀具加工所有面后再换刀，则根据工作台转位精度和时间效率而定，通常采用后者。

2．四轴加工的编程实例

例 1　利用附加第四轴(A 轴)功能加工如图 4-38 所示调焦筒零件。

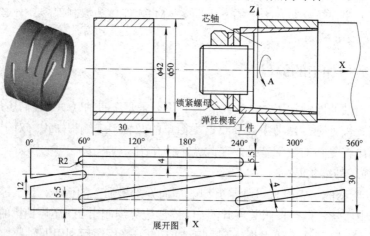

图 4-38　调焦筒零件及装夹结构

加工工艺分析与设计：此零件在筒形坯料上加工一段直弧形通槽和两段螺旋通槽。由于通槽槽形较长，若采用轴向夹压，加工时将会因夹压变形而无法保证槽宽要求。为此，需采用弹性内胀式夹紧方法，装夹结构如图所示。加工时采用 φ4 的刀具直接铣槽，用主、子程序调用形式实现分层加工。参考程序如下：

主程序：

O1234	
G80 G40 G49 G0	
G91 G28 A0	A 轴回零位
G90 G54 X5.5 Y0 S3000 M3	走到直弧槽起点，启动主轴
G43 H1 Z31.25 M8	下刀到工件外表面附近
M98 P1235 L9	调用子程序 9 次
G90 G0 Z50 M9	Z 向提刀

M5	关闭主轴
G91 G28 Z0	Z 轴回零
G28 X0 Y0	X、Y 回零
G28 A0	A 轴回零
M30	

第一层切入 0.25，以后每层切入 0.5，最后切入弹性楔套内 0.25

子程序:

O1235	
G91 G1 Z −6.5 F50	下刀并切入
A180 F100	铣直弧槽
G0 Z6.5	提刀
X7.0	移到另一槽起点
G1 Z −6.5 F50	下刀并切入
X12 A −180 F100	铣螺旋槽
G0 Z6.5	提刀
X −12.0	移到另一槽起点
G1 Z −6.5 F50	下刀并切入
X12 A −180 F100	铣另一螺旋槽
G0 Z6 M09	提刀，少提 0.5 mm
X −19.0	移到直弧槽起点的 Z 位
G28 A0	转至直弧槽起点，为再下一层作准备
M99	返回主程序

由于所用刀具较小，且限于动力头的功率，程序按每层切深 0.5 mm，以主、子程序调用形式设计，每层铣完三个槽后提刀返回到第一个槽下刀处再铣下一层。

采用子程序调用的编程形式可较好地解决分层重复加工的程序大小的问题，大大简化程序量。但起始深度和每次提刀量的设计是个关键，本程序是采用增量编程，每层铣完三个槽后向上少提 0.5 mm，首次下刀的高度位置应按照最后一层铣完后的提刀位置保证在工件表面外来推算确定。

例 2 利用四轴机床加工图 4-39 所示圆柱体柱面上 3−φ10 的孔。

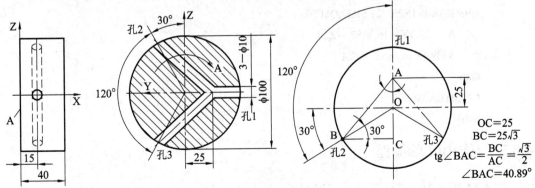

图 4-39 四轴钻孔加工图例

加工编程分析：该三孔中心线与柱体端面平行且交于一点，但三孔中的孔2、孔3的中心线与圆柱体轴心线并不相交。该零件的三个孔需要用带附加A轴的立式加工中心机床进行加工，若以轴端A面圆心处为X/Y/Z轴零点，以孔1中心为A轴零位方向(在没有其他有相对位置关系要求的加工特征时，可以任意方位为孔1的角度方位)，则孔2、孔3不仅要计算其回转角度A，还要计算相应的偏置值Y及控制孔深Z，各孔中心的四轴坐标可按如下方法计算。

孔1：X1=15，Y1=0，Z1=25 −3.5=21.5(3.5为钻尖补偿，包括约0.5的穿越)，A1=0

孔2：如图4-40所示，有

$$A2 = -(180-40.89) = -139.1°$$

$$X2 = 15，Y2 = -25 \times \sin 40.89° = -16.365$$

$$Z2 = -25 \times \cos 40.89° - 3.5 = -22.4$$

孔3：为孔2的镜像关系，即

$$X3 = 15，Y3 = 16.365，Z3 = -22.4，A3 = 139.1°$$

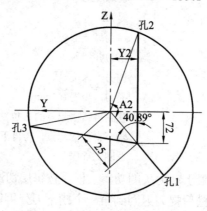

图 4-40　孔位计算

为此，编制该零件四轴钻孔加工程序如下(FANUC−0i 格式)：

```
O1234
G54G90G0X0Y0A0S1200M3
G43H1Z80.M8
G98G83A0X15.Y0Z21.5R52.Q5F50
    A −139.1Y −16.365Z −22.4
    A139.1Y16.365Z −22.4
G80
G0X0Y0A0M9
M30
```

4.6.3　五轴加工的编程

图4-41所示为一箱体零件的工程图样，其上几个表面上的孔需要通过五轴控制机床来加工。零件的实体模型及在五轴转台上装夹如图4-42所示，装夹定位时使工件坐标系原点

与工作台回转中心重合，即工件底面中心在 C 轴回转轴线上。

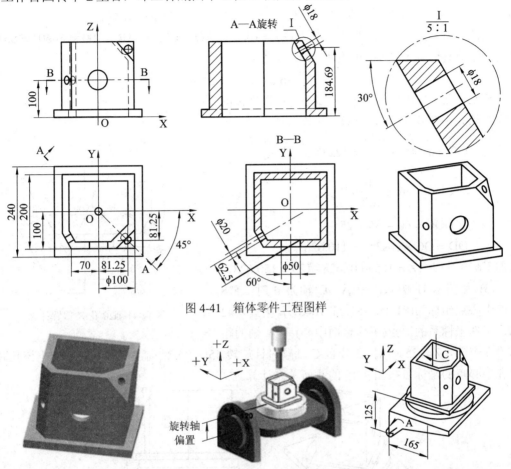

图 4-41   箱体零件工程图样

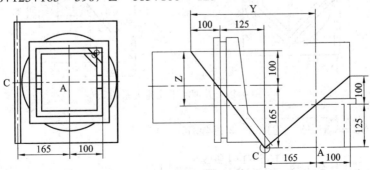

图 4-42   箱体零件及其五轴加工的装夹

五轴钻孔加工时，如果以 A 轴摆转 90°，先加工 φ50 的孔后，再使 C 转台逆时针转动 60° 加工 φ20 的孔；然后以 C 转台顺时针旋转 45°，A 轴向上摆转 60° 后加工 φ18 的孔，则孔位坐标关系计算如下：

(1) 加工 φ50 的孔时，A=90°，C=0°，X=0；Y、Z 坐标可按图 4-43 所示几何关系计算得出。Y = 100+125+165 = 390，Z = 165+100 − 125 = 140。

图 4-43   φ50 孔 YZ 计算几何关系图

(2) 加工φ20 的孔时，A=90°，C= −60°，但相对回转中心的坐标原点在 X 方向有一定的偏置，该偏置值可由图 4-44 所示几何关系，利用三角函数进行计算。

在图示直角三角形 OAB 中，斜边 OB = 100，∠AOB = 60°，AB = 100 × sin60° = 86.6，则转台逆时针转动 60°后φ20 孔的 X 坐标值为

$$X = 86.6 - 62.5 = 24.1$$

Y 坐标与φ50 孔相同，即 Y = 390。而 Z 坐标的计算必须先由图 4-44 计算出 OD 线长。

$$OC = \sqrt{100_2 + 70^2} = 122.065$$

$$\angle COB = \operatorname{arctg} \frac{70}{100} = 35°$$

$$\angle DOC = 60 - 35 = 25°$$

$$OD = OC \times \cos25° = 110.628$$

则加工φ20 孔时，Z = 165+110.628−125 = 150.628。

(3) 从图 4-41 中知，在 A、C 轴为 0 时，φ18 孔的中心点坐标为(81.25, −81.25, 184.69)。从图 4-42 知，工件坐标系的原点(工作台面中心)离 A 轴的距离为 Y=165，Z=125。当按工作台 C 轴顺时针旋转 45°，A 轴向上旋转 60°后加工该孔时，其孔中心点的坐标可按图 4-45 的几何关系计算。

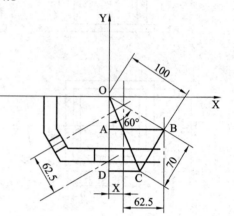

图 4-44　φ20 孔 X 偏置计算

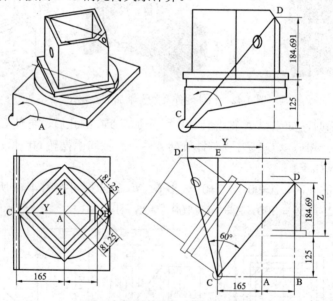

图 4-45　五轴加工几何关系图

$$AB = \sqrt{81.25^2 + 81.25^2} = 114.905$$

$$\angle DCE = \operatorname{arctg}\left(\frac{165 + 114.905}{125 + 184.69}\right) = 42.11°$$

$$\angle D'CE = 60 - 42.11 = 17.89°$$

$$CD = \sqrt{(165 + 114.905)^2 + (125 + 184.69)^2} = 417.438$$

则回转后φ18 孔中心点 D´的坐标为

$$X = 0$$

$$Y = 165 + CD \times \sin17.89° = 293.233$$

$$Z = CD \times \cos17.89° - 125 = 272.254$$

据此，以点孔深 2 mm 控制，可编制对上述三孔点中心的程序如下：

```
O0001
T1M6(φ16 中心钻)
G90G54G00X0Y390.0A90.0C0S1000M3(G54 建立工件原点在工作台回转中心上)
G43Z180.0H01M8
G98G81Z138.0R148.0F150
G81X24.1Z148.628R158.628C-60.0
G80
G0Z300.0
C45.0A60
G98G81X0Y293.233Z270.254R275.254F150
G80
G28Z0M9
…
```

4.6.4　四轴加工中心的操作

四轴加工中心总体操作和三轴加工中心一样，因为多了一个控制的坐标轴，所以在开机回零时就需要多做一个轴的回零，对刀设定坐标系时也就多了一项数据。

1. 第四轴旋转方向的控制

对四轴机床而言，正确判定第四轴的坐标方向是非常关键的。和 XY 一样，四轴运动的实现也是靠工件转动而刀具不动，因此也是以刀具相对运动来定义其正方向的。第四轴是以大拇指指向对应直线轴的正方向，按右手螺旋定则来判定的，即"逆正顺负"。图 4-46 中，X、Y、Z、A、B 为刀具运动时的坐标方向，而 X′、Y′、Z′、A′、B′则是工件运动时的坐标方向。

由于第四轴是个回转运动轴，有采用绝对编码盘和相对编码盘作脉冲计数控制的区别，因此其角度位置变换的控制规律必须弄清楚。比如要加工从+30°转到-30°的一段槽，若用"G90A-30"的程序控制，有的机床系统会让第四轴以 30°→90°→180°→270°→330°的方式到达，此时必须用"G91A-60"来编程控制才能够得到预计的加工轨迹。

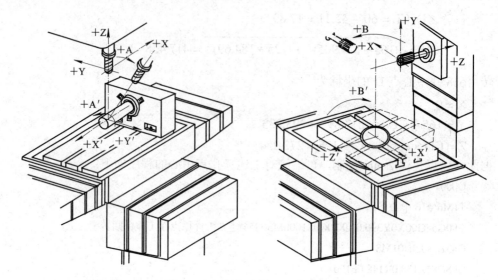

图 4-46　四轴机床的坐标运动方向

2. 工件零点及刀补设置

1) 工件零点设定

对于四轴机床来说，一旦四轴安装固定好，其回转中心到某一轴原点的距离总是固定不变的，如附加 A 轴的机床，其回转中心到 Y 轴、Z 轴原点的距离是不变的；卧式转台的 B 轴机床，其回转中心到 X 轴、Z 轴原点的距离是不变的。测定并记住这一距离(有的数据机床厂家会有提供)，在要以回转中心为编程零点时，这将是该轴的工件零点坐标，不需要再到工件上对刀找正。至于其他轴的工件零点，视安装定位基准及工艺安排而定，通常都需要在工件上对刀获取。正是由于这些距离固定不变，所以编程时建议以回转中心作为编程零点，零件装夹时也按回转中心的要求找正工件，这样可以减少对刀的次数，提高效率。

对于卧式加工中心，若待加工零件远小于台面尺寸，将零件按回转中心装夹而不利于刀具运动时，通常就靠边角装夹，以最大限度地减少刀具长度，提高主轴刀具的刚性。此时可一次装夹加工两面或三面，但每个面的 X、Y 原点都必须独立对刀获取，然后将各面的工件原点分别预置到 G54～G59 中。

若工件的 Z 轴零点不设在回转中心，通常就以对刀基准面来设置，各刀具长短由刀长补偿来修正。

若第四轴的工件零点设在其机械原点，零件装夹时就必须打表找正或通过夹具以保持对应的角度位置关系；若零件以任意角度装夹，则必须旋动工件，找到旋转方向的对刀基准面，将其绝对机械角度值设置到 G54～G59 的四轴地址寄存器中。一般地，单件加工时直接找正零件的四轴零位，批量加工时因零件相对夹具已有定位元件保证其位置关系，因此通常找正夹具的零位即可。如图 4-47 所示，四轴零位可通过对与加工部位具有固定位置关系的结构特征进行碰边、分中、打表等铣削加工常用找正方法实现，程序亦应以这些结构特征位置为四轴零位编写，找正后可在工件坐标系画页中输入 Axx 或 Bxx，再按"测量"软键，将四轴基准零位的绝对角度值自动设为工件坐标的零位。

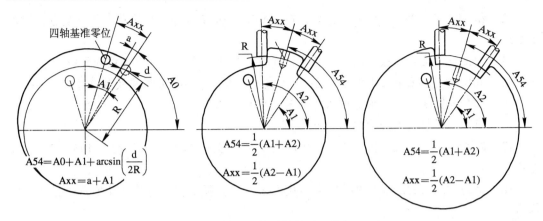

图 4-47　四轴零位的对刀找正

　　规则形状多面加工零件的卧式加工，以每一面正对主轴时的绝对机械角度为该面对应第四轴的工件零点角度，可按该面构建坐标系的 G54～G59 指令号进行预置，编程加工该面时可用坐标系指令后跟 A0 或 B0，如"G54X…Y…A0"或"G54X…Y…B0"即可。

　　2) 刀长补偿设定

　　若零件装夹时是按回转中心的要求找正的，程序零点就在回转中心处，刀长补偿就与三轴加工一样。对于在卧式加工中心上对偏装的零件作多面加工，由于各刀具的长短差距是固定的，我们可选其中一个面来获取各刀长补偿的数据，然后以同一把刀具对不同的面对刀，找出 Z 坐标差值，将该差值设置到 G54～G59 的 Z 地址寄存器中。

思考与练习题

　　1. 数控加工中心按功能特征可分为哪几类？按自动换刀装置的型式可分为哪几类？加工中心有什么特点？

　　2. 刀库通常有哪几种形式？哪种形式的刀库装刀容量大？

　　3. 自动换刀装置的换刀过程可分为哪两部分？在程序中分别用什么代码控制？

　　4. 顺序方式和任选方式的选刀过程各有什么特点？哪种方式更方便？

　　5. 画图表示并说明主轴移动方式自动换刀的实现过程？这种方式适用于哪类加工中心？

　　6. 画图表示并说明机械手自动换刀的实现过程？这种方式适用于哪类加工中心？和主轴移动式自动换刀装置相比，机械手换刀的自动换刀装置有什么好处？

　　7. 写出数控操作面板上常用功能按键的英文键名，并解释其含义？

　　8. FANUC-0i 系统如何建立相对坐标系？建立相对坐标系有何意义？

　　9. 如果 CRT 画页下部有报警显示字符一闪一灭，怎样查询报警信息？怎样解除报警？

　　10. 空运行和机床锁定的程序校验方式有什么区别？

　　11. 和 HCNC-22M 系统进行比较，在 FANUC-0i 系统中如何进行 MDI 操作？

12. 和 HCNC-22M 系统进行比较，在 FANUC-0i 系统中如何进行缩放、镜像和旋转操作？

13. 加工中心具有什么样的工艺特点，在确定工艺方案时应注意哪些问题？

14. 解释说明加工中心用的 TSG 工具系统中刀具代号各部分组成及其含意。

15. 和数控铣床相比，加工中心的对刀有什么特色？

16. 简要说明加工中心的编程特点。

17. 说说在使用机械手换刀的加工中心上，执行程序"T02 M06"和"M06 T02"有什么不同？

18. 南通 XH713A 加工中心的自动换刀采用什么指令格式？其自动换刀子程序是何内容？

19. 如何进行 DNC 程序的输入操作？DNC 程序转存和 DNC 加工有什么区别？

20. 画图表示钻、镗固定循环的动作分解过程。并用表列的形式表达出各种钻、镗固定循环的动作特点。

21. 画图表示 G73 和 G83 动作之间的区别。指令格式中的 Q 值指的是什么？和 HNC-22M 系统相比，指令格式有何区别？

22. 画图并解释说明精镗 G76 和反镗 G87 的动作过程。其指令格式中的 Q 值指的是什么？和 HNC-22M 系统相比，指令格式有何区别？

23. 什么叫刚性攻丝？刚性攻丝在动作实现上有何要求？

24. 对题图 4-1(a)所示的零件钻孔、扩孔和铣右端轮廓，试编程。

25. 对题图 4-1(b)所示的零件钻孔、扩孔和铣左端轮廓，试编程。

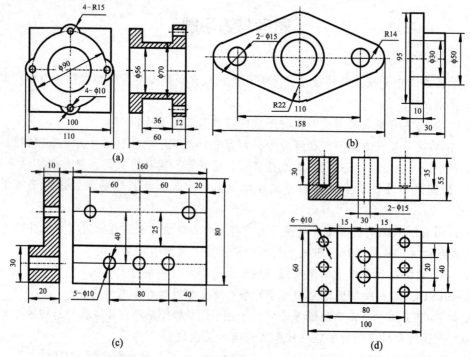

题图 4-1

26.　对题图 4-1(c)所示零件进行钻孔加工，试用固定钻镗循环的方法编程。

27.　对题图 4-1(d)所示零件进行钻孔和铣槽，试编程。

28.　目前常见的四轴加工中心多是什么样的结构形式？车削中心是一种什么切削机床形式？

29.　卧式分度转台式四轴加工中心能进行什么样的加工？五面加工需要什么机床类型？

30.　多面分度加工该怎样进行对刀和设置坐标系？这需要四轴联动控制吗？

31.　加工题图 4-2 所示尺寸要求的三个交叉孔，孔轴线在同一水平面内且交叉点不重合，选择卧式数控转台加工中心加工，要求先加工ϕ100 的孔，旋转 105° 后加工ϕ40 的孔，再旋转 165° 加工ϕ60 的孔，试计算各孔口中心的 X、Z 坐标并编制对其点中心(深 2 mm)的加工程序。

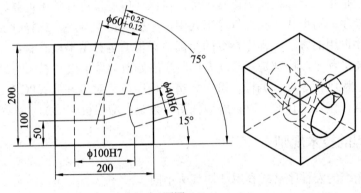

题图 4-2

第5章　宏编程技术及其应用

5.1　宏编程技术规则

5.1.1　宏编程的概念

宏指令编程是指像计算机高级语言一样，可以使用变量进行算术运算、逻辑运算和函数混合运算的程序编写形式。在宏程序形式中，一般都提供顺序、选择分支、循环三大程序结构和子程序调用的方法，程序指令的坐标数据根据运算结果动态获得，可用于编制各种复杂的零件加工程序，特别是在非圆方程曲线的处理上显示出其强大的扩展编程功能。

熟练应用宏程序指令进行编程，可大大精简程序量，对于开放式PC-NC系统来说，还可利用宏指令语言作二次开发，以扩展编程指令系统，增强机床的加工适应能力。

5.1.2　宏编程的技术规则

各种数控系统的宏程序格式和用法均有所不同。

1. HNC-22 数控系统的变量、函数及其运算规则

HNC 数控系统中的宏变量都是以带#的数字作为变量名的，如#0，#10，#500 等。变量不需要进行数据类型的预定义，根据赋值和运算结果决定变量数据的类型。变量使用范围受到系统分配区段的限制，这主要取决于该变量性质是局部变量还是全局变量。

局部变量：赋值定义的变量的有效范围仅局限于本程序内使用，同样的变量名在主、子程序中使用不同的寄存器地址，是互相独立的变量。HNC 系统中，#0～#49 为当前局部变量，#200～#899 分别为 0～7 层局部变量。

全局变量：同一变量名在主、子程序中使用同一寄存器地址，可任意调用并因重新赋值而有相互影响的变量。HNC 系统中，#50～#199 为全局变量。

HNC 系统中，#600～#899 为刀具补偿和刀具寿命使用的变量，#1000 以上为系统变量，大多为只读性质的变量。HNC 系统定义的常量主要有：PI(圆周率)、TRUE(真值 1)、FALSE(假 0)

HNC 系统提供一些常用的函数供宏编程时使用，如 SIN、COS、TAN、SQRT、ABS 等，三角函数的自变量以弧度为单位。

HNC 系统变量的赋值与运算接近一般的数学语言，以 "变量名 = 常量或表达式" 的格式将等式右边的常量或表达式的运算结果赋给等式左边的变量。

算术运算表达式：#3=100；#1=50+#3/2；#2=#1+#3*SQRT[#1]/50*SIN[PI/2]

关系运算表达式：#1 GT 10 (表示#1>10)；#2 LE 20 (表示#2 ≤ 20)

逻辑运算表达式：[#1 GT 10] AND [#1 LE 20]　（表示 10< #1 ≤20 ）

作为一套完整的编程语言系统，程序流程的结构化控制是不可缺少的，HNC 系统也遵循顺序结构的运行流程，提供简单的选择分支和循环语句结构。HNC-22 系统宏指令运算符及其结构语句见表 5-1。

表 5-1　HNC-22 系统宏指令运算符及其结构语句

主 要 函 数	比较运算符	逻辑运算符	条件判断语句格式	循环语句格式

SIN(正弦)
COS(余弦)
TAN(正切)
ATAN(反正切)
ABS(求绝对值)
INT(取整)
SIGN(取符号)
SQRT(求平方根)
EXP(指数函数)
	EQ(=)
	NE(≠)
	GT(>)
	GE(≥)
	LT(<)
	LE(≤)
		AND(与)
		OR(或)
		NOT(非)
			① IF　条件表达式
			　（满足条件时执行的程序行）
			ELSE
			　（不满足条件时执行的程序行）
			ENDIF
			② IF　条件表达式
			　（满足条件时执行的程序行）
			③无条件转向语句 GOTO n
			　（n 为指定的程序行号）
				WHILE　条件表达式
				
				（循环体）
				
				ENDW
				
				循环体内通常包含改变循环变量值的语句

2．FANUC 数控系统的宏编程技术规则

FANUC-0i 数控系统的宏编程规则基本与 HNC 系统相同，在变量规定方面，FANUC 的#0 为不能赋值的空变量，#1～#33 为局部变量，#100～#199 为全局变量且断电后不保存，#500～#999 为断电也不丢失的全局变量，#1000 以上为系统变量。在函数方面，提供了 ASIN、ACOS 的反正弦和反余弦函数，三角函数的角度以度为单位。变量赋值与运算同样地接近一般的数学语言，选择分支与循环语句格式也和 HNC 相同。

表 5-2　FANUC-3MA 系统的宏指令功能定义

H 代码	功 能	定 义	H 代码	功 能	定 义
H01	赋值、置换	#i = #j			
H02	加法	#i = #j + #k			
H03	减法	#i = #j − #k	H31	正弦	#i=#j * SIN(#k)
H04	乘法	#i = #j * #k	H32	余弦	#i=#j * SIN(#k)
H05	除法	#i = #j ÷ #k	H33	正切	#i=#j * TAN(#k)
H11	逻辑或	#i = #j .OR. #k	H34	反正切	#i=ATAN(#j / #k)
H12	逻辑与	#i = #j .AND. #k			
H13	逻辑异或	#i = #j .XOR. #k			
H21	平方根	#i = #j	H80	无条件转移	GOTO n
H22	绝对值	#i = | #j |	H81	条件转移 1	IF #j = #k, GOTO n
H23	取余数	#i = #j − trunc(#j / #k) * #k*	H82	条件转移 2	IF #j ≠ #k, GOTO n
H24	十—二进制	#i = BIN(#j)	H83	条件转移 3	IF #j > #k, GOTO n
H25	二—十进制	#i = BCD(#j)	H84	条件转移 4	IF #j < #k, GOTO n
H26	复合乘法	#i = (#I * #j) ÷ #k	H85	条件转移 5	IF #j >= #k, GOTO n
H27	复合平方根	$#i = #j^2 + #k^2$	H86	条件转移 6	IF #j <= #k, GOTO n
			H99	产生 P/S 错误	产生 P/S 错误　500+n

*：trunc()为取整，小数部分舍去。

FANUC-3MA 数控系统则使用#100、#101… 等来规定变量名，用 G65 指令按一定的格式来设置变量、赋值及进行各种运算。其统一格式为

G65 Hm P#I Q#j R#k

其中：m 为取 01～99，表示宏指令功能，见表 5-2；#I 为运算结果的变量名；#j 为待运算的变量名 1(或常数)；#k 为待运算的变量名 2(或常数)。如：

G65 H02 P#100 Q#102 R#103，即表示 #100= #102 + #103

G65 H26 P#101 Q#102 R#103，即表示 #101=(#101x #102)/ #103

由于其表达方式比较烦杂，不接近数学语言，因此掌握起来有一定的难度。

5.1.3 宏编程的数学基础

由于宏编程的优势在于运用数学算法动态求得加工轨迹的坐标数据，因此对加工对象建立合理的数学模型是宏编程的关键。这就需要编程人员具有一定的数学基础，特别是解析几何知识基础。

1. 曲线的标准方程和参数方程

对于方程曲线类几何图素，宏编程时往往需要将其中一个坐标作为变量，再根据曲线方程求算另一坐标的对应值，虽然都可利用曲线的标准方程来计算，但有时采用参数方程求算更方便。表 5-3 是常见曲线的标准方程和参数方程。

表 5-3　常见曲线的标准方程和参数方程

曲线类型	标准方程	参数方程	参数说明
圆	$\dfrac{X^2}{R^2}+\dfrac{Y^2}{R^2}=1$	$X = R \cdot \cos t$ $Y = R \cdot \sin t$	t 为圆上动点的离心角(+X 为始边) ($0 \leqslant t < 2\pi$)
椭圆	$\dfrac{X^2}{a^2}+\dfrac{Y^2}{b^2}=1$	$X = a \cdot \cos t$ $Y = b \cdot \sin t$	t 为椭圆上动点的离心角 ($0 \leqslant t < 2\pi$)
抛物线	$Y^2 = 2 \cdot P \cdot X$ $X^2 = 2 \cdot P \cdot Y$	$X = 2 \cdot P \cdot t^2$　$Y = 2 \cdot P \cdot t$ $X = 2 \cdot P \cdot t$　$Y = 2 \cdot P \cdot t^2$	t 为抛物线上除顶点外的点与顶点连线的斜率的倒数
双曲线	$\dfrac{X^2}{a^2}-\dfrac{Y^2}{b^2}=1$	$X = a \cdot \sec t$ $Y = b \cdot \tan t$	t 为双曲线上动点的离心角
阿基米德螺线	$\rho = k \cdot t + \rho_0$	$X = \rho \cdot \cos t$ $Y = \rho \cdot \sin t$	t 为螺线上动点的离心角
渐开线		$X = a \cdot (\cos t + t \cdot \sin t)$ $Y = a \cdot (\sin t - t \cdot \cos t)$	

2. 图素的几何变换

1) 平移变换

若 m 表示 X 方向的平移向量，n 表示 Y 方向的平移向量，则平移后某点新坐标为

$$X_1 = X + m,\ Y_1 = Y + n$$

2) 旋转变换

点(X，Y)绕坐标原点旋转一 θ 角后，其新坐标为

$$X_1 = X \cdot \cos\theta - Y \cdot \sin\theta,\ Y_1 = X \cdot \sin\theta + Y \cdot \cos\theta$$

点(X，Y)绕某点(X₀，Y₀)旋转一 θ 角后，其新坐标为

$$X_1 = (X - X_0) \cdot \cos\theta - (Y - Y_0) \cdot \sin\theta + X_0$$

$$Y_1 = (X - X_0) \cdot \sin\theta + (Y - Y_0) \cdot \cos\theta + Y_0$$

3) 对称(镜像)变换

关于 X 轴对称：$X_1 = X$，$Y_1 = -Y$。

关于 Y 轴对称：$X_1 = -X$，$Y_1 = Y$。

关于原点对称：$X_1 = -X$，$Y_1 = -Y$。

3. 方程曲线的逼近计算方法

1) 等间距直线逼近的节点计算

等间距法就是将某一坐标轴划分成相等的间距，然后求出曲线上相应的节点。如图 5-1 所示，已知曲线方程为 $y = f(x)$，沿 X 轴方向取 Δx 为等间距长。根据曲线方程，由 x_i 求得 y_i，$x_{i+1} = x_i + \Delta x$，$y_{i+1} = f(x_i + \Delta x)$，如此求得的一系列点就是节点。由图 5-1 知，$\Delta x$ 取得愈大，产生的拟合误差愈大。当曲线曲率半径变化较小时可取较大值，当曲线曲率半径较大时应取较小值。

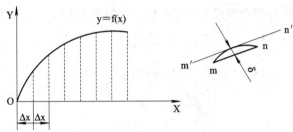

图 5-1　等间距直线逼近

2) 等步长直线逼近的节点计算

这种计算方法是使所有逼近线段的长度相等，从而求出节点坐标。如图 5-2 所示，计算步骤如下：

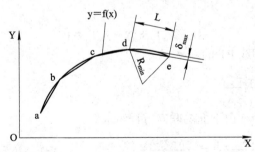

图 5-2　等弦长直线逼近

(1) 求最小曲率半径 R_{min}。曲线 $y = f(x)$ 上任意点的曲率半径为

$$R = \frac{(1 + y'^2)^{3/2}}{y''}$$

取 $dR/dx = 0$，即

$$3y'y''^2 - (1 - y'^2)y''' = 0$$

根据 $y = f(x)$ 求得 y'、y''、y'''，并代入上式得 x，再将 x 代入前式求得 R_{min}。

(2) 确定允许的弦长 l。由于曲线各处的曲率半径不等，等弦长后，最大拟合误差 δ_{max} 必在最小曲率半径 R_{min} 处，因此步长应为

$$l = 2R_{min}^2 - (R_{min} - \delta)^2 \approx \sqrt{8R_{min}\delta}$$

(3) 计算节点坐标。以曲线的起点 $a(x_a, y_a)$ 为圆心，弦长 l 为半径的圆交 $y = f(x)$ 于 b 点，求解圆和曲线的方程组：

$$\begin{cases} (x - x_a)^2 + (y - y_a)^2 = l^2 \\ y = f(x) \end{cases}$$

求得 b 点坐标 (x_b, y_b)。

依次以 b、c、…为圆心，即可求得 c、d、…各节点的坐标。

由于弦长 l 取决于最小曲率半径，致使曲率半径较大处的节点过密过多，所以等弦长法适用于曲率半径相差不大的曲线。

3) 等误差直线逼近的节点计算

等误差法就是使所有逼近线段的误差 δ 相等。如图 5-3 所示，其计算步骤如下。

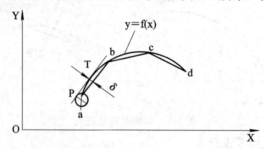

图 5-3　等误差直线段逼近

(1) 确定允许误差 δ 的圆方程。以曲线起点 $a(x_a, y_a)$ 为圆心，δ 为半径作圆，此圆方程式为

$$(x - x_a)^2 + (y - y_a)^2 = \delta^2$$

(2) 求圆与曲线公切线 PT 的斜率 k。

$$k = \frac{y_T - y_P}{x_T - x_P}$$

其中，x_T、x_P、y_T、y_P 由下面的联立方程组求解：

$$\begin{cases} \dfrac{y_T - y_P}{x_T - x_P} = -\dfrac{x_P - x_a}{y_P - y_a} & \text{(圆切线方程)} \\[2mm] y_P = \sqrt{\delta^2 - (x_P - x_a)^2} + y_a & \text{(圆方程)} \\[2mm] \dfrac{y_T - y_P}{x_T - x_P} = f'(x_T) & \text{(曲线切线方程)} \\[2mm] y_T = f(x_T) & \text{(曲线方程)} \end{cases}$$

(3) 求弦长 ab 的方程。过 a 作直线 PT 的平行线，交曲线于 b 点，ab 的方程为

$$y - y_a = k(x - x_a)$$

(4) 计算节点坐标。联立曲线方程和弦长方程，即可求得 b 点坐标 (x_b, y_b)：

$$\begin{cases} y - y_a = k(x - x_a) \\ y = f(x) \end{cases}$$

按上述步骤顺次求得 c、d、e、…各节点坐标。

由上可知，等误差法程序段数目最少，但计算较复杂，需用计算机辅助完成。在采用直线逼近非圆曲线的拟合方法中，是一种较好的方法。

4) 圆弧拟合法

圆弧拟合是将曲线用一段段圆滑过渡的圆弧来逼近。因其算法较为烦杂，以下仅简单介绍一下采用最简近似圆逼近的算法思路。

将曲线等分成若干(N−1)段，共有 N 个点的坐标，先用三点定圆的方法计算第 1、2、3 点近似圆的圆心和初始角，初设一个跨越的点数 M，按相切原理计算出第 1、M+1 点的近似圆圆心和半径，再分别求算 2~M 各点的误差，如果其中任一点的误差超过允差，则令 M=M−1，重新进行相切近似圆和各点误差的计算，如此反复计算，直至各点误差均不大于允差，则此近似圆确立。然后以这一近似圆的末点为下一次计算的起点，重新以初设 M 值跨点按前述方法反复计算，直至曲线全部点计算完成。

因等间距直线逼近的算法简单方便，本章宏编程应用例程大多采用此方法处理。

5.2　车削宏编程技术及其应用

5.2.1　车削加工的宏编程技术

数控车削加工编程的对象是简单的二维图形。车削系统已经提供了非常全面的从粗车到精车的各类功能指令，指令格式简单且实用。对于边廓以直线、圆弧为主的常规零件加工，大多采用手工编程的方法，宏编程技术的优势在车削加工中主要表现在非圆曲线边廓的处理上。

FANUC 的宏编程只能在非圆曲线轮廓的精车时独立使用，且不能为 G71~G73 的粗车提供参考边廓数据，而 HNC 精车的程序段若用宏编程，其计算的数据可提供给 G71~G73 作边廓参考依据，这使得 HNC 的车削宏编程技术更具实用性。

使用主、子程序调用的宏编程技术，在调用子程序时可通过宏变量传递参数的功能，易于实现子程序的模块化，整个程序修改起来更简单，程序通用性得到了增强。

5.2.2　车削宏编程的基本示例

例 1　使用宏编程编制加工如图 5-4 所示抛物线轮廓的精车程序。

图示抛物线方程为

$$X^2 = -10 \times Z$$

此处 X 为半径值。若 X 用直径值，则抛物线方程应为

$$X^2 = -40 \times Z$$

编程思路：采用循环程序结构，以 Z 值为循环变量，循环间距 0.1(等间距直线逼近法)，按照 $X^2 = -40 \times Z$ 来计算每一步的 X 值，Z 的取值范围为 $-40 \leqslant Z \leqslant 0$。

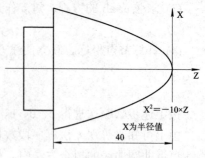

图 5-4　抛物线精车轮廓加工

参考程序编写如下(直径编程)：

```
O0001
T0101
G90 G00 X45.0 Z5.0 S600 M3；
G90 G0 X0 Z2                        走到右端的起刀点
G1 Z0 F200                          走刀到抛物线的起点
#1= −0.1                            循环初值，Z 右边界
#2= −40                             循环终值，Z 左边界
WHILE #1 GE #2                      循环语句，以 Z 作循环变量
#3=SQRT[ −40*#1]                    计算 X 直径值
G01 X[#3] Z[#1]                     加工拟合的小线段
#1=#1−0.1                           Z 变化一个步长
ENDW
G90 G0 X[#3+0.5]                    X 方向向外退刀 0.5
Z5                                  退刀到右端外 5 mm 处
M5
M30
```

例 2　利用 HNC-22T 的宏编程技术实现多曲线段车削零件的粗、精加工。图 5-5 所示轮廓各区段分别如下：

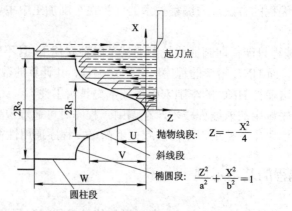

图 5-5　多曲线段轮廓车削

抛物线段$(-U \leqslant Z < 0)$：$Z = -\dfrac{X^2}{4}$；

斜线段$(-V \leqslant Z \leqslant -U)$；

1/4 椭圆段$(-[V+a] \leqslant Z \leqslant -V)$：$\dfrac{Z^2}{a^2} + \dfrac{X^2}{b^2} = 1$；

圆柱段$(-W \leqslant Z \leqslant -[V+a])$。

抛物线段拟用等间距直线逼近法，以 Z 值间距为循环变量，按标准方程求算；椭圆段拟用参数方程求算，以接近等弦长直线逼近算法，即以等离心角变化增量为循环变量；直线段就直接算出端点坐标后作直线插补处理。

由于 HNC-22T 系统在粗车循环调用的精车程序段中允许使用宏指令，因此本例参照 G71 粗、精车加工编程思路，用半径编程模式。参考程序如下：

程 序 内 容	含 义
O0002	
G37	半径编程模式
T0101	刀具及坐标系调用
#0=4	椭圆Z向短半轴a
#1=5	椭圆X向长半轴b
#2=15	斜线段X向终点半径R_1
#3=20	圆柱段X向半径R_2
#20= −16	斜线段起始Z值U
#21= −30	斜线段终止Z值V
#22= −40	圆柱段终止Z值W
G00G90 X[#3+2] Z2 S600M03	走到粗车循环起点
G71U1R2P100Q200X0.1Z0.15F100	执行粗车循环
N100 G0 X0 Z2	精车起始行
#10= −0.1	抛物线的初始Z坐标
G01 X0 Z0 F80	进刀到抛物线顶点
WHILE #10 GE #20	抛物线段的加工范围循环求算
#11=2*SQRT[−#10]	计算X半径坐标值
G01X [#11] Z[#10]	小线段加工
#10=#10 −0.2	Z变化一个步长(等间距)
ENDW	循环结束
G01 X[#11] Z[#20]	走到斜线段的起点
G01 X[#2] Z[#21]	加工斜线段
#12=PI/2+0.02	椭圆段初始角
WHILE #12 LE PI	椭圆段的加工范围循环求算
#13=#2+#1-#1*SIN[#12]	计算X半径坐标值
#14=#0*COS[#12]+#21	计算Z坐标值
G01 X[#13] Z[#14]	小线段加工
#12=#12+0.02	角度变化一个步长(等步长)
ENDW	循环结束
G01 X[#3] Z[#21−#0]	走到圆柱段的起点
G01 X[#3] Z[#22]	车圆柱段

N200 G01 X[#3+2] Z[#22]	精车结束行——退刀
G0 X[#3+2] Z2	返回
M05	主轴停转
M30	程序结束

程序计算说明如下。

抛物线段：由抛物线方程 $Z = -\dfrac{X^2}{4}$ 得 $X = +2\sqrt{-Z}$；

斜线段：起点 X 值由抛物线终点来计算，$X_A = +2\sqrt{-U}$，直线终点坐标为 $(R_1，V)$；

椭圆段：椭圆中心坐标在编程坐标系中的坐标为 $(V，R_1+b)$，由椭圆参数方程

$$Z = a \cdot \cos t，\quad X = b \cdot \sin t$$

得椭圆动点实际坐标算法为

$$X = R_1 + b - b \cdot \sin t，\quad Z = V + a \cdot \cos t$$

圆柱段：$X=R_2$，Z 向终点为 W。

HNC-22T 宏程序编写与调试技巧：

(1) 轮廓尺寸数据尽可能用变量代替且其初始赋值安排在程序头部以便于统一修改。

(2) 由于粗车需多次重复引用精车轮廓的算法获取参考边廓数据，精车的几个轮廓段使用循环求算时，不同类型的循环变量最好不要使用同样的#地址，以免交叉赋值后循环体算法溢出(分母为零或求负平方根)而出现"非法语句"的错误警示。

(3) 若赋循环初值的语句也安排在精车之外的程序头部，则由于在粗车时已进行过一次循环运算，使得循环变量的结果已达终值，所以在后续执行精车程序时将跳过循环计算，不会再进入执行循环体语句，由此就会导致最终的精车轮廓不符合要求。为此，必须将赋循环初值的语句安排在精车之内，比如上例中的#10 和#12。

(4) 循环体中循环变量递增或递减变化的语句建议安排在循环体语句的最后。若安排在循环体语句的前部，则循环终值应严格控制。否则，容易出现先执行递变后造成分母为零或求负平方根的"非法语句"报警。

5.2.3 宏编程的子程序调用及传值

在 HNC 系统中，通过使用 M98PxxxxA…B…C… … Z…指令格式，可在调用子程序的同时，将主程序 A～Z 各字段的内容拷贝到宏执行的子程序为局部变量#0～#25 预设的存储空间中，从而实现参数传递。传值的规则是：A→#0，B→#1，C→#2，…，X→#23，Y→#24，Z→#25，即 A 后的值在子程序中可用#0 来调用，B 后的值在子程序中可用#1 来调用，以此类推，Z 后的值在子程序中可用#25 来调用。

基于这一规则，可以将加工某类曲线轮廓的宏子程序模块化，不在子程序中对轮廓尺寸变量赋值，而将其编写成依赖于变量的标准程序格式，由主程序传递不同的参数调用即可得到不同的加工结果，较适用于系列化的产品加工。以下是带台阶或不带台阶的双曲线轮廓(如图 5-6 所示)车削零件的主、子程序宏参数传递调用的编程示例。

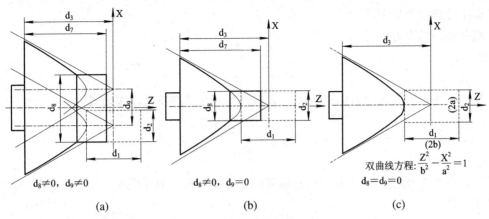

图 5-6 双曲线轮廓零件车削

(a) 带台阶偏置的双曲线; (b) 带台阶双曲线; (c) 不带台阶双曲线

主程序如下:

程 序 内 容	含 义
(主程序)	子程序调用时,传递参数:
O1111	A = 4(对应 $d_2/2$)
T0101	B = 10(对应 $d_1/2$)
S600 M03	C = 45(对应 d_3)
M98 P2222 A8 B20 C45 D40 E12 F4	D = 40(对应 d_7)
M5	E = 12(对应 d_8)
M9	F = 4(对应 d_9)
M30	
(子程序,直径编程)	
O2222	主程序参数传值: #0=A, #1=B, #2=C, #3=D, #4=E, #5=F
#11=#3−#2	计算 d_8 的右端起点 Z 值: $d_7 − d_3$
#12=[#4−#5]/2	计算双曲线的起点 X 值(方程数据)
#13=#12/ #0	计算 X/a
#14=−#1*SQRT[1+#13*#13]	计算双曲线的起点 Z 值,循环初值
G90 G0 X[#4] Z[#11+2]	走到右端的起刀点
G1 Z[#11] F200	进刀到 d_8 的右侧顶点
Z[#14]	走刀到双曲线的起点,车台阶圆柱面
WHILE #14 GE −#2	循环处理双曲线(等间距直线逼近)
#15=#14 / #1	计算 Z/b
#16=#5+2*#0*SQRT[#15*#15−1]	计算双曲线动点的 X 直径值
G01 X[#16] Z[#14]	加工拟合的小线段
#14=#14 −0.2	Z 变化一个步长间距
ENDW	循环结束
G90 G0 X[#16+0.5]	X 方向向外退刀 0.5
Z[#11+2]	退刀到右端外 2 mm 处
M99	

程序计算说明如下。

双曲线的标准方程是

$$\frac{Z^2}{b^2} - \frac{X^2}{a^2} = 1$$

本例是采用等间距直线逼近的算法，以 Z 作循环变量等距变化，按公式

$$X = a \cdot \sqrt{\left(\frac{Z}{b}\right)^2 - 1}$$

来求算对应的 X 的坐标值。若为对称偏置的双曲线、直径编程模式，则还应加上一个偏置距离 d_9，即

$$X = 2 \cdot a \cdot \sqrt{\left(\frac{Z}{b}\right)^2 - 1} + d_9$$

带台阶时，双曲线的起点 Z 值应根据台阶的 X 值由方程求算，即

$$Z = -b \cdot \sqrt{1 + \left(\frac{X}{a}\right)^2}$$

双曲线偏置时，半径 X 应按偏置确定，此时

$$X = \frac{d_8 - d_9}{2}$$

若用参数方程，需要使用函数

$$sect = \frac{1}{\cos t}$$

按照

$$X = a \cdot sect, \quad Y = b \cdot tant$$

以 t 为循环变量来编写。

本例的宏子程序是综合考虑是否带台阶($d_8 \neq 0$)、双曲线是否偏置($d_9 \neq 0$)等情形而编写的，具有一定通用性。主程序传值时如果没有 E、F 数据，则 $d_8 = d_9 = 0$，可得到无台阶不偏置的双曲线边廓(图(c))；若没有 F 数据，则 $d_9 = 0$，可得到带台阶不偏置的双曲线边廓(图(b))；若参数完整且数据不为零，则可得到带台阶且偏置的双曲线边廓(图(a))。

由于程序中有#0、#1 作为分母的语句，且未作错误预判断处理，所以 A、B 的传值数据一定不能为零或省略，否则运行时系统会出现"非法语句"的警示。因依赖于主程序而获得变量赋值，子程序不能单独运行。

5.2.4 弧面螺旋线加工的宏编程应用

对于圆柱螺纹及锥螺纹的车削加工编程已在第 2 章进行过介绍，但对于在圆弧面上实现螺旋线的加工(如圆弧面蜗杆)，通常需要借助专用机床来实现，而采用数控车床的宏编程功能，亦可实现弧面螺旋线的加工。

　　在 HNC 系统的数控车床中，可利用宏程序功能，将圆弧段以参数方程的形式转化为一个个的小线段，然后对小线段用 G32 指令实施螺纹切削，通过限定范围的循环控制即可实现以圆弧段为母线的螺纹车削。如对图 5-7 所示的弧面蜗杆段，在先车出 R65 的外圆弧轮廓表面后，再用圆弧车刀以齿型中线为深度分层进刀的参考线，对每深度层的弧面螺旋线实施小线段螺纹车削即可完成弧面蜗杆段的预切。以下是使用 HNC-22T 系统时编写的预切程序(以圆弧车刀弧心为刀位点)。

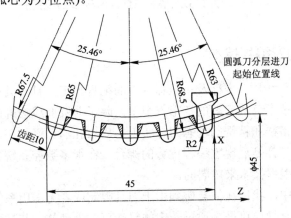

图 5-7　弧面蜗杆的预切加工

```
O0001
T0101
G90 G0 X60 Z5 S100 M03
#3=−22.5;                                      弧面圆心 Z 坐标
#4=170;                                        弧面圆心 X 坐标(直径值)
#6=0;                                          切深初值
#7=68.5−63 ;                                   圆弧刀总切深
WHILE #6 LE #7 DO 1 ;                           切深分层循环
#5=63+#6;                                      圆弧半径
#1=−[90−25.46]*PI/180 ;                        起始角
#2=−[90+25.46]*PI/180 ;                        终止角
#10=10*#5/67.5;                                当前弧面的螺距
G1X[#4+2*#5*SIN[#1]]Z[#3+#5*COS[#1]]F30;        到起始位置
WHILE #1 GE #2 DO 2 ;                           圆弧小角度分割
G32X[#4+2*#5*SIN[#1]]Z[#3+#5*COS[#1]]F[#10];    小线段车螺纹
#1=#1−0.1;                                     角度递变
ENDW 2
G0X60F50
G0Z5
#6=#6+0.08 ;                                   切深递变
ENDW 1
G0 X100.Z100.M05
M30
```

以上仅为圆弧车刀实现弧面蜗杆中间部位预切加工的宏程序，还剩下图中的阴影线部分需要做左右侧齿廓的修形加工，可分别使用左右切刀以对应的齿廓线为深度分层进刀的参考线，在计算出起始走刀位置后，再按上述小线段螺纹车削的实现机制进行切削加工，其程序编制可参考以上思路。

5.3　铣削宏编程技术及其应用

5.3.1　铣削加工的宏编程技术

数控铣和加工中心都是三坐标及三坐标以上的编程加工，且都具有钻镗循环的点位加工能力，使用宏编程技术解决问题的情形就很多。除了非圆曲线边廓的外形或槽形加工可考虑使用宏编程外，粗铣和精铣的动态刀补实现、均布孔的钻镗加工、三维空间上的斜坡面与曲面铣削加工等等都是展现宏编程优势的舞台。在很多数控系统中，钻镗循环的编程功能本身就是通过宏编程技术来拓展的。

在实际生产加工中，我们往往会碰到由于刀具限制或者无法用系统提供的有限的指令格式直接编程，但又有规律可循，通过一定的算法可以处理的一些技术问题，使用宏编程便可以将数控机床的潜力发挥到极至。

5.3.2　铣削加工动态刀补的实现

所谓动态刀补，是指执行 G41、G42 指令时所提取的刀补地址 Dxx 的数据是随着程序进程不同而变化的。

1. 动态刀补实现粗、精加工

无论是挖槽还是铣外形轮廓，都有从粗切到精切的过程，粗、精切的过程通常都只需要编写一个利用刀径补偿进行轮廓加工的程序，通过改变刀补来实现。对于轮廓中圆弧段可能会因刀补过大而出现负半径的情形，可用选择分支来进行预处理。

例 1　利用动态刀补方法加工如图 5-8 所示正多边形槽。

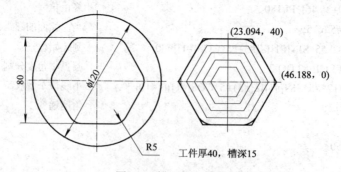

图 5-8　槽形加工图例

图示槽形为规则边廓，最小圆角半径为 R5，用 φ10 的刀具直接按正多边形边廓编程，多边形两个交点的坐标已算出，见右图，其余各点坐标均可方便地推算出来。

加工编程思路：深度方向共分三层切削，每层下降 5 mm，由循环 WHILE DO1 实现。

　　径向分次由循环 WHILE DO2 控制，仅编写一个带刀补的槽形边廓的加工程序，刀补地址号采用系统指定的动态刀补号 D101，其刀补值大小由变量 #101 动态计算得出。

　　已知最大、最小刀补半径和精修余量，按 (0.6～0.8)D 刀大小预设一个粗切间距，则

　　　　粗切余量 = 最大刀补 − 最小刀补 − 精修余量

　　　　粗切次数≥粗切余量/预设粗切间距　　　（圆整为整数）

　　　　实际粗切间距 = 粗切余量/圆整后的粗切次数

　　槽形加工采取由内向外环切的方式，最后一次粗切时保留一个精修余量再以实际刀具半径大小作最终刀补继续精修一圈。粗、精切由选择分支判断后决定刀补算法，当粗切一圈后的动态刀补值介于精修刀补半径和粗切间距之间时即剩最后一次精修，此时可直接将精修刀补设为动态刀补再作一次切削循环以完成精修；否则视为粗切，按实际粗切间距来逐步减小动态刀补值继续作粗切循环。

　　编程如下：

程 序 内 容	含 义
O1234	
#1= −5	第一刀切削深度
#2= −15	最终切削深度
#3=35	最大刀补半径、刀补初值
#4=5	精修刀补半径(刀具半径)
#5=0.2	精修余量
#6=8	参考粗切间距
#7=[#3 −#4 −#5]	计算粗切余量
#9=#7/#6	粗算粗切次数
IF INT[#9] LT #9	如果粗切次数为小数
#9=INT[#9]+1	圆整粗切次数
ENDIF	
#8=#7/#9	计算实际粗切间距
G90 G54 G0 X0 Y0 S800 M3	定位到槽形中心
G43 Z10 H1 M8	快进下刀到安全面
G1 Z0 F100	工进下刀到表面
WHILE #1 GE #2 DO1	深度分层循环
G1 Z[#1]	下刀切入一个深度 Z
#101=#3	刀补初值赋给刀补专用变量
WHILE #101 GE #4 DO2	动态刀补循环控制
G01 G42 X0 Y40 D101	刀补引入，刀补大小为 #101 的值
X23.094	槽形边廓的加工程序
X46.188 Y0	
X23.094 Y −40	
X −23.094	
X −46.188 Y0	
X −23.094 Y40	
X0	

G40 X0 Y0	取消刀补
IF [#101 GT #4] AND [#101 LT #8]	如果是精修
#101=#4	刀补为精修刀补半径
ELSE	如果不是精修
#101=#101−#8	刀补递减一个粗切间距
ENDIF	
ENDW 2	本层挖槽循环结束
#1=#1−5	改变加工深度后再作下一层的加工
ENDW 1	深度分层结束
G0 Z10 M9	提刀
G91 G28 Z0 M5	回零
M30	程序结束

2. 动态刀补实现边角倒圆

工件边角倒棱和倒圆用相应的倒角刀和内 R 系列铣刀直接以轮廓编程加工即可，但无合适刀具时，可考虑使用平刃铣刀或球刀按曲面加工方式分层铣削，利用宏编程的动态刀补可很方便地实现分层加工。

例 2　利用动态刀补方法加工图 5-9 所示 R2 的圆角面。

由图 5-9(b)知：

$$z = r - t$$
$$X = \sqrt{r^2 - z^2} = \sqrt{t(2r - t)}$$

则距离顶面为 t 的高度层的动态刀补为

$$D = R - (r - x) = R - r + \sqrt{t(2r - t)}$$

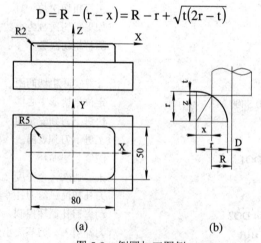

图 5-9　倒圆加工图例

编程如下：

程 序 内 容	含 　义
O1235	
#0=80	矩形长度
#1=50	矩形宽度
#2=5	转角半径

#3=5	刀具半径
#4=2	倒圆半径
#5=0	分层初值
G90 G54 G0 X[#0/2+#3+10] Y0 S1000 M3	移到右侧工件外
G43 Z10 H1 M8	快速下刀
WHILE #5 LE #4	分层循环开始
G01 Z[−#5] F50	工进下刀到某深度层
#6=#4−#5	计算 r−z
#101=#3−#4+SQRT[#4*#4−#6*#6]	计算动态刀补
G01 G41 X[#0/2] D101 F100	走到右边线中点，加刀补
G91 Y[#2−#1/2]	走到右下角
G02 X[−#2] Y[−#2] R[#2]	
G01 X[2*#2−#0]	走到左下角
G02 X[−#2]Y[#2] R[#2]	
G01 Y[#1 −2*#2]	走到左上角
G02 X[#2] Y[#2] R[#2]	
G01 X[#0 −2*#2]	走到右上角
G02 X[#2] Y[−#2] R[#2]	
G01 Y[#2 −#1/2]	走到右边线中点
G90 G40 X[#0/2+#3+10]	退出到工件外起点
#5=#5+0.1	深度递增
ENDW	深度分层结束
G0 Z10 M5	提刀
G91 G28 Z0 M9	Z 向回零
M30	

5.3.3　均布孔加工的宏编程实例

在如图 5-10 所示零件上钻 6 个均匀分布的孔，需要使用两把刀具分别进行钻孔和锪孔加工。分别采用 FANUC-3MA、HNC-22M、T-600M 系统宏指令编程，变量定义见表 5-4。

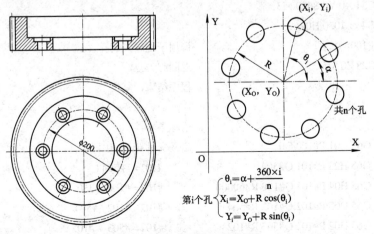

$$\theta_i = \alpha + \frac{360 \times i}{n}$$

第i个孔
$$X_i = X_o + R\cos(\theta_i)$$
$$Y_i = Y_o + R\sin(\theta_i)$$

图 5-10　均布孔加工编图例

表 5-4　宏变量定义

变量定义	变量名			变量性质
	HNC-22M	FANUC-3MA	T-600M	
圆形坯料圆心点的 X 坐标(X_O)	#50	#500	V50	全局变量
圆形坯料圆心点的 Y 坐标(Y_O)	#51	#501	V51	
半径(R)	#52	#502	V52	
第一个孔的初始角(α)(逆+，顺−)	#53	#503	V53	
总孔数(n)	#54	#504	V54	
循环变量 i，当前计算孔的编号	#10	#100	V10	局部变量
计数器的终值($|n|=i_{max}$)	#11	#101	V11	
圆周上第 i 个孔的角度(θ_i)	#12	#102	V12	
第 i 个孔的 X 坐标值(X_i)	#13	#103	V13	
第 i 个孔的 Y 坐标值(Y_i)	#14	#104	V14	

使用 FANUC-3MA 数控系统时，主程序如下：

程序内容	含义	
O0015	主程序号	
G65 H01 P#500 Q0	定义变量 #500=0	对应 X_O
G65 H01 P#501 Q0	#501=0	对应 Y_O
G65 H01 P#502 Q100000	#502=100.0 单位μm	对应 R
G65 H01 P#503 Q0	#503=0　初始角 0°	对应 α
G65 H01 P#504 Q6	#504=6　钻孔数 6 个	对应 n
G65 H01 P#505 Q −41000	#505= −41.0　孔底 Z 高度	
G65 H01 P#506 Q −25000	#506= −25.0　R 平面 Z 高度	
G90 G54 X0 Y0 S600 M3	建立工件坐标系，刀具预先停在圆孔正上方	
G43 Z10.0 H01	下刀到安全高度平面	
M98 P100	调用子程序，钻 6 个孔	
G91 G28 Z0 M5	返回起刀点	
T2 M6	换刀	
G90 G54 X0 Y0 S600 M3		
G43 Z10. 0 H02		
M98 P100	调用子程序，锪孔	
G91 G28 Z0 M5	返回起刀点	
M30	程序结束，复位	

子程序

O100	子程序号	
N100 G65 H01 P#100 Q0	定义变量 #100=0	
G65 H22 P#101 Q#504	#101=	#504		
N200 G65 H04 P#102 Q#100 R360000	#102= #100 × 360	
G65 H05 P#102 Q#102 R#504	#102= #102 / #504	
G65 H02 P#102 Q#503 R#102	#102= #503 + #102	

G65 H32 P#103 Q#502 R#102	#103= #502 × COS(#102)
G65 H02 P#103 Q#500 R#103	#103= #500 + #103
G65 H31 P#104 Q#502 R#102	#104= #502 × SIN(#102)
G65 H02 P#104 Q#501 R#104	#104= #501 + #104
N201 G90 G81 G99 X#103 Y#104	执行 G81 的钻孔循环，返回 R 平面
Z#505 R#506 F50	
G65 H02 P#100 Q#100 R1	重新赋值 #100= #100 + 1，计数加 1
G65 H84 P200 Q#100 R#101	条件转移，若孔数没加工完，转向 N200 继续钻孔
M99	若孔数加工完成，则子程序结束，返回

如果采用 HNC-22M 系统和 T-600M 系统，则程序编写如下：

HNC-22M 系统	T-600M 系统
O0015	O0015
#50=0	G90 G54 G0 X0 Y0 S600 M3
#51=0	G43 Z10.0 H01 M03
#52=100.0	G72 O100 [V55= −41.0, V56= −25.0]
#53=0	G91 G28 Z0 M5
#54=6	T2 M6
#55=−41.0	G90 G54 X0 Y0 S600 M3
#56=−25.0	G43 Z10. 0 H02
G90 G54 G0 X0 Y0 S600 M3	G72 O9010 [V55= −41.0, V56= −25.0]
G43 Z10.0 H01	G91 G28 Z0 M5
M98 P100	M30
G91 G28 Z0 M5	
T2 M6	
G90 G54 X0 Y0 S600 M3	O100
G43 Z10. 0 H02	N110　[V50=0, V51=0, V52=100.0]
M98 P100	N120　[V53=0, V11=6, V10=0]
G91 G28 Z0 M5	N130　[V12= [V53+V10*360/V11]*3.14159/180]
M30	N140　[V13=V50+V52*COS[V12]]
	N150　[V14=V51+V52*SIN[V12]]
%100	N160　G90G80G99X[V13]Y[V14]Z[V55]R[V56] F50
#10=0	N170　[V10=V10+1]
#11=ABS[#54]	N180　[IF, V10<V11, GO, 130]
#57=PI /180	M02
WHILE #10 LT #11	
#12=[#53+#10*360/#11]*#57	
#13=#50+#52*COS[#12]	
#14=#51+#52*SIN[#12]	
G90 G00 X[#13] Y[#14]	
G00 Z[#56]	
G01 Z[#55] F50.0	

```
      G00 Z[#56]
      #10=#10+1
   ENDW
   M99
```

本例采用全局变量和局部变量的处理方式，利用全局变量可以在主、子程序中任意引用的性质，省去了在子程序中再次赋值的过程。如果使用 5.2.3 节中所介绍的参数传值方法，程序可以进一步简化，且加工适应性可以得到扩展。只要将子程序编写成标准模块的形式，表达位置关系的变量可在调用子程序的语句中由参数来赋值，对于均布孔的多次钻、扩、铰重复加工，交错排布的均布孔加工等，在主程序中就可以像调用钻镗固定循环一样简单。

5.3.4 空间轨迹的宏编程加工

例 1 编制加工如图 5-11 所示两个相互垂直椭圆柱面的交线轮廓的程序(不加工柱面)。

图示要加工的是平置椭圆柱 A 的 1/4 面与立置椭圆柱面 B 的 1/2 面产生的交线，立置椭圆柱的长、短轴尺寸为 d_1、d_2(XY 方向)，平置椭圆柱的长、短轴尺寸为 d_1、d_3(XZ 方向)，平置椭圆柱轴心到工件下表面的距离为 d_4。

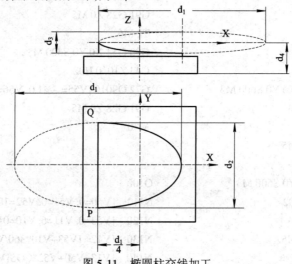

图 5-11 椭圆柱交线加工

算法思路：以椭圆 A 用参数方程的形式，从 −90° 到 90° 循环变化来计算轨迹点的 XY 坐标，再根据其 X 坐标在 XZ 面按椭圆 B 的标准方程计算出对应点的 Z 坐标，以空间(XYZ 移动)的小线段来拟合该交线轮廓。

编程如下：

程 序 内 容		含　义
O1111		
G54G17G90G0X0Y0S600M3		子程序调用时传递参数
G43Z30.0H1M8	A→d_1 = 100	椭圆A、B长轴
M98 P2222 A100.0B60.0C15.0D25.0	B→d_2 = 60	椭圆A短轴
G90Z30.0M5	C→d_3 = 15	椭圆B短轴
G91G28Z0M9	D→d_4 = 25	椭圆柱 B 轴心高

M30

%2222   (#0=A，#1=B，#2=C，#3=D)

#10=0.5*#0   计算椭圆 A、B 长半轴 $d_1/2$

#11=0.5*#1   计算椭圆 A 短半轴 $d_2/2$

#12=0.5*#2   计算椭圆 B 短半轴 $d_3/2$

#14=−0.5*PI

G90G01Z[#3]F50.0   循环变量初值

G01X[−#10/2]Y[−#11]F200. 下刀到轴心高度

WHILE #14 LE 0.5*PI   走到椭圆 A 下顶点 P(−90°处)

#15= #10*COS[#14]−#10/2 1/2 椭圆段的循环(P→Q)

#16= #11*SIN[#14]   计算椭圆段的 X 坐标

#17= [#15−#10/2]/ #10   计算椭圆段的 Y 坐标

#18= −#12*SQRT[1−#17*#17] 计算 X/A

G90G01X[#15]Y[#16]Z[#18]F2500 计算椭圆段的 Z 坐标

#14=#14+0.005   铣拟合椭圆轮廓线

ENDW   角度增量

M99

例 2 图 5-12 所示曲面由一偏置双曲线绕板料中心线回转一周形成，试用宏编程编制曲面加工的程序。

编程思路：该曲面为一回转面，每层均可由一圈圈的同心圆(整圆)作刀路加工编程。

以坯料下表面为 Z 向原点，从高 h 的工件表面到双曲线的下顶点高 b(正好实半轴处)作分层加工，深度变化作外循环，每次降低 0.5 mm。

以每层上 XY 方向的分次作内循环，按双曲线方程由 Z 计算出双曲线外廓 X_1 和内廓的 X_2，同心圆的范围限制在 $X_1 \rightarrow X_2$ 之内，若 X_2 超出回转轴心到另一侧(为负值)，则内边界取为 0，循环方向取由外向内。

双曲线的标准方程为

$$\frac{Z^2}{b^2} - \frac{X^2}{a^2} = 1$$

则由 Z 换算 X 为

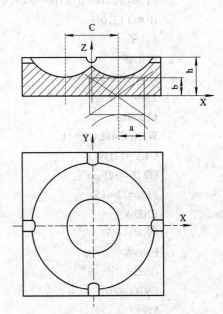

图 5-12 双曲线回转面加工

$$X = a \cdot \sqrt{\left(\frac{Z}{b}\right)^2 - 1}$$

由于双曲线偏置，且考虑偏移一个球刀半径，其外边界

$$X_1 = X + \frac{C}{2} - r = a \cdot \sqrt{\left(\frac{Z}{b}\right)^2 - 1} + \frac{C}{2} - r$$

其内边界

$$X_2 = -X + \frac{C}{2} + r = \frac{C}{2} - a \cdot \sqrt{\left(\frac{Z}{b}\right)^2 - 1} + r$$

编程如下：

程 序 内 容	含　　义
O1111	
G54G90G0X0Y0S600M03	子程序调用时传递参数
G43Z20.0H1M8	A→a = 6　　　双曲线虚轴
M98 P2222 A6 B8 C10 D20 E3	B→b = 8　　　双曲线实轴
M5	C→c = 10　　双曲线对称轴的偏置距离
G91 G28 Z0 M9	D→h = 20　　坯料厚度
M30	E→r = 3　　　球刀半径
%2222	(#0=A，#1=B，#2=C，#3=D，#4=r)
#9=#3	
WHILE #9 GE #1	以高度 Z 变化为外循环
#10=#0*SQRT[#9*#9/#1/#1−1]+#2/2−#4	计算外双曲线边界 X1，内偏一个球刀半径
#11=#2/2−#0*SQRT[#9*#9/#1/#1−1]+#4	计算内双曲线边界 X2，外偏一个球刀半径
IF #11 LE 0	若内边界为负值
#11=0	则取内边界为 0
ENDIF	
G1X[#2/2]Y0F500	走到右槽窝正中心
Z[#9+#4]F50	下刀，上偏一个球半径(球心 Z 坐标)
#12=#10	
WHILE #12 GE #11	以内外双曲线 X 作内循环边界作某层加工
G1X[#12]Y0	走到外双曲线最右侧，整圆起刀点
G2 I[−#12]	走整圆
#12=#12−0.5	逐步缩小整圆半径继续循环
ENDW	内循环结束
#9=#9−0.5	改变深度，继续下一层的加工
ENDW	深度分层循环结束
G0Z20	提刀
G91G28Z0	回零
M99	

5.4　系统编程指令功能扩展的宏实现

5.4.1　编程指令功能扩展的对象

由于数控机床能直接进行插补控制的主要是直线和圆弧，系统能提供的直接用于轨迹加工的编程指令非常有限，因此寻求合理的算法，利用基本指令来扩展系统的编程指令功能，一直是系统开发人员的研究课题，也是加工编程人员寻求的目标。车削固定循环、钻镗固定循环等都是数控系统开发人员对指令系统扩展的典型示例，但不同的系统在这方面开发的程度是有差异的。比如 SIEMENS 系统已经具有直接用于阵列孔加工、规则形状的挖槽循环等扩展指令，而 HNC、FANUC 系统目前还没有面向普通用户提供。

对于非开放式的数控系统，这种指令功能扩展只能依赖于系统生产厂家；而对于开放式的数控系统，普通用户即可自行编制。HNC 是基于 PC-NC 的开放式数控系统，其用于钻镗固定循环的宏扩展程序的源码已面向广大用户公开，即系统 BIN 目录下的 O0000 文件的内容，普通用户只需要按照其中的格式要求自行开发扩展功能指令后，添加到该文件中即可。

需要开发扩展的编程指令功能对于不同的用户群有着不同的见解，如矩形轮廓铣削、矩形挖槽、椭圆铣削及挖槽、凹凸球面加工、阵列钻孔等都可能是广大用户需要的。由于扩展后的指令就像 G01、G02 等基本指令那样使用，指令需要的参数、通用性、各种可能的算法及出错的可能性等都应处理完善，因此必须充分了解编程格式和处理对策，考虑成熟后方可开始编制，验证无误后才可投入使用。

以下是 SIEMENS802S 数控铣削系统中提供的 LCYC75 挖槽循环指令功能，其格式为

    R101=... R102=... R103=... R104=...R116=... R117=... R118=... R119=...
    R120=... R121=... R122=... R123=... R124=... R125=... R126=... R127=...
    LCYC75

其中：R101：退回平面(绝对平面)；

R102：安全距离；

R103：参考平面(绝对平面)；

R104：槽深；

R116：横坐标参考点；

R117：纵坐标参考点；

R118：槽的长度；

R119：槽的宽度；

R120：圆角半径；

R121：最大进给深度；

R122：深度进给的进给率；

R123：表面加工的进给率；

R124：表面加工的精加工量，无符号；

R125：深度加工的精加工量，无符号；

R126：铣削方向(2=G2；3=G3)；

R127：加工方式(1；2)。

若要加工图 5-13 所示带圆角的矩形槽，槽周边精修余量为 0.75，深度精修余量为 0.5，最大进刀深度为 4，分粗、精加工，其部分程序如下：

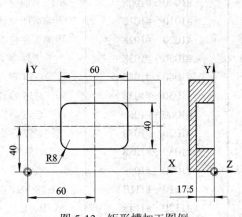

图 5-13 矩形槽加工图例

N20 …

N30 R101=5 R102=2 R103=0 R104=−17.5

N60 R116=60 R117=40 R118=60 R119=40 R120=8

N70 R121=4 R122=120 R123=300 R124=0.75 R125=0.5

N80 R126=2 R127=1

N90 LCYC75

N100 …

N110 R127=2

N120 LCYC75

N130 …

R101~R127 就是 LCYC75 需要的宏参数，LCYC75 内部将根据 R127 赋值的不同，由选择分支程序结构来调用粗、精加工的算法及对应的加工处理路线。

由以上可以看出，要编制一个矩形挖槽的宏扩展程序，其参数非常多，我们在 HNC 系统中编制这类指令扩展的程序(如挖槽循环、阵列钻孔等)时，可以参照 SIEMENS 系统的指令参数配置。

5.4.2　扩展编程的技术基础

使用扩展指令就像前面所介绍的宏子程序参数传值调用一样，扩展编程处理时除指令参数提供的数据外，还需要一些如当前坐标、系统模态等数据。HNC 系统调用宏子程序时，除前面介绍的将主程序 A~Z 各字段的内容拷贝到宏执行的子程序为局部变量 #0~#25 预设的存储空间外，还同时拷贝当前通道九个轴的绝对位置坐标到宏子程序的局部变量 #30~#38 中，并将固定循环指令的初始平面 Z 的模态值拷贝到 #26 中。

另外还有一些数据需要通过系统变量来访问，表 5-5 所示是 HNC 中一些系统变量的定义。

表 5-5　HNC 系统中部分系统变量的定义

系统宏变量号	含　　义
#1000~#1008	机床当前位置 X、Y、Z、A、B、C、U、V、W
#1010~#1018	程编机床位置 X、Y、Z、A、B、C、U、V、W
#1020~#1028	程编工件位置 X、Y、Z、A、B、C、U、V、W
#1030~#1038	当前工件零点 X、Y、Z、A、B、C、U、V、W
#1040~#1048	G54 零点 X、Y、Z、A、B、C、U、V、W
#1050~#1058	G55 零点 X、Y、Z、A、B、C、U、V、W
#1060~#1068	G56 零点 X、Y、Z、A、B、C、U、V、W
#1070~#1078	G57 零点 X、Y、Z、A、B、C、U、V、W
#1080~#1088	G58 零点 X、Y、Z、A、B、C、U、V、W
#1090~#1098	G59 零点 X、Y、Z、A、B、C、U、V、W
#1110~#1118	G28 中间点 X、Y、Z、A、B、C、U、V、W
#1120~#1145	A、B、C、…、X、Y、Z 26 个地址号的模态数据
#1150~#1169	G 代码模态 0~19 组的模态值(铣削 G 指令组别分类参见表 3-2)

在 HNC 系统中，对于每个局部变量，都可用系统宏 AR[] 来判别该变量是否被定义，是被定义为增量方式还是绝对方式。调用格式为

　　　　AR[#变量号]

返回值含义如下。

0：表示该变量没有被定义；

90：表示该变量被定义为绝对方式 G90；

91：表示该变量被定义为增量方式 G91。

以下是 HNC 系统某版本提供的 G81 一般钻孔循环的宏程序源代码，我们可以从中了解并学习源代码的编程处理方法。

程 序 内 容	含　　义
%0081	
IF [AR[#23] EQ 0]	如果没有定义 X
IF[AR[#1143] EQ 91]	且 X 的模态为增量
#23=0	则 X 为增量零值
ELSE	若 X 的模态为绝对值方式
#23=#1143	则 X 取当前 X 的模态值
ENDIF	
ENDIF	
IF [AR[#24] EQ 0]	如果没有定义 Y
IF[AR[#1144] EQ 91]	且 Y 的模态为增量
#24=0	则 Y 为增量零值
ELSE	若 Y 的模态为绝对值方式
#24=#1144	则 Y 取当前 Y 的模态值
ENDIF	
ENDIF	
IF [AR[#17] EQ 0]	如果没有定义 R
#17=#1137	则取当前 R 的模态值
ENDIF	
IF [AR[#25] EQ 0]	如果没有定义 Z
#25=#1145	则取当前 Z 的模态值
ENDIF	
IF [AR[#25] EQ 0]	如果没有定义过 Z
M-99	则返回并提示出错
ENDIF	
N10 G91	切换到增量编程 G91 模式
IF AR[#23] EQ 90	如果 X 值是绝对编程 G90
#23=#23−#30	则改为相对编程 G91，#30 为调用本程序时 X 的绝对坐标
ENDIF	
IF AR[#24] EQ 90	如果 Y 值是绝对编程 G90
#24=#24−#31	则改为相对编程 G91，#31 为调用本程序时 Y 的绝对坐标
ENDIF	
IF AR[#17] EQ 90	如果 R 值是绝对编程 G90

```
    #17=#17-#32              则改为相对编程 G91，#32 为调用本程序时 Z 的绝对坐标
  ELSE
    IF AR[#26] NE 0          如果初始 Z 平面模态值存在
      #17=#17+#26-#32        则将 R 值转换为相对初始面的增量数据
    ENDIF
  ENDIF
  IF AR[#25] EQ 90           如果 Z 值是绝对编程 G90
    #25=#25-#32-#17          则改为相对 R 面的增量数据
  ENDIF
  IF #25 GE 0                如果 Z 的增量值为正不下降反而上升，无意义
    M99                      则返回，无错误提示
  ENDIF
  N20 G00 X[#23] Y[#24]      快移到 XY 起始点
  N30 Z[#17]                 移到参考点 R
  N50 G01 Z[#25]             钻孔到孔底 Z 点
  IF #1165 EQ 99             如果系统变量第 15 组 G 代码模态值为 G99
  N90 G00 Z[-#25]            即返回参考点 R 平面
  ELSE                       否则为 G98 返回初始平面模式
    IF AR[#26] EQ 0          如果初始 Z 平面模态值为 0
      N90 G00 Z[-#25-#17]    则以增量模式返回初始平面
    ELSE
      N90 G90 G00 Z[#26]     否则以绝对模式返回初始平面
    ENDIF
  ENDIF
  M99
```

系统变量#1120～#1145 用来存放 A、B、C、…、X、Y、Z 26 个地址号的模态数据，像"IF [AR[#23] EQ 0] #23=#1143 ENDIF"之类的语句是为 G81 指令行及其省去相关数据的后续程序行调用宏子程序时提取对应模态数据用的；而"IF [AR[#25] EQ 0] M-99 ENDIF"的语句是对提取不到 Z 模态数据(之前未有过 Z 数据)时出错返回处理。

5.4.3 编程指令功能扩展示例

1. 圆形阵列钻孔的扩展编程示例

我们先由 SIEMENS802S 数控铣削系统中提供的 LCYC61 圆形阵列孔钻削格式来了解一下圆形阵列钻孔需要一些什么参数。

```
    R115=... R116=... R117=... R118=... R119=... R120=... R121=...
    LCYC61
```

其中：R115：钻孔循环号；
　　　R116：阵列中心的 X 坐标；
　　　R117：阵列中心的 Y 坐标；
　　　R118：孔所在圆周半径；
　　　R119：孔数；

R120：第一个孔的起始角度；

R121：孔间角度。

和 5.3.3 节均布孔宏编程实例相比，LCYC61 通过给定孔间角度及孔数，可获得非整周的均布孔加工，指令格式更灵活，并且 LCYC61 通过给定钻孔循环号，能以不同的孔加工固定循环方式加工孔。

我们拟参照上述参数，以 G75 作为圆形阵列钻孔的指令，其格式如下：

G90 (G91) G99 (G98) G75 X… Y… Z… R… A… B… C… D… E… F…

孔位关系如图 5-14 所示，其中：

X、Y：阵列中心的 X、Y 坐标；

Z、R：孔底和 R 面的 Z 坐标；

A：钻孔循环号；

B：孔所在圆周半径；

C：孔数；

D：孔间角度；

E：起始孔角度(与+X 的夹角，逆 + 顺 -)。

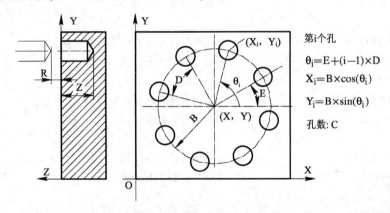

图 5-14　圆形阵列孔位关系

A、B、C、E、G 为阵列钻孔增加的参数，如果循环号调用 G73～G89 钻孔方式，则需要 I、J、K、Q、P 等参数，其含义按 G73～G89 中对应的定义添加。

扩展宏编程如下：

程 序 内 容	含　　义
%0075	----圆形阵列钻孔宏程序---
IF [AR[#23] EQ 0]	如果没有定义 X
IF[AR[#1143] EQ 91]	且 X 的模态为增量
#23=0	则 X 为增量零值
ELSE	若 X 的模态为绝对值方式
#23=#1143	则 X 取当前 X 的模态值
ENDIF	
ENDIF	
IF [AR[#24] EQ 0]	如果没有定义 Y

```
    IF[ AR[#1144] EQ 91]              且 Y 的模态为增量
        #24=0                         则 Y 为增量零值
    ELSE                              若 Y 的模态为绝对值方式
        #24=#1144                     则 Y 取当前 Y 的模态值
    ENDIF
ENDIF
IF [AR[#17] EQ 0]                     如果没有定义 R
    #17=#1137                         则取当前 R 的模态值
ENDIF
IF [AR[#25] EQ 0]                     如果没有定义 Z
    #25=#1145                         则取当前 Z 的模态值
ENDIF
IF AR[#25] EQ 0                       如果没有定义过 Z
    M −99                             则返回并提示出错
ENDIF
IF [AR[#0] EQ 0]                      如果没有定义钻削循环模式 A
    #0=#1120                          则取当前 A 的模态值
ENDIF
IF [AR[#1] EQ 0]                      如果没有定义孔所在圆周半径 B
    #1=#1121                          则取当前 B 的模态值
ENDIF
IF [AR[#2] EQ 0]                      如果没有定义阵列孔数 C
    #2=#1122                          则取当前 C 的模态值
ENDIF
IF [AR[#3] EQ 0]                      如果没有孔间角度 D
    #3=#1123                          则取当前 D 的模态值
ENDIF
IF [AR[#4] EQ 0]                      如果没有初始角度 E
    #4=#1124                          则取当前 E 的模态值
ENDIF
IF [AR[#15] EQ 0]                     如果没有暂停时间 P
    #15=#1135                         则取当前 P 的模态值
ENDIF
IF [AR[#16] EQ 0]                     如果没有间歇进给数据 Q(G73、G83 方式用)
    #16=#1136                         则取当前 Q 的模态值
ENDIF
IF [AR[#8] EQ 0]                      如果没有 X 向让刀数据 I(G76、G87 方式用)
    #8=#1128                          则取当前 I 的模态值
ENDIF
IF [AR[#9] EQ 0]                      如果没有 Y 向让刀数据 J(G76、G87 方式用)
    #9=#1129                          则取当前 J 的模态值
ENDIF
```

IF [AR[#10] EQ 0]	如果没有间歇退刀数据 K(G73、G83 方式用)
#10=#1130	则取当前 K 的模态值
ENDIF	
IF [AR[#3] EQ 0] AND [#2 GT 1]	如果没有定义孔间角度 G 且孔数大于 1
M −99	则返回并提示出错
ENDIF	
N10 G91	切换到增量编程 G91 模式
IF AR[#23] EQ 90	如果 X 值是绝对编程 G90
#23=#23 − #30	则改为相对编程 G91，#30 为调用本程序时 X 的绝对坐标
ENDIF	
IF AR[#24] EQ 90	如果 Y 值是绝对编程 G90
#24=#24 −#31	则改为相对编程 G91，#31 为调用本程序时 Y 的绝对坐标
ENDIF	
IF AR[#17] EQ 90	如果 R 值是绝对编程 G90
#17=#17 −#32	则改为相对编程 G91，#32 为调用本程序时 Z 的绝对坐标
ELSE	
IF AR[#26] NE 0	如果初始 Z 平面模态值存在
#17=#17+#26−#32	则将 R 值转换为相对初始面的增量数据
ENDIF	
ENDIF	
IF AR[#25] EQ 90	如果 Z 值是绝对编程 G90
#25=#25−#32−#17	则改为相对 R 面的增量数据
ENDIF	
IF [#25 GE 0] AND [#0 NE 87]	如果 G87 之外的 Z 的增量值为正，无法正常钻孔
M −99	则返回并提示出错
ENDIF	
G00 X[#23] Y[#24]	定位到阵列中心
#39=PI/180	弧度换算中间变量
#40=1	孔数循环初值
#44=0	起始孔 X 增量初值
#45=0	起始孔 Y 增量初值
#46=#17	另存 R 值到局部变量#46 中
#47=#1145	备份 Z 的模态
#48=#1137	备份 R 的模态
WHILE #40 LE #2	循环钻镗孔开始
#41=[#4+[#40−1]*#3]*#39	第 i 个孔的角度(弧度)
#42=#1*COS[#41]	第 i 个孔相对阵列中心的 X 坐标
#43=#1*SIN[#41]	第 i 个孔相对阵列中心的 Y 坐标
G91 G[#0] X[#42−#44]Y[#43−#45]	调用循环号 A 所对应的 G 指令加工孔
Z[#25]−R[#46] I[#8] J[#9] K[#10]	
P[#15] Q[#16]	

#44=#42	另存孔 i 中心相对阵列中心的 X、Y 坐标
#45=#43	为下一循环孔 i+1 中心提供增量起点坐标数据
IF #1165 EQ 99	如果系统变量第 15 组 G 代码模态值为 G99
#46=0	将 R 后续增量清零
ENDIF	
#40=#40+1	孔数循环递增，加工下一个孔
ENDW	循环钻镗孔结束
G00 X[−#44] Y[−#45]	返回到阵列中心
#1137=#48	恢复 R 的模态
#1145=#47	恢复 Z 的模态
M99	

在这里，由于 R、Z 的模态被重置，所以需要作备份和恢复，为防止循环号 A 的模态 #1120 丢失，最好也预作备份和恢复。

将上述程序内容添加到系统 BIN\O0000 文件中后，对于如图 5-15 所示的阵列孔加工，若工件零点设在图示右下角，则可编程如下：

```
O0001
G54 G90 G0 X −240.0 Y90.0 S500 M3
G43 Z20.0 H1 M8
G99 G75 Z −25.0 R5.0 A81 B60 C6 D60 E0 F60
     X −80.0 R15.0 A83 B50 C4 D90
     Q −5 K3 E45
  G80 M5
  G91 G28 Z0 M9
```

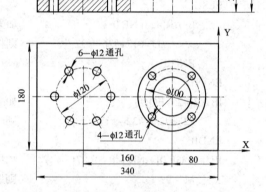

图 5-15　阵列孔加工

2．矩形挖槽的扩展编程示例

参照前面介绍的 SIEMENS802S 数控铣削系统中提供的 LCYC75 矩形挖槽循环参数设置，我们拟在 HNC-22M 中用 G78 指令作矩形挖槽循环的扩展。其格式如下：

　G90 (G91) G78 X… Y… Z… R… A… B… C… E… I… J… K… Q… P… F… L…

槽形几何关系如图 5-16 所示，其中：

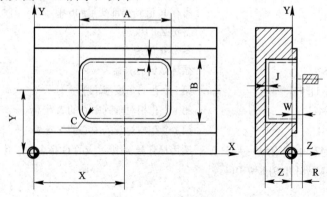

图 5-16　矩形槽位置关系

X、Y：矩形中心的 X、Y 坐标；

Z：槽底 Z 坐标，G91 时为槽口表面到槽底的 Z 增量距离；

R：安全平面 Z 坐标，G91 时为初始高度面到安全面的 Z 增量距离；

W：槽口表面 Z 坐标，G91 时为安全面到槽口表面的 Z 增量距离；

A：槽的长度；

B：槽的宽度；

C：矩形转角半径；

D：刀具半径；

E：最大进给深度(参考)；

I：XY 向精修余量；

J：Z 向精修余量；

K：铣削方向(逆 0/顺 1)；

Q：加工方式(精 0/粗 1)；

P：Z 向进给率；

F：XY 向进给率；

L：重复循环的次数(用 G91)。

编程如下：

程 序 内 容	含　义
%0078	----矩形挖槽循环宏程序---
IF [AR[#23] EQ 0]	如果没有定义 X
IF[AR[#1143] EQ 91]	且 X 的模态为增量
#23=0	则 X 为增量零值
ELSE	若 X 的模态为绝对值方式
#23=#1143	则 X 取当前 X 的模态值
ENDIF	
ENDIF	
IF [AR[#24] EQ 0]	如果没有定义 Y
IF[AR[#1144] EQ 91]	且 Y 的模态为增量
#24=0	则 Y 为增量零值
ELSE	若 Y 的模态为绝对值方式
#24=#1144	则 Y 取当前 Y 的模态值
ENDIF	
ENDIF	
IF [AR[#17] EQ 0]	如果没有定义 R
#17=#1137	则取当前 R 的模态值
ENDIF	
IF [AR[#25] EQ 0]	如果没有定义 Z
#25=#1145	则取当前 Z 的模态值
ENDIF	

```
IF [AR[#22] EQ 0]                           如果没有定义槽表面 Z 坐标 W
    #22=#1142                               则取当前 W 的模态值
ENDIF
IF AR[#25] EQ 0                             如果没有定义过 Z
    M−99                                    则返回并提示出错
ENDIF
IF [AR[#0] EQ 0]                            如果没有定义槽长 A
    #0=#1120                                则取当前 A 的模态值
ENDIF
IF [AR[#1] EQ 0]                            如果没有定义槽宽 B
    #1=#1121                                则取当前 B 的模态值
ENDIF
IF [AR[#2] EQ 0]                            如果没有定义圆角半径 C
    #2=#1122                                则取当前 C 的模态值
ENDIF
IF [AR[#3] EQ 0]                            如果没有定义刀具半径 D
    #3=#1124                                则取当前 D 的模态值
ENDIF
IF [AR[#4] EQ 0]                            如果没有最大进给深度 E
    #4=#1124                                则取当前 E 的模态值
ENDIF
IF [AR[#15] EQ 0]                           如果没有 Z 向进给率 P
    #15=#1135                               则取当前 P 的模态值
ENDIF
IF [AR[#16] EQ 0]                           如果没有加工方式 Q
    #16=#1136                               则取当前 Q 的模态值
ENDIF
IF [AR[#8] EQ 0]                            如果没有 XY 向精修量 I
    #8=#1128                                则取当前 I 的模态值
ENDIF
IF [AR[#9] EQ 0]                            如果没有 Z 向精修量 J
    #9=#1129                                则取当前 J 的模态值
ENDIF
IF [AR[#10] EQ 0]                           如果没有铣削方向 K
    #10=#1130                               则取当前 K 的模态值
ENDIF
IF [AR[#0] EQ 0] OR [AR[#1] EQ 0]           如果没有定义过 A、B、D 的值
    OR−AR[#3] EQ 0]
    M −99                                   则返回并提示出错
ENDIF
```

N10 G91	切换到增量编程 G91 模式
IF AR[#23] EQ 90	如果 X 值是绝对编程 G90
#23=#23−#30	则改为相对编程 G91，#30 为调用本程序时 X 的绝对坐标
ENDIF	
IF AR[#24] EQ 90	如果 Y 值是绝对编程 G90
#24=#24−#31	则改为相对编程 G91，#31 为调用本程序时 Y 的绝对坐标
ENDIF	
IF AR[#17] EQ 90	如果 R 值是绝对编程 G90
#17=#17−#32	则改为相对编程 G91，#32 为调用本程序时 Z 的绝对坐标
ELSE	
IF AR[#26] NE 0	如果初始 Z 平面模态值存在
#17=#17+#26−#32	则将 R 值转换为相对初始面的增量数据
ENDIF	
ENDIF	
IF AR[#22] EQ 90	如果 W 值是绝对编程 G90
#22=#22−#32−#17	则改为相对 R 面的增量数据
ENDIF	
IF AR[#25] EQ 90	如果 Z 值是绝对编程 G90
#25=#25−#32−#17−#22	则改为相对 W 面的增量数据
ENDIF	
IF [#25 GE 0]	如果槽深增量为正
M −99	则返回并提示出错
ENDIF	
#16=ABS[INT[#16]]	
IF #16 GT 1	如果加工方式定义不是 0，1
M −99	则返回并提示出错
ENDIF	
#40=[−#25−#16*#9]/#4	预算深度分层次数
IF INT[#40] LT #40	如果次数为小数
#40=INT[#40]+1	则取为不小于它的整数
ENDIF	
#40=INT[#40]	圆整分层次数
#41=[#25+#16*#9]/#40	计算实际每层粗切深度(等分)
#42=1	分层循环初值
IF #0 GE #1	如果长大于宽
#43=#1/2−#8−#3	就按宽度算径向粗切量
ELSE	否则
#43=#0/2−#8−#3	按长度算径向粗切量
ENDIF	
#44=#43/1.5/#3	以粗切间隔为 0.75D 预算径向粗切次数

```
IF INT[#44] LT #44
#44=INT[#44]+1                          圆整粗切次数
ENDIF
#44=INT[#44]
#45=#43/#44                             等分计算实际粗切间距
G00 X[#23] Y[#24]                       定位到矩形中心
G00 Z[#17]                              下到 R 高度
G01 Z[#22] F[#15]                       以 Z 向速率工进到槽口表面
IF #10 EQ 0                             如果为逆时针方向铣削
G24 Y0                                  就设置镜像有效
ENDIF
WHILE #42 LE #40                        深度分层循环
G01 Z[#41] F[#15]                       工进增量下移一个深度
#47=0.5                                 径向分次循环初值(距中心半个粗切间距切第一圈)
IF #16 EQ 0                             如果为精修
#47=#44                                 则径向循环初值等于终值，仅加工一圈
ENDIF
WHILE #47 LE #44                        径向分次循环
#101=#43+#16*#8+#3−#47*#45              计算动态刀补
IF #101 GE #2                           如果刀补大于转角半径，则按尖角走矩形
G01 G42 X[#0/2] D101 F[#5]              以 XY 向速率切削到右边线中点，加刀补
Y[−#1/2]                                到右下角
G01 X[−#0]                              到左下角
G01 Y[#1]                               到左上角
G01 X[#0]                               到右上角
G01 Y[−#1/2]                            到右边线中点
G40 X[−#0/2]                            返回矩形中心，取消刀补
ELSE                                    如果刀补小于转角半径，则带转角走矩形
G01 G42 X[#0/2] D101 F[#5]
Y[#2−#1/2]
G02 X[−#2] Y[−#2] R[#2]
G01 X[2*#2−#0]
G02 X[−#2] Y[#2] R[#2]
G01 Y[#1−2*#2]
G02 X[#2] Y[#2] R[#2]
G01 X[#0−2*#2]
G02 X[#2] Y[−#2] R[#2]
G01 Y[#2−#1/2]
G40 X[−#0/2]
ENDIF
```

```
IF #44−#47 EQ 0.5                           如果剩下粗切的最后一圈
#47=#47+0.5
ELSE
#47=#47+1                                   则径向循环递增，由内向外循环
ENDIF
ENDW                                        径向循环结束
#42=#42+1                                   深度循环递增
ENDW                                        深度分层循环结束
IF #10 EQ 0                                 如果为逆时针方向铣削
G25 Y0                                      则取消镜像设定
ENDIF
G00 Z[−#25 −#22 −17 −#16*#9]                返回初始高度面
M99
```

本程序作精修和粗切时其深度和动态刀补的计算利用了加工方式的给定值，以"加工方式值×精修余量"来处理余量值，精修时倍率为 0，粗切时倍率为 1，为此增加了对加工方式值过滤及圆整处理的语句。对于顺逆铣削方向，原则上按顺时针方向铣削编程，逆向时采取镜像设定获得反向的加工。

5.4.4　刀具寿命管理的宏应用

很多机床系统如 FANUC-0i 的控制软件本身都具有刀具寿命管理功能。这些系统实现刀具寿命管理的思路就是把刀具分成若干组，多把同样的刀具作为一组备用，对每组内的刀具分别以时间或次数指定其寿命值，随着切削加工的进行，系统将自动累计各组中刀具被使用的时间或次数，当某一刀具使用达到指定的寿命值时，系统自动地在同一组中以预定的顺序选用下一把备用的刀具。这种刀具寿命管理方式较适合具有刀具储备能力的大容量链式刀库构成的加工中心机床系统，而对于只具有小容量鼓轮式独立刀库的加工中心，由于容量限制，不可能每类刀具都储备几把到刀库中。为此，我们需要的是当某刀具接近或达到其使用寿命时能及时提供警示信息，由人工换上备用刀具即可。这可通过读写宏变量，判别积算刀具加工时间后定制警示信息来实现。

1. 刀具寿命的宏变量管理思路

在 FANUC-0i 系统的宏变量中，#4001～#4130 记录当前模态信息，如#4120 为当前 T 指令的模态，可用以甄别当前所用的刀号并按刀号积算其使用的时间。如果把 T1 的加工时间存储在可断电存储的变量#501 中，在变量#601 中预设 T1 的寿命；把 T2 的加工时间存储在 #502 中，在#602 中预设 T2 的寿命，则对任一选用刀具的加工时间可用#(500+#4120)来存储，对应的刀具寿命可用#(600+#4120)来访问。

#3002 是系统用来作加工计时的变量，当循环启动开始后以小时为单位计时，进给暂停和单段停止期间不计时。每把刀具开始加工之前应及时对计时器清零，以避免将上一把刀具的加工时间累计到当前刀具中，加工后可通过 "#(500+#4120)=#3002+#(500+#4120)" 来积算当前使用刀具的加工时间。

　　#3000 是系统用来定制报警信息的变量，当给#3000 赋以 0～200 的值时，CNC 停止运行并显示定制的报警信息。如当程序执行到#3000=1(TOOL LIFE OVER)时，屏幕上将显示"3001 TOOL LIFE OVER"的报警信息，其中报警号为#3000 的值加上 3000。为此，我们可以使用"IF [#[500+#4120] GE #[600+#4120]] THEN #3000=1(TOOL LIFE OVER)"语句判别当前使用刀具积算的加工时间，当其达到刀具预设的寿命(可由操作者从操作面板预设输入)时，即停止运行并显示超过刀具寿命的报警信息。

　　2．积算加工时间对刀具寿命管理的实现

　　按照上述思路，可以定制两个子程序 O9001、O9002，分别用于更换某刀具之后的计时器清零和该刀本次加工结束时累积时间的判别处理。

```
O9001                          启动时清理计时器的宏程序
IF[#4120 EQ 0]GOTO 9;           未指定刀具就返回
IF[#4120 GT 24]GOTO 9;          超出刀具范围就返回
#3002=0;                        计时器清零
N9   M99;
```

```
O9002                          结束时计算累积时间的宏程序
IF[#4120 EQ 0]GOTO 9;           未指定刀具就返回
IF[#4120 GT 24]GOTO 9;          超出刀具范围就返回
#[500+#4120]=#3002+#[500+#4120];  计算累积时间
#1=#[500+#4120];
#2=#[600+#4120];
IF [#1 LE #2]GOTO 9;            未达到该刀具的寿命就返回
#3000=1(TOOL LIFE OVER);        超过刀具寿命就警示
N9   M99;
```

　　在 FANUC-0i 系统中，修改参数 6071 的内容为 53，参数 6072 的内容为 55，则可以在加工程序中使用 M53 调用 O9001 的子程序，用 M55 调用 O9002 的子程序。只需要在程序中某一换刀程序段后添加一个 M53 的指令，在该刀具加工过程结束后，更换另一把刀具前添加一个 M55 的指令，即可实现该刀具的寿命管理。应用如下：

```
O1234;
T01M06;                         更换 T01 刀具
M53;                            计时器清零
…                               T01 的加工程序内容
M55;                            改变#501，积算刀号 T1 的使用时间并判别寿命
T02M06;                         更换 T02 刀具
M53;                            计时器清零
…                               T02 的加工程序内容
M55;                            改变#502，积算刀号 T2 的使用时间并判别寿命
…
M30;
```

思考与练习题

1. 宏指令编程是什么概念？宏变量如何表示？如何赋值？

2. 数学式 $\sqrt{25^2 - 10^2} \cdot \cos 30°$ HNC 系统中用宏语句如何表达？

3. 循环条件语句中要表达椭圆动点离心角变化范围为 $180° \sim 270°$，其表达式如何列？

4. 什么是参数方程？用参数方程有什么好处？

5. 编写一个圆心坐标为(i，j)、半径为 r、起始角为 α、终止角为 β 的圆弧形轮廓的宏程序。

6. 铣削加工一个长轴为 100、短轴为 50 的椭圆轮廓，不考虑刀补，编写对应的宏程序。

7. 题图 5-1 所示零件右侧内孔腔由一段抛物线轮廓组成，设 φ23 的孔已钻出，试编制出针对这段轮廓进行粗、精车加工的宏程序。

8. 对于如题图 5-2 所示带台阶和不带台阶的抛物线曲面零件的车削加工，参照 5.2.3 节的编程示例，试用宏子程序传值的方法编制一个通用加工程序。

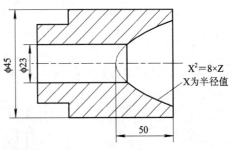

题图 5-1

9. 如题图 5-3 所示，钻椭圆周上的 N 个分布孔(与圆周上均布孔位对应)，试编写宏程序。

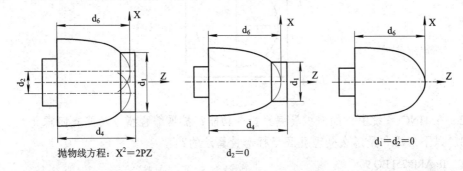

题图 5-2

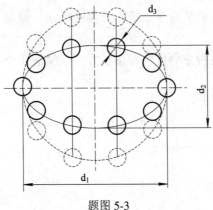

题图 5-3

10. 编写如题图 5-4 所示旋转阵列挖槽的宏程序。

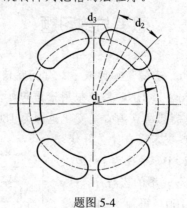

题图 5-4

11. 编写用球刀加工如题图 5-5 所示椭球面的宏程序。

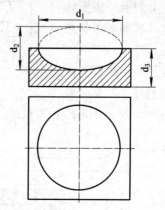

题图 5-5

12. 在 HNC 系统中，如何扩展编程指令功能？扩展编程指令功能有何意义？

13. 以下宏语句是怎么处理孔底坐标增量算法的？

IF AR[#25] EQ 90

　　　#25=#25−#32−#17

ENDIF

14. 参照圆形阵列钻孔扩展指令功能的宏编程方法，编制一个实现矩形阵列钻孔的固定循环扩展指令。

15. 参照矩形挖槽扩展指令功能的宏编程方法，编制一个实现矩形轮廓铣削的固定循环扩展指令。

第 6 章　微机自动编程与应用

6.1　自动编程概述

6.1.1　自动编程原理及类型

从前述章节的手工编程实践中可知，数控编程主要就是将组成零件几何图形的基本线圆图素的节点(交点)坐标值，按数控程序的要求固定地排列起来，再少量地在某些部位嵌入一些加工工艺指令而已。只要求出各交点坐标，则转化成数控程序就是相当于填表一样有规则。自动编程就是用计算机来计算这些交点，再按规律自动组成数控程序。对于简单零件图形，由于各交点坐标较容易求出，使用自动编程的优势并不突出，通常只需在现场手工编程即可，但对于复杂零件图形，由于交点坐标手工很难计算，所以往往需要借助于自动编程。

1.　数控语言型批处理式自动编程

早期的自动编程都是编程人员根据零件图形及加工工艺要求，采用数控语言，先编写成源程序单，再输入计算机，由专门的编译程序，进行译码、计算和后置处理后，自动生成数控机床所需的加工程序清单，然后通过制成纸带或直接用通信接口，将加工程序送入到机床 CNC 装置中。这其中的数控语言是一套规定好的基本符号和由基本符号描述零件加工程序的规则，它比较接近工厂车间里使用的工艺用语和工艺规程，主要由几何图形定义语句、刀具运动语句和控制语句三种语句组成。编译程序是根据数控语言的要求，结合生产对象和具体的计算机，由专家应用汇编语言或其他高级语言编好的一套庞大的程序系统。这种自动编程系统的典型就是 APT 语言。APT 语言最早于 1955 年由美国研制成功，经多次修改完善，于 20 世纪 70 年代发展成 APT-Ⅳ，一直沿用至今。其他如法国的 IFAPT、德国的 EXAPT、日本的 FAPT、HAPT 以及我国的 ZCK、SKC 等都是 APT 的变形。这些数控语言有的能处理 3～5 坐标，有的只能处理 2 坐标，有车削用的、铣削及点位加工用的等。这种方式的自动编程系统，由于当时计算机的图形处理能力较差，所以一般都无图形显示，不直观，易出错。虽然后来增加了一些图形校验功能，但还是要反复地在源程序方式和图形校验方式之间来回切换，并且还需要掌握数控语言，初学者用起来总觉不太方便。

2.　人机对话型图形化自动编程

在人机对话式的条件下，编程员按菜单提示的内容反复与计算机对话，陆续回答计算机的提问。从一开始，对话方式就与图形显示紧密相联，从工件的图形定义，刀具的选择，起刀点的确定，走刀路线的安排直到各种工艺指令的及时插入，全在对话过程中提交给了计算机，最后得到的是所需的机床数控程序单。这种自动编程具有图形显示的直观性和及时性，能较方便地进行对话修改，易学且不易出错。图形化自动编程系统有 EZ-CAM、Master CAM、UGII、PRO/E、CAXA 制造工程师等。本章主要介绍 Master CAM 自动编程系统。

6.1.2 Master CAM 软件系统概述

Master CAM 是美国 CNC Software Inc.公司所研制的集 CAD/CAM 于一体的一个大型应用软件系统，主要用于数控机床的自动编程及其控制，因其对机器配置要求较低而得到了广泛的应用。该软件采用的是图形化自动编程的方式，具有几何建模、铣削加工、车削加工、线切割加工、雕铣加工、刀路加工仿真、后置处理等功能模块。用户可利用其几何建模功能绘制出待加工零件的图样，然后根据加工工艺要求选择几何模型进行刀路设计，经仿真检查确认后，即可按所需机床控制系统的后置处理要求自动生成数控加工程序。

1. 系统界面特点

当前流行的 Master CAM 是基于 Windows 平台上运行的一套软件系统。图 6-1 所示是 Master CAM X3 版本的操作界面。相对于 V9 版本而言，X 版本界面有了较大的变化，采用流行的下拉菜单方式，快捷启动的图标工具也非常丰富，且集车、铣、线切割、雕刻等刀路设计模块为一体，功能增强了很多，特别是它提供了对 STL 格式文件进行几何变换处理的功能，非常适合多工序中间毛坯的转换，为多工序仿真加工的实现提供了便利。另外，X 版本新增了基于实体模型全自动刀路定义的功能(FBM)，提供了叶轮等五轴加工刀路定义的模板，可方便地实现从 V9 版本到 X 版本后置处理的升级等。

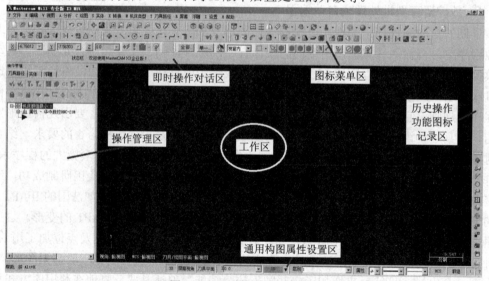

图 6-1 Mill 模块的操作界面

Master CAM 系统界面共包括下拉主菜单区、图标菜单区、操作管理区、主工作区、即时操作对话区、通用构图属性设置区及历史操作功能图标记录区。

主工作区是为几何建模、图形显示、加工模拟显示等提供表演的场所。可通过功能设定将其划分为多个视区，以达到从不同的角度观察的效果。

操作管理区主要用于刀路设计、实体建模设计及雕刻设计细项的管理，可方便地对设计细节调整和修改。

即时操作对话区是在选取执行某项功能时对相关操作方式、功能参数进行对话设置。

通用构图属性设置区可对当前作图环境的属性进行快捷设置与管理，如线型、颜色、图层及当前构图面等的快捷设置与调整。

历史操作功能图标记录区可显示最近 10 次所进行的操作功能图标，可用于快速调用某使用频次较高的功能项。

系统主要功能实施都可通过下拉菜单逐级调用或通过图标工具栏快捷调用。

2．基本操作方法

1) 图素构建操作

图素构建时可在即时操作对话区对构建方式及参数项进行对话设置。图 6-2 所示为直线构建时即时对话区的显示，由此可选择是绘制一条线还是连续线、是绘制垂直线还是水平线或者角度斜线、与已有图素相切的切线等。点选对应的方式按钮为按下状态即选中该构建方式，然后可输入端点坐标数据或自动捕捉已有的特征点。构建完成后还可重新修改两端点的位置，直至点选应用按钮或确定后退出。对通过文本输入的数据项，在输入数据后可点选其左侧按钮至框内背景为红色，则该数据将被自动锁定，可防止该输入值因后续操作而被自动修改。当通用构图属性设置区显示为 2D 状态时，图素构建将限定在与当前构图平面平行的当前构图深度层上，只有切换到 3D 状态时才可构建 3D 空间线。

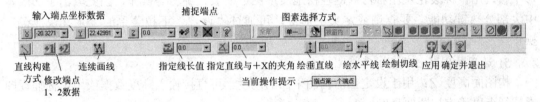

图 6-2　直线构建时的即时对话框

2) 点选择的常规操作

"点选择"是应用频率最高的操作之一。图 6-3 所示为点选择或点数据输入的操作及其设置。可直接在文本框内输入坐标点数据或从下拉列表中选择历史数据、选择用逗号分隔的点坐标数据输入方法或设置好自动捕捉可选项后用自动捕捉选点方式。

图 6-3　点选择时的操作画面

3) 图素选择操作

"图素选择"也是经常用到的操作之一。图 6-4 所示为图素选择时的操作画面及其设置。可通过点选"全部"或"单一"按钮选择所有图素或某一类别的图素；选择后使用"反向选择"选用所有未被选中的图素；使用窗选设置方式、即时快捷选择方式，或对实体线面进行过滤选择等。

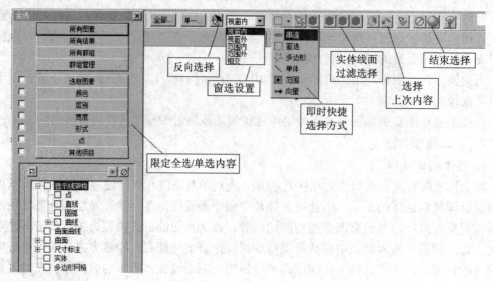

图 6-4　图素选择设置及操作

4) 快捷键操作

新版本中因提供了大量的图标菜单，并且在工作区可用上、下、左、右光标键进行图形平移，用鼠标滚轮及左右拾取键轻松地实现图形缩放、旋转等操作，因此取消了旧版本中大部分热键功能。要查询或定义快捷键，可通过"设置"下拉菜单的"定义快捷键"操作。

5) 通用构图属性设置

构图面高度 Z：用于设定当前构图平面的高度。可直接输入高度数据或用鼠标捕捉图素特征点以确定构图面高度。

构图颜色(Color)：用于设定当前构图时图素的颜色，或改变已有图素的颜色属性。点选鼠标左键时设定颜色，点选右键时选择图素后改变其颜色属性。

构图层(Level)：用于设定当前构图的图层，或改变已有图素的图层属性。MasterCAM系统设定最多为 1000 层。为方便图素管理，可将一些具有相同属性的图素存放在同一图层中。

刀具/构图面(TPlane/ CPlane)：用于设定当前刀具/当前所绘图形所处的空间方位。对三维立体形状工件而言，只有设置合理的刀具方位才能保证合理加工程序的产生。

视角面(View)：用于改变观察所绘图形的视角，以获得满意的观察效果。如在进行模拟加工时将观察面设定为"轴测面"可得到较形象的观察效果。

属性：用于设置或改变图素的颜色、线型、线宽等属性。

群组：和图层类似，用于方便图素管理而将一些具有某些共同特征的图素组合在一起构成的图素群集，当需要统一对这些图素进行操作时，可通过选择群组而实现快速选取。

WCS：用于设置当前活动的工作坐标系，包括刀具/构图面及其工作原点。

3. 系统的主要菜单功能

文件：用于对图形数据的存档、读出、编辑、转换、打印、传送、输出等的管理。

编辑：用倒圆、修剪、延伸、断开、连接等方式修整已经绘制的几何图素。

分析：将所选图素的坐标数据信息等显示在屏幕上，如点、线、弧、曲线、曲面或标注的尺寸、文字等的数据状态信息，主要用于数据查询。

绘图：产生点、线、弧、曲线、曲面或标注的尺寸、文字等几何图素。每产生一个图素，其数据自动存入数据库中并且该实体同时显示在屏幕上。

实体：将几何线架用挤出、旋转、扫描等方法构建 3D 实体模型；对实体进行倒角、倒圆、抽壳及布尔运算等的修整。

转换：对已经绘制的图素进行镜像、旋转、比例缩放、平移、偏移、缠绕和展开等多种方式的变换，从而生成新的几何图素。X 版本新增了 STL 中间毛坯的几何变换功能，可用于多工序翻面加工的毛坯准备。

加工类型/刀路设计：在先选择车、铣等加工工艺类型的基础上，进行车、铣、钻、曲面加工及多轴加工等各种具体加工刀路的设计。

屏幕：用于设置图形在屏幕上显示的属性等。

设置：用于设置系统环境，运行外部二次开发的程序(CHOOKS)，设置后置处理输出环境等。

对 NC 刀具路径数据文件进行查询显示、编辑修改、加工模拟、程序输出等的操作可在操作管理区点选相应图标按钮进行。

6.2　零件基本几何图形的绘制

6.2.1　基本线圆定义

1．绘制直线

主要构建方法如图 6-5 所示。

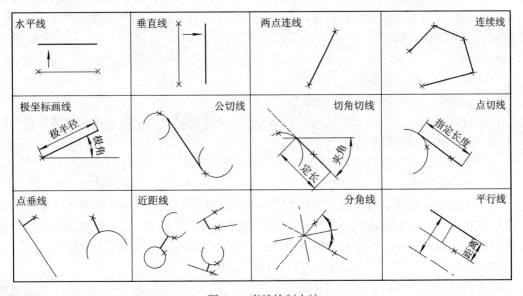

图 6-5　直线绘制方法

通过点选下拉菜单或图标工具的"任意直线＼"功能，在出现如图 6-2 所示的即时对话区后，可实现以下几种直线的绘制。

1) 水平线

画一条水平方向的线段。

在即时对话区点选"绘水平线 ⬌"按钮后，可选择用输入坐标点数据或捕捉已有点的方式先后给定两点，则系统将自动提取第一点的 Y 坐标数据并显示在水平线按钮旁的文本框内。此时可输入修改为其他 Y 值，修改或认可回车后，即可得到由第一、二两点的 X 值确定左右边界，由指定的 Y 值确定上下位置的一条水平线。

2) 垂直线

画一条垂直方向的线段。

在即时对话区点选"绘垂直线 ⬍"，方法同上，只是由第一、二两点的 Y 值确定上下边界，由第一点的 X 值或输入修改后的 X 值确定左右位置的一条垂直线。

3) 两点连线

由指定的两点画一条线段。

在即时对话区直接输入两点坐标数据或者捕捉两点，即可绘制出两点的连线。在尚未点选"结束✅"或"应用➕"之前，仍可点选 ⚀1 ⚁2 分别去更改这两个端点所在位置。

4) 连续画线

画一些首尾相接的连续线段。

在即时对话区点选"连续画线 ⚹"按钮，则可使用两点连线的操作，先后连续地绘制出首尾相接的多条线段，直至点选"结束✅"退出连续画线状态。

5) 极坐标画线

画一指定角度且定长的线段。

先指定一点作为线段的起点后，在即时对话区"角度 ∡ [90.0 ▼]"文本框内输入角度值，然后在"长度 📏 [15.0 ▼]"文本框内输入长度值，即可绘制出指定角度且定长的线段。若欲先给定角度再选择起点位置，应在给定角度值后点选左侧角度锁定按钮，否则，给定的角度数据将无效。

6) 切线

画一和某圆弧相切的线段。

(1) 公切线：同时切于两圆弧的直线。

在即时对话区点选 ⟋，然后选择拾取两圆弧，并根据拾取点的位置确定几条可能公切线中的一条。如下规定仅供参考：

　　　　上←－→上：　　　上外公切线　　　　　下←－→下：　　　　下外公切线
　　　　上←－→下：　　　内公切线　　　　　　下←－→上：　　　　内公切线

当对两相交圆弧拾取时，若由于拾取点的位置导致计算在内公切线方式上，系统则会产生错误提示。由于公切线的产生和拾取点的位置有很大关系，所以拾取时应尽量使拾取点靠近所需切点，但应注意避开四等分点位，以免因自动捕捉而生成错误的线。

(2) 切角切线：与某圆弧相切并和 X 正轴夹于某角度值的切线。

在即时对话区点选 ⟋，选择并拾取相切圆弧，接着分别输入角度值和线长，然后系统在屏幕上显示出由切点向两边切向画出的两段切线，在所需保留的那段切线上拾取一下，则另一段切线将自动被舍弃。亦可先给定角度及线长后分别点选其左侧的锁定按钮，将角度和线长值锁定，然后再去选择圆弧确定切线所在位置。

(3) 点切线：即过一点向某圆弧作切线。

在即时对话区点选 ，先拾取相切圆弧，然后再指定该切线经过的圆外某点；或先指定圆外切线经过的某点，然后拾取相切圆弧均可。最后则要求指定该切线从切点处开始计量的长度(默认长度为指定点到切点的计算长度)。定义完成后则显示出从切点起指定长度的直线段。若要从所切圆弧上指定切点而绘制指定长度的切线，应从下拉菜单或图标工具中选择 功能。

7) 点垂线(peRpendclr)

过一点且与另一线段或圆弧相垂直的线段。

点选下拉菜单或图标工具中的"绘垂直正交线 ⊢·"，先拾取相垂直的原始图素，然后指定垂线经过的一点。在没有点选结束或应用之前，仍可点 去重新指定点的位置；或输入给定垂线的长度 (默认长度为指定点到被垂直实体的垂足点间的计算长度)；或点 改变垂线所在的方位(在指定点同侧、对侧或两侧均有)。

8) 近距线

连接两图素的最短距离的线。如两圆弧间、两直线间、直线与圆弧、点到线或点到弧间。

9) 分角线

两相交直线间的角平分线，从四条可能的角平分线中选择其一。

10) 平行线

与已有线段相距一指定距离的平行线。可在选择原始线后直接指定距离 12.0 ，或指定经过某点而确定平行间距，或点选 后指定与线平行且相切的圆弧。

2．绘制圆弧和整圆

主要构建方法如图 6-6 所示。

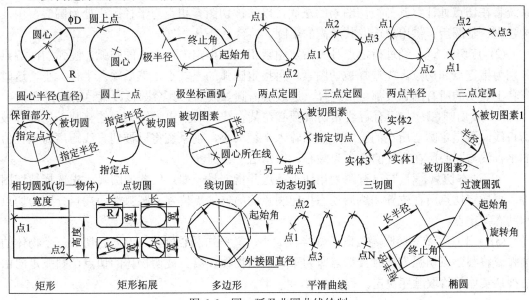

图 6-6　圆、弧及非圆曲线绘制

1) 圆心＋点

此功能可有圆心点+半径、圆心点+直径、圆心点+圆上一点几种实现方式，其实质就是按圆心点和半径大小来作圆，半径值可直接指定或由其他点算出。当点选 ✐ 后，可绘出指定圆心且与已知圆相切的整圆。

2) 极坐标方式

由指定圆心点、半径(或直径)、起始角 ◢ 0.0 ▼ 、终止角 ◣ 0.0 ▼ 等数据项绘制整圆或圆弧的方式。可在各文本框输入数据并锁定后指定圆心点位置而确定，亦可先指定圆心点后，先后捕捉圆弧起始点和终止点(或给定起始角和终止角)来确定。

3) 两点/三点定圆

由处在直径上的两端点或指定圆上三点来绘制整圆。两者的切换通过点选即时对话区的 ◔ ◕ 按钮实现。

4) 两点半径画弧

由指定的圆弧起点、终点及其圆弧半径大小来确定圆弧的方式。

在先后指定弧的两端点，再输入半径(或直径)值后，将在屏幕显示出所有满足条件的圆弧以供选择。

若计算出：

两点间距 > 直径，则出现错误信息；

两点间距 = 直径，则有两半圆弧供选择；

两点间距 < 直径，则有四段圆弧供选择。

5) 三点定弧

经过指定的三点且由三点顺序决定圆弧方向的圆弧。

6) 相切圆弧

与已有的一个或多个物体相切的圆弧。

(1) 切一物体 ◉：先选择被切图素，再指定切点所在位置，然后输入半径的大小，则系统将在切点处计算其与被切图素的法线，以与被切图素相距为半径距离处为圆心，由此构建出一整圆后，供用户选取其所需的半圆。

(2) 点切圆 ◉：经过指定点且与指定图素相切的指定半径大小的圆弧，圆弧的两端点分别为指定点和切点。先选择被切图素，再指定圆弧的一端点，然后输入半径大小，这时屏幕上显示的所有圆弧段都可供选择，选取所需圆弧段后，其余圆弧段就自动被舍弃。

(3) 线切圆 ◉：与已有直线相切且圆心在某直线上的指定半径大小的整圆。先选择被切直线，再指定圆心所在的直线，然后输入半径大小，则系统将以被切直线距离为半径值的平行线与圆心所在直线的交点为圆心，构建出一整圆。

(4) 动态切弧 ◗：与已有图素相切于某点并指定另一端点位置的圆弧。先选择被切图素，再指定切点所在位置，然后动态指定圆弧的另一端点位置。圆弧的两端点分别为切点和动态指定点。

(5) 三切弧 ◉/三切圆 ◉：既不知半径大小，又不知圆心位置，但同时切于三个物体的圆弧或整圆。三切弧方式时其端点即为第一被切物体和第三被切物体的切点，圆弧走向由三被切实体的拾取顺序决定。

(6) 过渡圆弧 ⬚：与已有两图素相切且指定半径大小的圆弧。

3．绘制矩形和多边形

矩形绘制有标准方式 ⬚ 和拓展方式 ⬚。

标准方式下，可通过指定矩形两角点位置或输入长宽数据并指定基准点(左上角点或中心点)位置两种方式绘制得到标准形状的矩形。

拓展方式下，除可指定两角点或指定长宽绘制标准矩形外，点选对话窗左上角的 ⬚，还可指定四角倒圆、腰圆、半圆及旋转变换等矩形变异形状。

多边形绘制 ⬚ 时，可指定多边形的边数、外接圆半径、内切和外接方式切换、尖角倒圆半径、旋转变换角度等，设置好后指定多边形中心的基准位置即可。

4．非圆曲线

1) 平滑曲线 ⬚

给定一系列点后，系统即自动地将这些点连接为一条平滑的曲线。

2) 椭圆 ⬚

可先后设定长轴、短轴半径、起始角度、终止角度及整个椭圆相对于正常放置时的旋转角度等参数值后，再指定椭圆中心点的位置，即可绘制出所需要的椭圆或椭圆弧。

6.2.2 图形修整与变换

1．图形修整

图形修整与变换的主要方法如图 6-7 所示。

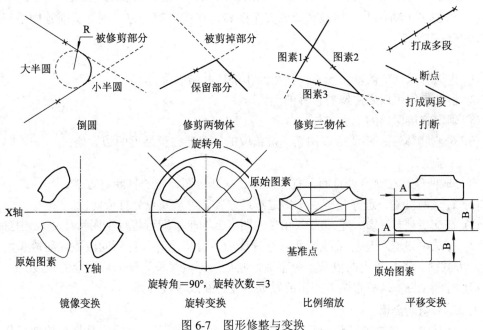

图 6-7　图形修整与变换

1) 倒圆 ⬚ /倒角 ⬚

对两图素间进行倒圆连接或倒角连接。用指定半径大小的圆弧来光滑连接两线圆。

倒圆时应先设定倒圆半径值、倒圆方式(劣弧、优弧、整圆或避让槽)、是否修剪、单角倒圆还是多角(链接)倒圆等，然后再选定线圆进行倒圆处理。

倒角时应先选择倒角方式(单一距离、不同距离、距离＋角度、宽度)、是否修剪、单角还是多角处理等，然后指定倒角距离或角度大小，选定线圆后即可按设定模式进行倒角处理。

2) 修剪

有修剪单个、两个、三个、多个物体，修剪至垂足点，分割物体等方式。使用 可设置为修剪方式或打断方式。

(1) 修剪单个物体 ：先后拾取欲修剪的两个图素。但只对两相交线圆中的第一个图素的延伸部分进行修剪，修剪边界由交点分隔，剪取部分则根据拾取图素时所点取的位置确定，拾取点所在的部分为保留部分。

(2) 修剪两个物体 ：基本操作同上，只是最后同时对两个图素都进行修剪，拾取处所在的那部分保留，另一部分则自动舍弃。若对两未交接上的物体进行修剪，还可以起到延伸的作用。

(3) 修剪三个物体 ：同时对三个图素进行修剪，分别修剪至交点处。第一、二两个图素的修剪端点，即为与第三个图素相交的交点，第三个图素的两端及第一、二两个图素的一端将被剪掉(或延伸至交点处)。也就是说，第一、二两个图素只修剪掉一端，而第三个图素两端都将被修剪掉。

(4) 修剪至垂足点 ：修剪指定图素到以过指定位置点向该图素所作垂线的垂足处。

操作：

① 选择图素去修剪或延伸，由此拾取图素位置点确定该图素保留部分。

② 提示修剪或延伸的位置点，由此点向指定图素作垂线以确定垂足点。

(5) 修剪多个物体 ：将被选择的多个图素，在指定的一方分别修剪或延伸至与指定修剪边界线相交处

操作：

① 先选择欲修剪的多个图素，然后回车确认并结束选择。

② 拾取指定用以确定修剪边界的图素。

③ 确定将被保留的一侧方位。

(6) 分割物体 ：将所拾取图素中被拾取的部分剪去至最近的边界处。

3) 打断

有打成两段、在交点处打断、打成多段、打断全圆、定长打断等方式。

(1) 打成两段 ：选择线圆后，指定断点位置即可从断点处打成两段。

(2) 在交点处打断 ：选择几条相交的图素后回车，即可将每个图素从交点处打断。

(3) 打成多段 ：选择某线圆并回车确认后，可指定等分打断的段数或线段长度。指定段长方式时，若计算出的段数不为整数，则最后一段线长为整分后剩余的长度。

(4) 打断全圆 ：将整圆按指定的段数均分打断成多段圆弧。

4) 连接/恢复全圆

(1) 连接 ：将原来打断成两段的图素连接成一个图素。该操作是打断的逆操作，要先后拾取两实体，且要求两实体应可连接成一个实体。若是直线，则其斜率应相同；若是圆弧，则圆心半径应相同。

(2) 恢复全圆 ：将圆弧段封闭形成整圆。

2．图形变换(Xform)

1) 平移变换

对选择的图素按给定的矢量大小进行平移。

选择图素并回车确认后，在弹出的如图 6-8(a)所示对话框中设定平移变换的参数，并选择是采用移动、复制还是连接的处理方式。平移变换时可通过直接给定 X/Y/Z 方向的平移矢量、或捕捉两点以确定平移矢量、或设置极角与极半径大小以极坐标方式确定平移矢量三种方式。

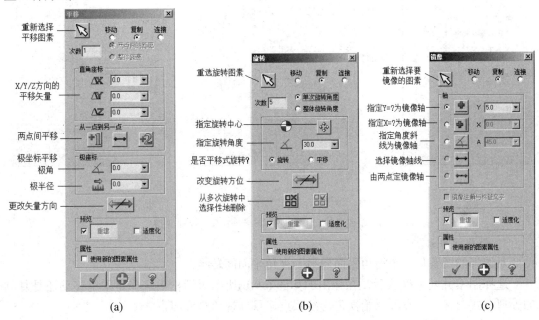

图 6-8　图形变换设置项(一)

(a) 平移变换；(b) 旋转变换；(c) 镜像变换

若为移动方式，则原始线将不复存在；若为复制，则原始线保留；若为连接，则在对称后生成的新图素各端点和原始线相应各端点间自动产生连接线段。

2) 旋转变换

对选择的图素按指定旋转中心实施指定角度和次数的旋转。

选择图素并回车确认后，在弹出的如图 6-8(b)所示对话框中设定旋转变换的参数，并选择是采用移动、复制还是连接的处理方式。旋转角度为逆正、顺负，旋转次数为不包括本身在内的次数。

3) 镜像变换

对选择的图素按指定轴线进行镜像。

选择图素并回车确认后，在弹出的如图 6-8(c)所示对话框中设定对称轴，并选择是采用移动、复制还是连接的处理方式。确认后对称轴自动生成。转换后的图素称之为转换结果，可作为一个整体在进行其他处理时被选择。

4) 缩放变换

对选择的图素以指定的中心按给定的比例进行缩放。

选择图素并回车确认后，在弹出的如图 6-9(a)所示对话框中选择是采用移动、复制还是连接的处理方式，并设定缩放变换的参数，包括捕捉指定缩放中心点、设定缩放处理方式(等比例还是分别指定 X/Y/Z 的缩放比例)、缩放比例的大小。

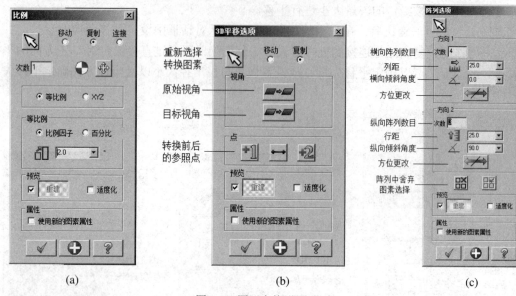

图 6-9　图形变换设置项(二)

(a) 缩放变换；(b) 视角间平移；(c) 阵列变换

5) 视角间平移

对选择的图素从一个视角平面向另一视角平面间转换。

选择图素并回车确认后，在弹出的如图 6-9(b)所示对话框中选择是采用移动还是复制的处理方式，并先后设置原始视角与参照点、目标视角与参照点。

6) 阵列变换

对选择的图素进行多行多列的复制变换。

选择图素并回车确认后，在弹出的如图 6-9(c)所示对话框中设定阵列变换的参数，包括行列复制的数目、行列间距及其倾斜角度等。

3. 删除(Delete)

1) 删除图素

用于删除所选择的图素。图素选择时可分类选择。

2) 删除重复图素

用于删除当前开启图层中所有重复绘制的多余图素。但该功能只能删除完全重叠的线，即两端点完全相同的线圆，若两线圆呈交叉重叠，则无法自动删除。若交叉重叠时也无法自动识别。

6.3　空间立体图形的绘制

6.3.1　构图平面与工作深度

Master CAM 中使用的原始工作坐标系统 WCS 是标准的笛卡儿坐标系，其各轴正向符合右手定则。但随着设定构图平面而形成的当前工作坐标系，其各坐标轴方向并不一定和原始基本坐标系一致。构图时，无论其在 WCS 中的位置如何，当前构图平面总是为 XY 平面，以俯视(TOP)观察面显示时其工作坐标系总是按 X 轴正向朝右，Y 轴正向朝上，Z 轴正向朝绘图者。

如图 6-10 所示，构图平面就是当前要使用的绘图平面，如设置为俯视图，所绘制的图形就产生在平行于俯视图的构图平面上，如设置为主视图(前视)，所绘制的图形就产生在平行于主视图的构图平面上。而工作深度是指构图平面所在的深度，即当前工作坐标系中的 Z 高度(并非原始坐标系中的 Z)，在什么深度上绘出的图素就产生在其对应的高度面上，只有在 3D 构图设置时才可以跨越这个限制。如果想要在某个倾斜的角度面上绘图，应该用图素定面的方法先确立这个构图平面，再在上面绘图。

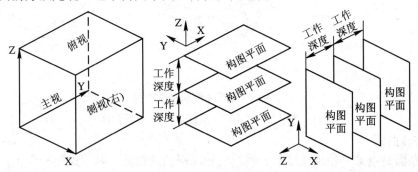

图 6-10　构图平面与工作深度

观察面则是表示目前在屏幕上的图形的看图角度。可通过点选 ⬡⬡⬡⬡ 工具按钮或点选屏幕底部通用属性设置区的"屏幕视角"，然后在弹出菜单中选取。绘出的图形位置只受构图平面和工作深度的影响，不受观察面设定的影响。观察面的作用只是为了方便观察。但当观察面与构图面设置成互相垂直时是无法绘图的。

构图平面可通过点选 ⬡· 工具按钮，或点选屏幕底部通用属性设置区的"构图/刀具平面"，然后在弹出菜单中选取。主要有俯视面 ⬡、前视面 ⬡、右视面 ⬡、指定编号视角面 ⬡ 及由图素确定的平面 ⬡ 等。绘制三维图形时，必须选定合适的构图平面和工作深度。

6.3.2　3D 线架结构和曲面模型

3D 线架结构事实上就是在不同的构图平面或工作深度上所绘制成的直线、圆弧或曲线等。在建立曲面或实体之前，以工件的边界线条为基础，通过简洁的连接绘出的、能表达一定的空间效果的线架结构，称之为线框模型。和实体、曲面不同的是，线框模型不能着色，而曲面和实体都是可以着色的。下面简单介绍一下几种曲面形式及其绘制方法。

1. 举升曲面和直纹曲面 ⬚

这两种曲面构建功能都是由截断面外形的顺接来产生一个曲面(Surface)。只不过举升是用抛物线来顺接，直纹则是用直线段来顺接曲面的。如图 6-11(a)所示的线架，图 6-11(b)为举升曲面模型，图 6-11(c)为直纹曲面模型。

绘制时，应先构建出图 6-11(a)所示的 4 段线架，然后点选"绘图"→"曲面"→"直纹/举升曲面"或直接点选 ⬚ 图标工具，再先后分四次选定这 4 段线架。线架由多段线圆构建时应使用"串连▦·"方式，否则用"单体◁·"方式即可。由于线架拾取时其连接方向与拾取点的位置有关，因此应确保各线架的连接起点和走向尽可能一致，否则构建的曲面会出现较严重的扭曲现象。比如图 6-11 中，需先将第一个线架中右下部的那根直线从中打断，串连时应从中部打断点处开始，只有各线架的起点位置相近做出的曲面扭曲才最小。在即时操作对话区的 ▣▣ 两图标中，右侧为举升曲面构建方式，左侧为直纹曲面构建方式。构建完成后点选"应用➕"后仍可继续构建其他直纹/举升曲面，点选"结束✅"即可退出直纹/举升曲面构建方式。

图 6-11 举升曲面和直纹曲面

(a) 线架结构；(b) 举升曲面；(c) 直纹曲面

2. 旋转曲面▥

旋转曲面是由某一轮廓线绕某一轴线旋转而形成的曲面，其线架结构仅由一段轮廓线和一个旋转轴线组成。曲面构建时，先要选定轮廓线，再选定旋转轴，然后还需指定旋转曲面形成的起始角度和终止角度。0°的位置始终由轮廓外形所在面开始计算，角度旋向取决于拾取旋转轴线时所确定的轴线正方向，按右手螺旋定则的"逆 + 顺 - "判定。如图 6-12 所示的轮廓线架，串连完成后，进入即时操作对话区，点选"旋转轴线▯"按钮，严格控制拾取点以得到所需的轴线正向，然后输入给定起始和终止角度，即可获得所需的旋转曲面。

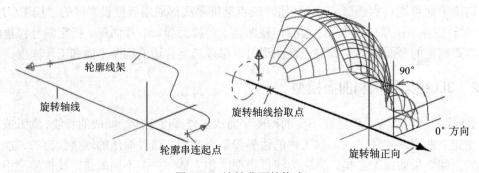

图 6-12 旋转曲面的构建

3. 扫描曲面✏

扫描曲面是由一个或多个横截面沿 1～2 个主轮廓外形扫描而形成的曲面。点选扫描曲面构建功能后系统即提示串连选择横截面轮廓和主引导轮廓。根据轮廓选取的进程，主要有以下三种选择构建方式。

(1) 由一个横截面外形和一个主切削方向的外形来构建。一般用于各处法向横截面外形基本不变的曲面形式。选取一个截面轮廓后，点选✅确认，系统即提示选取引导方向的外形。同样地，选取一个引导轮廓后点选✅确认，即可完成此方式的扫描曲面构建。但此扫描模式下横截面尚有"平行 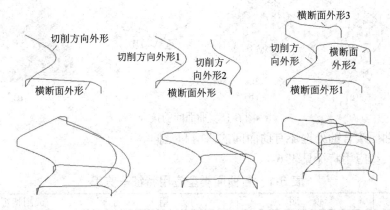"和"旋转 "两种变化方式。

(2) 由两个或更多横截面外形和一个主切削方向的外形来构建。用于已知各处横截面的外形而构建曲面的情形。先后选取多个截面外形并点选 确认后，接着选取一个引导轮廓，即可完成此方式的扫描曲面构建。

(3) 由一个或多个横截面外形和两个主切削方向的外形来构建。用于两主切削方向上的轮廓相差较大，而横截面形状按比例变化的曲面。选择扫描曲面构建功能后，在即时操作对话区点选 呈按下状态，然后选取一个或多个截面轮廓并确认 ，切换到引导方向外形选择状态后，分别选取 1～2 个引导轮廓，即可完成此方式的扫描曲面构建。

图 6-13 所示曲面线架构，就是采用上述扫描曲面构建的方式(3)进行的。

图 6-13　扫描曲面构建

4．网格曲面

网格曲面即 V9 版本下的昆式曲面，它是由一个个较小的缀面组合形成的。但其构建方法较 V9 版本已有较大的简化和改进。构建网格曲面时，应在即时操作对话区选择主引导方向和横截面方向，并分别串连对应方向上的基本线廓(即纵、横向网格线)，当网格线为一段段存在交叉节点的图素时，每条纵横网格线需用"部分串连"的方法组成一个串连线，如图 6-14(a)所示的网格曲面应按纵向(主引导方向)3 条线、横向 4 条线进行串接定义。纵横网格线定义完成后点 确认，即可得到一由 6 个小缀面组合成的大网格曲面。和 V9

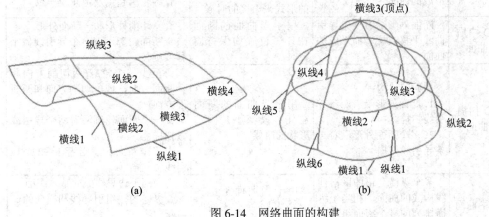

图 6-14　网络曲面的构建

(a) 开放式网格；(b) 封闭式网格

版相比，它不需要先给定缀面数量，也不需要分一个个的轮廓来定义。对图 6-14(b)所示的封闭式网格曲面，纵向有 6 条线、横向 2 条线外加一个顶点。由于其横向第 3 个线廓为一顶点，在进行网格线定义前应点选"顶点 ◄" 为按下状态，则在所有其他线廓定义完成并点 ☑ 结束串连后，按提示选取该顶点，即可构建出网格曲面。

5. 曲面间的接合

曲面间的接合主要包括曲面间的倒圆、曲面顺接及孔洞修补。如图 6-15(a)、(b)所示为曲面交接处进行倒圆处理后的效果，图(c)为三个曲面间顺接的效果，图(d)是对曲面上破孔实施填补的情形。

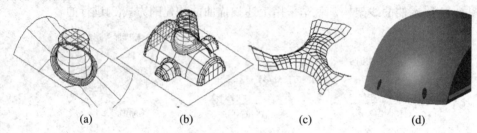

(a)　　　　　　　(b)　　　　　　　(c)　　　　　　　(d)

图 6-15　曲面间的接合

另外，曲面接合的处理还有曲面间的修剪和延伸等。

各曲面类型应用特征见表 6-1。

表 6-1　各曲面类型应用特征一览表

类型	曲面型式	说　　明	应　　用	选用特征
几何图形曲面	牵引曲面	断面形状沿着直线笔直地挤出而形成的曲面	用于建构锥、柱等有拔模斜度的模型、平行的柱体	☆一个断面形状 ☆断面形状沿着一直线挤出
	旋转曲面	断面形状绕着轴线或某一直线旋转而形成的曲面	用于任何工件，它的曲面有圆形或圆弧形的断面	☆一断面轮廓和一条线 ☆断面轮廓绕轴线或直线旋转
自由形式曲面	直纹曲面	在两个或更多的线段或曲线间直连而形成的曲面	当曲面要填满于两个或更多的曲线之间时，就使用直纹曲面	☆至少两个轮廓 ☆两轮廓起点及走向应一致
	举升曲面	通过一组的断面轮廓而形成的曲面	当曲面必须通过超过两条曲线，以抛物线的形式来熔接的时候	☆至少三个轮廓 ☆各轮廓起点及走向应一致
	2D 扫描曲面	断面外形沿着一条导引曲线平移或旋转而形成的曲面	用于当曲面的断面在任一位置均保持固定时	☆一切削外形和一断面外形 ☆断面轮廓沿着一个导引线做平移或旋转
	3D 扫描曲面	曲面的建构： 1. 断面外形沿着两条导引线扫描。 2. 多个断面外形沿着一条导引线扫描	用于当曲面的断面在任一段都不是固定形状的时候	☆至少三个轮廓(两切削方向和一断面方向，或一切削方向和两断面方向) ☆一个断面轮廓沿着两个导引线做扫描 ☆多个断面轮廓沿着 1～2 个导引线做扫描
	网格曲面	多个纵横交错的网格曲线构成的曲面，相当于纵横排列的多个缀面组合而形成	用于当曲面是由多个小缀面所形成的时候	☆由四个边界组成的基本缀面 ☆纵向的一组引导线和横向的一组断面线 ☆其中某一断面线可以是一个点

续表

类型	曲面型式	说　明	应　用	选用特征
编辑过的曲面	补正曲面	由某一曲面为基准，依指定的距离，垂直于曲面平行偏移而产生另一曲面	用于当某一曲面补正产生另一新的曲面的时候。新的曲面与原曲面的距离可指定	☆一个已存在的曲面 ☆依指定的距离，从既有的曲面补正出另一个曲面
	修剪曲面	曲面被指定的曲线、曲面及平面边界修剪	用于将曲面修剪或延伸至指定边界的时候	☆一个已存在的曲面 ☆把既有的曲面修整到指定的边界
	倒圆曲面	在两个曲面之间建构相切的过渡圆弧曲面	用于工件的角部需要平滑连接，避免尖角的时候	☆两个已存在的曲面 ☆从两个既有的曲面去产生圆弧断面相切于两曲面
	熔接曲面	熔接两个母体曲面而形成一个相切于它们的曲面	用于用平滑的曲面连接于两个曲面之间的场合	☆两个已存在的曲面 ☆在两个既有的曲面间熔接而产生平滑的曲面

6.3.3　实体模型

实体模型的构建方法和曲面模型类似，实体模型是具有厚度的填充性质的实心结构。和构建曲面不同的是，构建实体模型的线架必须是封闭的，由曲面转换成实体也必须是全部封闭的。刀路定义时可直接使用实体模型，亦可将实体模型转换得到曲面模型后，由曲面模型来定义刀路。

6.4　CAM 基础

当利用 CAD 功能画好图后，就可开始使用 Master CAM 的 CAM 功能来定义刀具路径和生成 NC 程序。所谓刀具路径是指刀具中心所走的路线，是产生数控加工程序的基础。在产生刀具路径前先应输入各种参数，如刀具补偿方式、刀具直径、坐标设定、引入/引出矢量、切削参数等。Master CAM 将对所定义的零件图形的加工轨迹根据此参数来进行计算求解，获得刀具中心轨迹的详细数据，并写入到给定的 NCI 文件中，供后置处理程序调用，以得到数控加工程序或用于模拟切削。

6.4.1　刀具平面及工作坐标系的设定

刀具平面是指与刀具轴线相垂直的平面，铣削加工时它就是平底铣刀的刀具底刃所在的平面。由于按照机床坐标系统的定义原则，刀具轴线方向始终是 Z 轴方向，因此生成 NC 程序时，刀具平面就是机床的 XY 平面。在 Master CAM 中，刀具/构图平面可以设为原始 WCS 的俯视面、主视面或侧视面，但它始终是刀具轴线所正对的 XY 面。当刀具/构图平面为主视面时，主视面就是 XY 面，相当于在立式数控铣床上将前表面翻转到与工作台面平行的方位装夹后实施加工。也就是说，只要刀具面和构图面平行，则构图面中的平面轮廓轨迹都是按 XY 产生的，圆弧加工时其 NC 程序格式为 G17G02/G03X…Y…R…。

　　为方便刀路设计及相关刀路轨迹的识读和理解，在 Master CAM 中，可通过将所需加工平面重新设为当前工作坐标系默认俯视面的方法来实现各面加工的刀路定义。例如，为方便进行右侧槽形的刀路定义，可按图 6-16 所示，在视角管理器中置右视面为当前 WCS 并重设坐标原点。

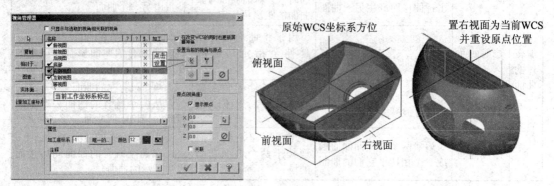

图 6-16　刀具平面和构图平面设定关系

6.4.2　共同的刀具参数设置

　　当进行刀路定义时，无论采用何种加工方式，在选择需要加工的对象图素并确认后，即自动弹出刀具参数设置对话框。根据加工方式不同，对话框中具有不同的选项卡，但刀具参数选项内容是无论哪种方式都共同具有的，称之为共同的 NC 刀具参数，如图 6-17 所示。

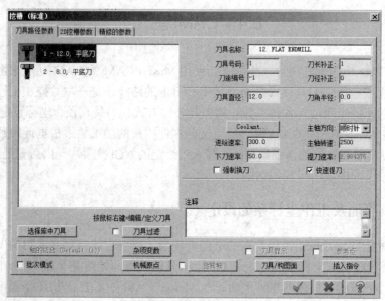

图 6-17　共同的刀具参数设置

　　在刀具缩微图显示区内点击鼠标右键或点击下方的"选择库中刀具"按钮，可创建新刀具或直接从 CAM 内置刀具库内选取一把刀具，库内刀具可通过勾选设置"刀具过滤"来有选择性地选用某种类型的刀具。

(1) 刀具号：系统将根据所选用的刀具自动地分配刀具号，但也允许人为地设置刀号。生成 NC 程序时，将自动地按照刀号产生 Txx M6 的自动换刀指令。

(2) 半径补偿号：当轮廓铣削时设置机床控制器刀补为左(右)补偿时，将在 NC 程序中产生 G41 Dxx(G42 Dxx)和 G40 的指令。

(3) 刀长补偿号：将在 NC 程序中产生 G43 Hxx (G44 Hxx)和 G49 的指令。

(4) 刀具直径和刀角半径：刀具直径和刀角半径通常在选用刀具后自动产生，其数据的大小将直接影响刀路数据的计算。

当使用平底刀具时，刀角半径 = 0；曲面加工用球刀，刀角半径 = 球刀半径；牛鼻刀的刀角半径<刀具半径。

(5) 冷却液(Coolant)：可选择启用 on 或不启用 off，启用后将在程序中特定位置添加 M07(或 M08)、M09 的自动开关冷却液的指令。

(6) 进给速率：赋予刀具在 XY 平面内的进给速度，在 NC 程序中产生 Fxxxx 指令。

(7) 下刀速率：赋予 Z 轴进刀切入时的进给速度。在 NC 程序中产生 Z...Fxxxx 指令。

(8) 主轴转速：用以产生 NC 程序中 Sxxxx 指令。默认顺时针旋向 M3，左旋攻丝应时设为逆时针旋向 M4。

(9) 杂项变数(变量)：整变数的第一项用于设定 NC 程序中工件坐标系是用 G92 还是 G54。[0～1 = G92, 2 = G54]默认：2。

第二项用于设定生成的 NC 程序是用绝对 G90 还是相对 G91 的格式(0=G90, 1=G91, 默认：0)。

第三项用于设定自动返回参考点是用 G28 还是用 G30 代码(0=G28, 1=G30，默认：0)。

(10) 机械原点：在 Master CAM 中若给定了一个机械原点，如(50，80，100)，则当系统杂项变数的首项设为 0～1 时(即允许用 G92 来定义工件坐标系，并以此来生成 NC 程序)，该数据将自动加在 G92 代码后面，为 / G92 X50 Y80 Z100。当系统杂项变数的首项设为 2 时(即允许用 G54 来定义工件坐标系，并以此来生成 NC 程序)，机械原点的设定对 NC 程序的生成没有影响。

(11) 刀具显示：用于设定刀路校验显示的效果。

(12) 参考点：用于设置加工前的进刀起始位置以及加工结束时刀具停止位置。

进刀点：进刀时刀具首先定位的位置坐标点(起刀点——程序开始时刀具首先去的位置)。

退刀点：退刀时刀具停止的位置点(终刀点——程序结束时刀具所在位置)。

(13) 刀具/构图面：用于重新调整某一刀路的 WCS 工件坐标系、刀具平面、构图平面设置，以获得所需的刀路输出。当杂项变数的第一项为 2 时，通过在 WCS 栏下方的加工坐标系中设置 1～5 数值，可使程序输出时以 G55～G59 指令构建工件坐标系。

另外，在各种刀路定义方式中，如图 6-18 所示工作高度的设置项也基本相同，在此一并介绍，这主要有：

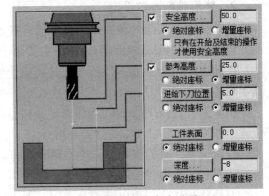

图 6-18　工作高度设置

(14) 安全高度和参考高度：在 NC 程序中，这两个高度值只有一个起作用，通常是作为初始 Z 坐标高度来产生程序代码的。若同时指定这两个高度值，则安全高度起作用。当用增量坐标设定时，对应的高度值是相对于工件表面度量的。

(15) 进给下刀高度：是指刀具从快进转为工进时的 Z 坐标高度。当用增量坐标设定时，对应的高度值也是相对于工件表面度量的。

(16) 工件表面高度：毛坯顶面所处的 Z 坐标。当用增量坐标设定时，该 Z 坐标值是相对于刀路定义时所串连的图素的实际 Z 深度来度量的。一般地都将毛坯顶面高度设为 Z=0。

设定毛坯顶面高度的意义在于：

① 用作安全高度、参考高度、进给下刀高度的相对度量基准。

② 当进行深度分层铣削设定后，用以计算所分层数的一参数指标。

(17) 深度：最终加工深度面的 Z 坐标。当用增量坐标设定时，该 Z 坐标值是相对于刀路定义时所串连的图素的实际 Z 深度来度量的。当进行图素的串连定义时，所拾取的图素就在最终的深度面上，用增量坐标设定时，该深度等于 0。

6.5　2D 刀路定义

2D 刀路定义的内容包括外形铣削、挖槽、钻孔、铣平面等。

6.5.1　外形铣削

1. 关于 2D 和 3D 的外形铣削

2D 外形是指组成外形轮廓的所有直线、圆弧、曲线等图素均位于同一构图面内，2D 外形铣削可根据需要进行电脑刀补或机床刀补编程。

3D 外形是指组成外形轮廓的所有线、圆弧、曲线等图素并不一定都位于同一构图面内，3D 外形铣削的刀径补偿的左右方向判断是依据构图平面进行的。对于垂直于刀具平面(XY)中的圆弧，若无刀补设定，则按相应构图平面内的圆弧生成程序，若有刀补设定，则自动将圆弧逼近转换成直线而生成程序。

2D 或 3D 铣削方式将由系统根据所串连的外形轮廓的性质自动选用。

2. 外形铣削参数设定

外形铣削的大部分参数在上节中已有描述。在此只介绍余下的相关参数项设定。

电脑刀补和机床(控制器)刀补：主要用于 2D 轮廓铣削的刀径补偿。

电脑刀补是指生成 NC 程序时是将整个轮廓按刀补方向均匀地向左或向右偏移一个刀具半径值后算出的刀心轨迹坐标，由此而产生的程序。

机床刀补是指生成 NC 程序时还是按原始轮廓轨迹坐标生成程序，但在程序中相应的位置添加 G41、G42、G40 的刀补指令。

校刀位置：有刀尖和刀具中心两种选择。主要用于刀具长度 Z 方向的补偿设定，它仅影响球刀和圆鼻刀等成型刀的编程。

刀补路径优化：当电脑刀补关闭，而设定机床刀补时，该功能有效。该功能可消除在刀路中小于或等于刀具半径的圆弧段，以防止过切。

寻找相交性(干涉检查)：该功能是用以在进行电脑刀补计算时防止过切刀路的产生，如外形轮廓中的窄槽部位、交叠部位等。和刀具转角设定一样，该功能只有在电脑刀补设定时才有效。

刀具转角设定：指在轮廓类铣削加工程序生成时，是否需要在图形尖角处自动加上一段过渡圆弧，主要针对于一些早期刀补功能还不完善的机床而设置的。在 3.4 节中已经提到过有关尖角刀补的处理，对于刀补功能不完善的数控系统，当图形尖角较小时，其刀补结果可能会导致补偿轨迹超程，此时可以借助此刀具转角设定功能，设定为小于 135° 的尖角或所有转角自动添加圆弧，如图 6-19 所示，以减少加工时出错的可能性。

全不走圆角　　　　　　　<135° 走圆角　　　　　　　全走圆角

图 6-19　刀具转角设定

图 6-20(a)所示是合理选用刀具直径大小，启用了轮廓铣削刀路设计中干涉检查(相关性检查)功能，并对尖角进行了圆整后得到的刀路，可以看出，该刀路不存在干涉问题，是理想的设计状况；图 6-20(b)所示是启用了轮廓铣削刀路设计中干涉检查功能，但没有选择尖角圆整所得到的刀路，此刀路亦局部存在欠切和过切的可能；图 6-20(c)所示是选用了稍大直径的刀具，但没有启用轮廓铣削刀路设计中干涉检查功能和尖角圆整处理所得到的刀路，由此可知，使用不合适的刀具大小而又不进行刀路干涉检查所得到的刀路将有产生严重过切的可能。

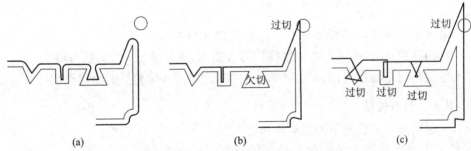

(a)　　　　　　　　　　(b)　　　　　　　　　　(c)

图 6-20　轮廓铣削刀路定义的干涉检查

(a) 考虑干涉并圆整的刀路；(b) 考虑干涉未圆整的刀路；(c) 未做干涉检查的刀路

曲线逼近误差：3D 圆弧外形和曲线外形铣削时需要设定。线性误差是将这类外形用空间直线进行逼近计算的逼近精度。

最大深度偏差：只用于 3D 外形铣削。当对 3D 外形进行刀补计算时，两线接点处的补偿轨迹可能有所偏差而交接不上，在此可设定其交接的允许偏差。

毛坯预留余量：用以设定留给下一道工序的加工余量，XY 平面和 Z 深度方向是分开设置的。当前刀路作为粗加工时需要设定，精加工时不需设定。

3. 径向分次铣削和深度方向分层铣削

深度方向的分层和轮廓径向的分次设定的主要参数是粗切间距、粗切次数、精切间距(精修量)、精修次数等，其含义如图 6-21 所示。

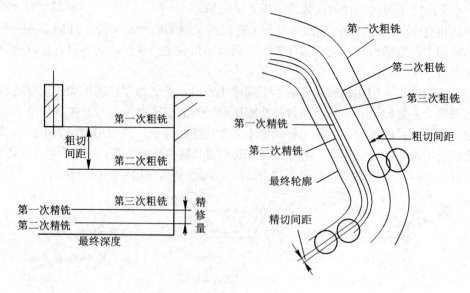

图 6-21　深度分层和径向分次设定

另外还有：

不提刀：用以设定是否在每一层铣削完后都提刀至安全高度后再下刀。

使用子程序：由于每一层铣削的轨迹都一样，采用子程序编程可大大简化程序量。

铣削顺序：可从中心或从深度开始。

锥度：可设定带锥度加工。

深度分层生成程序时，精修次数和每次精修深度按设定值，粗切时每次切深度依据如下算法：

$$最终粗切 Z 值 = 最终 Z 深度 - 精修次数 × 精修量$$

$$粗切次数 ≥ (上表面 Z 值 - 最终粗切 Z 值)/最大粗切量 \quad (圆整为整数)$$

$$每次粗切 Z 深度 = (上表面 Z 值 - 最终粗切 Z 值)/圆整后的粗切次数$$

4. 引入、引出矢量

引入、引出是用来设置下刀后从外部切入到工件内和加工完毕后将刀具引出到外部的过渡段，通常它也就是刀补加载和卸载的线段。当使用机床(控制器)刀补方式时，设置引入、引出矢量是获得合理的 NC 程序必不可少的内容。引入、引出矢量包括引入、引出线和弧以及连接方向等，如图 6-22 所示。

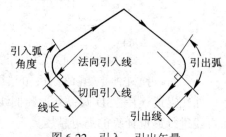

图 6-22　引入、引出矢量

6.5.2　挖槽加工

挖槽加工时，其安全面高度、参考面高度、进给下刀深度、毛坯顶面高度、槽底深度和上一节所述一样。校刀位置、尖角处理、加工余量、深度分层等的设置可参考外形铣削时的定义。

1. 深度分层设定

深度分层的参数中，最大粗切步距、精切次数、精切步距、不提刀设置等和外形铣削概念一致。对于挖槽而言，下述参数是它所特有的。

1) 使用岛屿深度

如果在一个凹槽中的岛屿具有和凹槽不同的顶面深度，则：

当不设定使用岛屿深度时，刀路的计算将认为岛屿和凹槽同样高，即每铣一层都将避开岛屿，而不管实际岛屿顶面在何深度处。

当所选择的岛屿边界是按其岛屿顶面所在高度上拾取的，若设定了使用岛屿深度，则刀路计算将考虑岛屿顶面的真实高度，如果岛屿顶面低于凹槽顶面(工件表面)，则在铣削至岛屿顶面前的每一层都将忽略岛屿的存在，在持续往下的分层加工中再避开岛屿。

2) 使用子程序

由于挖槽时，每一层的刀路基本相同，因此可考虑使用子程序编程的方法，这样可精简程序。但对每一层刀路不相同的挖槽加工来说，是无法使用子程序的。(比如设定锥度挖槽后就不能使用子程序编程方式。)

3) 锥壁设定

外壁锥度：用以设置槽形外边界周边的锥角。

岛屿锥度：用以设置岛屿周边的锥角。

4) 深度铣削顺序设定

当一个凹槽由于岛屿存在的缘故而将整个凹槽划分成了几个相对独立的区域时，在这些区域间挖槽的顺序，可如下设定：

区域铣削：先将一个槽区域分层铣削完成后，再去分层铣削下一个槽区。

深度铣削：先在一个深度层上将所有的槽区铣削完成后，改变一个深度，再将所有的槽区铣削一层。

2. 挖槽方式

1) 标准挖槽

常用的挖槽定义方式，只加工槽形边界和岛屿之间的部分。

2) 顶面加工

用于对槽形岛屿范围内的顶平面实施加工，超出边界范围的切除量通过刀径重叠量来设置。

3) 用岛屿深度加工

同分层加工中使用岛屿深度选项，不需要进行分层设置即可保证加工到岛屿的实际高度。

4) 残料清角

用于换上小直径刀具后，再次对凹槽加工时，专门对前次加工时角部残料进行清角加工。通常可在首次进行槽形加工参数设置时选用"使用附加的精加工刀路"选项，这样在操作管理区就会产生两个挖槽的刀路，将第一个设为标准挖槽、第二个设为残料清角方式即可。

5) 开放式槽形加工

用于非封闭式(有敞口的)槽形的加工定义。

3. 粗、精加工刀路参数

1) 挖槽切削方式

有单向、双向行切、等距环切、平行环切等多种方式。环切时可选择是由内向外环切或由外向内环切。

大多数的粗切都将在整个槽形或岛屿周边留下加工死角，需要最后再环绕周边做精修加工。

2) 粗切间距

取粗切间距为$(0.6～0.8)D_刀$，以保证有一定的重叠量。

3) 粗切角度

在双向或单向行切时需要设置，是指刀具来回行走时刀路与 X 正轴方向的夹角。

4) 刀具路径最佳化

用以优化绕过岛屿的刀具路线。

5) 螺旋式/斜向下刀

对于所用刀具(如刀刃不过中心的立铣刀)不能上下垂直切入的，可指定这类刀具从某一安全高度面开始以螺旋线方式或以斜线插入的方式向下切入。

6) 精修参数

精修是指最后绕整个槽形边界和岛屿边界的轮廓精修。

精修次数和精修余量：确定最后以指定的精修余量对整个周边进行指定次数的精修。

精修外边界：若不指定该项，精修将只局限于对整个岛屿的边界；指定该项，将同时精修外边界。

7) 精修时机

(1) 分层挖槽时，默认的是每层都将进行精修，也可设定"只在最后深度做一次精修"。

(2) 有多个槽形区域是，若不设定"完成所有槽的粗切后再执行分层精修"，则将是先分别粗、精铣完某一槽区后，再去粗、精铣下一槽区。从铣削工艺考虑，建议勾选此项。

4. 挖槽铣削的限制

(1) 除了特定的敞开式挖槽，其余的槽形铣削都要求槽形边界和岛屿边界都必须封闭。

(2) 不允许"岛中岛"结构，并且所有的岛屿必须处于同一个构图平面上。

6.5.3　钻孔加工

高度参数设定见上一节所述。钻镗加工循环及其可设置参数项根据所选用的机床控制系统类型不同而不同。通常其可选的钻镗加工方式有：

G81/G82：适用于 h/d<3 的浅孔。若给定在孔底暂留的时间为非零值，则自动按 G82 生成程序(用于做沉孔座)，否则按 G81 生成程序。

G83/G73：深孔啄钻、断屑钻。

G84/G74：右旋/左旋攻螺纹。左/右旋方式主要取决于选用左/右旋丝锥的选用。

G85/G86：镗孔。

G76：精镗，Q 后的让刀值由提刀间距参数决定。

对于多孔加工时，各孔位间加工的先后顺序的排列有很多类型可供选择，在所有孔位都选择完成后可点选"排序",然后在弹出的对话框中根据需要设定,如图 6-23(a)所示。如果在所选择的众多的孔中,有个别孔的深度值不同,可点选"编辑",如图 6-23(b)所示,即可对某些点进行改变深度的操作定义。

(a) 孔位排序

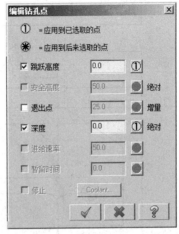
(b) 编辑孔深

图 6-23　孔位及孔深的修改

如果对同一批孔进行再次加工,如先钻孔、再攻丝或镗孔等,可在下次选孔时点选"选上一次"。

6.5.4　铣平面

铣平面用于对工件毛坯顶部平面进行铣削。此方式并不用于铣削已用面域定义好的表面(曲面)。它的平面是位于同一构图平面内,用基本轮廓图素临时串接起来的。平面铣削的范围是指串连图素所覆盖起来的面积范围。

其参数设定时,Z 向加工余量为留给下一道工序的 Z 向余量;深度分层参数同前述内容。

切削方式:有双向切削、单向切削、一刀式(当加工面积小于刀径直径覆盖的面积时)、限定边界内四种。切削间距(步进量)和切削角度的概念和行切法挖槽时相同。

在两切削端点间可有高速回圈加工、直线插补、快速移动三种,用于构建两切削端点间的过渡连接刀路。高速回圈式适合高速加工的换向走刀,快速移动时刀具必须在工件有效表面之外,因此其切削方向的超出量应大于一个刀具直径。

切削方向上的刀具超出量:沿着主切削方向上刀具对平面边廓的超出量,取 100%刀具直径时刀具将刚好完整地铣出边界。为了保证边廓切削时不会出现铣削接痕,此超出量不得小于 50%的刀具直径值。

横截面方向的刀具超出量:和主切削方向相垂直的方向上刀具对平面边廓的超出量。此值可设置到 0,因此可用于对台阶面的铣削。

6.5.5　2D 加工实例

如图 6-24 所示工件,总共需要挖槽粗切、精修、钻孔、攻丝等多道工序。

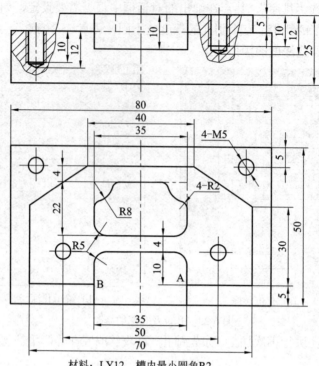

材料：LY12　槽内最小圆角R2

图 6-24　加工零件图

以工件上表面为 Z=0 的平面为例，由于该零件是属于 2D 加工的范畴，绘图时只需要绘出俯视图部分即可。为便于钻孔参数定义，前两孔绘在 Z=0 的高度层上，后两孔绘在 Z=−5 的高度层上。

1. 外形加工铣凸台外廓

连接 AB，点选"刀具路径"→"外形铣削"菜单，从右下角起逆时针串连凸台外廓，然后选择ϕ16 的平底立铣刀具，刀具及刀补号为 1，设定进给率 600，Z 向进给率 150，主轴转速 2000，冷却 on，其余默认。

点选"外形加工参数"选项卡，安全高度不设，参考高度设为绝对 10，进给下刀高度为增量 5，快速提刀有效，工件表面为绝对 0，(最终加工)深度为绝对−5，电脑刀补方式，其余默认。

点选"径向分次"，选择粗切 2 次，刀间距 15，精修次数 1，精修量 0.25。点选"进退刀矢量"，不选从轮廓中点进退刀，设置引入/引出线长 20，引入/引出弧半径 0。

2. 中间封闭槽形粗切

点选"刀具路径"→"挖槽加工"菜单，串连中间封闭槽形，然后选择ϕ8 的平底立铣刀具，刀具及刀补号为 2，设定进给率 600，Z 向进给率 50，主轴转速 2500，冷却 on，杂项变数的首项为 2，其余默认。

点选"挖槽加工参数"选项卡，安全高度不设，参考高度设为绝对 10，进给下刀高度为增量 5，快速提刀有效，工件表面为绝对 0，(最终加工)深度为绝对−5。XY、Z 方向均留余量 0.2。点"深度分层"有效，并设定最大粗切量为 2.5，不精修，其余默认。

点选"粗/精修参数"选项卡，选择"等距环切"，刀间距 6，螺旋下刀，不精修。

点选"确定"按钮，系统计算后即显示挖槽刀路轨迹线。

3. 开放式挖槽铣前部敞口槽

点选"刀具路径"→"挖槽加工"菜单，串连前部敞口槽形，然后选择 ϕ8 的平底立铣刀具，设定进给率 600，Z 向进给率 400，主轴转速 2500，冷却 on，其余默认。

点选"挖槽加工参数"选项卡，选"开放式轮廓挖槽"加工方式，点"开放式轮廓"按钮，在对话框中点"使用开放式轮廓之切削方式"有效后确定，安全高度不设，参考高度设为绝对 10，进给下刀高度为增量 5，快速提刀有效，工件表面为绝对 0，(最终加工)深度为绝对 −10，其余默认。

点选"粗/精修参数"选项卡，精修有效，精修次数 1，精修量 0.2。

4. 中间封闭槽形的精修

在操作管理器中选择第 2 个刀路，点鼠标右键，选"复制"，再在最后一个刀路处点鼠标右键，选"粘贴"，然后点此粘贴后的刀路的"参数"，在弹出的参数设置对话框中，重新定义一个 ϕ8 的平底立铣刀具，刀具及刀补号为 3，设定进给率 300，Z 向进给率 100，主轴转速 2800，在"挖槽参数"中设定 XY、Z 方向的余量均为零。在"粗/精修参数"中设定精修有效，精修次数 1，精修量 0.15。其余不变。

5. 中间封闭槽形的残料清角

复制粘贴第 4 个刀路，重新定义一个 ϕ4 的平底立铣刀具，刀具及刀补号为 4，设定进给率 150，Z 向进给率 100，主轴转速 3500，在"挖槽参数"中选择"残料清角"加工方式，在残料加工参数中设置残料来自粗切刀具直径为 ϕ8；在"粗/精修参数"中设定精修有效，精修次数 2，精修量 0.15。其余不变。

6. 点孔位中心

点选"刀具路径"→"钻孔加工"，然后分别捕捉 4 个圆孔的圆心，确认后选择刀具为 ϕ1.5 的中心钻，刀具及刀补号为 4，设定进给率 150，主轴转速 2000。

点选"钻孔加工参数"选项卡，选择"一般钻孔 G81/G82"加工方式，安全高度为绝对 10，参考高度(进给下刀高度)为增量 5，工件表面为增量 0，(最终加工)深度为增量 −1.5，孔底延时 0。

7. 螺纹底孔加工

复制粘贴点中心的刀路，重选刀具为 ϕ4.1 的钻头，刀具及刀补号为 5，设定进给率 80，主轴转速 4000，冷却 on。

点选"钻孔加工参数"选项卡，选择"深孔啄钻 G83"加工方式，安全高度为绝对 10，参考高度(进给下刀高度)为增量 3，工件表面为增量 0，(最终加工)深度为增量 −12，每次啄钻量 4。

8. 螺纹孔加工

复制粘贴螺纹底孔刀路，重选刀具为 M5 × 0.8 的右牙刀，刀具及刀补号为 6，设定主轴转速 200，则进给率自动设为 160，冷却 on。

点选"钻孔加工参数"选项卡，选择"攻牙 G84"加工方式，安全高度为绝对 10，参考高度(进给下刀高度)为增量 3，工件表面为增量 0，(最终加工)深度为增量 −10。

6.6　3D 曲面加工刀路

曲面加工刀路既可以用曲面基本线架结构直接去定义产生，也可由线架结构生成曲面模型后再由曲面去定义产生。总的来说，用线架结构直接定义的方法虽然可省却生成曲面的麻烦，但其只能产生单一曲面的刀路，实用性较差，所以通常建议用曲面模型去定义曲面刀路。

6.6.1　基本概念

1. 曲面的选取

无论是粗加工还是精加工，当选定加工方式后，即要求开始选取欲加工的曲面。

在曲面数量不太多时，可一个一个地直接选取；在曲面数量很多时，就需要采用快捷的选取方式，可能大多数情况下是选"所有曲面"项，当只需要加工众多曲面中的部分，而另外部分曲面需要定义为干涉曲面时，最好事先将相应的曲面定义成群组。这样在选取曲面时就可选"群组"项。

需要注意的是：尽管组成零件的上下表面都是曲面，而加工时位于下表面的一些曲面往往是加工不到的，Mster CAM 在进行刀路计算时会自动根据已加工过的曲面来测算出不能加工的曲面，只是进行干涉计算需要时间。

2. 曲面干涉问题

在曲面加工时，有些部分往往是不需要加工，或者留待以后由其他工序进行加工的，为此需要将这些部分保护起来，以避免在曲面加工刀路计算时，刀具切削到这些部位，这就是曲面干涉问题。Mster CAM 允许在刀路计算前，定义加工曲面时，可预先定义好要进行干涉保护的干涉曲面，以后在进行刀路计算时就会绕开这些干涉部位。

干涉曲面的设置和有效侦测需要进行以下步骤：

(1) 在进行曲面粗加工和精加工选择菜单处选择"干涉检查"后，定义设置干涉曲面。

(2) 在进行加工曲面选取时选择包含干涉曲面在内的众多曲面。

(3) 在粗、精加工曲面参数设定中，点选"使用曲面干涉检查"功能为有效。

注意：若在进行加工曲面选取时，所选取的曲面中并不包含干涉曲面，而在参数设定时又设置了使用曲面干涉检查功能，则在进行刀路计算时，就会出现"使用了干涉检查但未指定干涉曲面"的错误提示。其意思就是，在所有指定的加工曲面中并没有指定干涉曲面。

3. 间隔和边缘设定

间隔设定用于双向切削换向时的处理方式。

当切削间距大于允许的间隔尺寸时，将在每次换向时增加一提刀到安全高度的刀路。

如图 6-25 所示，当切削间距小于允许的间隔尺寸时，可有横越式、打断式、平滑式及跟随曲面式四种选择。

曲面边缘设定用于设置当刀具走在曲面边缘时，是否对边缘进行加工处理。若选在所有边缘走圆角，则对开放式边缘也走圆角。如果需要防止在边缘处产生过切，最好选在两曲面间走圆角。

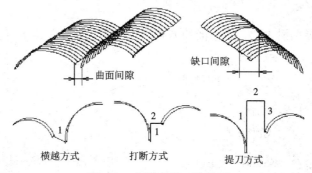

图 6-25 间隙处的刀路处理

4．曲面深度设定

深度设定用于控制 Z 方向要加工的范围。图 6-26(a)适用于增量坐标设定方式，图(b)适用于绝对坐标设定方式。设定 Z 向控制深度后，系统将只产生 Z 向区间内的刀路数据。

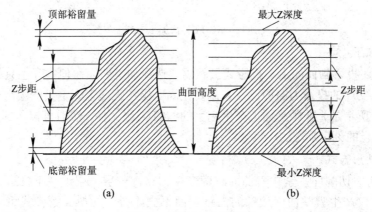

图 6-26 深度分层控制

6.6.2 曲面粗加工

1．平行式

以垂直于 XY 面为主切削面(由加工角度决定)，紧贴着曲面边廓产生刀路。图 6-27 所示是平行式曲面粗切的情形。

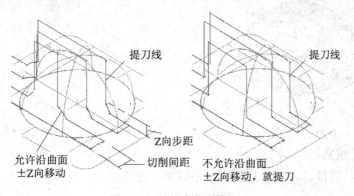

图 6-27 平行式曲面粗切

2. 放射状

以指定的一点为扫射中心，以扇面的方式产生刀路，如图 6-28 所示。该法适用于圆形坯件的切削。

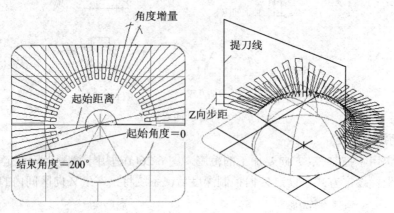

图 6-28　放射状加工方式

3. 投影加工

将其他刀路投影到曲面上。投影式虽然需要选择加工曲面，但实际上只是在该曲面上产生另一 NCI 文件的投影刀路而已。它需要在同一操作管理下先定义产生需要投影的 NCI 文件。图 6-29 所示是先在某平面上产生刻字的 NCI 刀路文件，然后再投影到曲面上，这样就能进行曲面上的刻字加工。

4. 等高外形方式

以 XY 为主切削面，紧挨着曲面边廓产生刀路，一层一层地往下推进。和挖槽式的区别在于，它仅产生紧贴曲面边廓的刀路，而不去除旁边的料。挖槽式可将限制范围内的所有废料都去除。相比之下，挖槽式更适合于块状毛坯的粗切加工，而等高外形方式则适合于那些已经铸锻成型的加工余量少而均匀的坯料。等高外形式粗切刀路如图 6-30 所示。

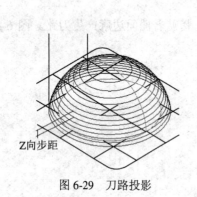

图 6-29　刀路投影

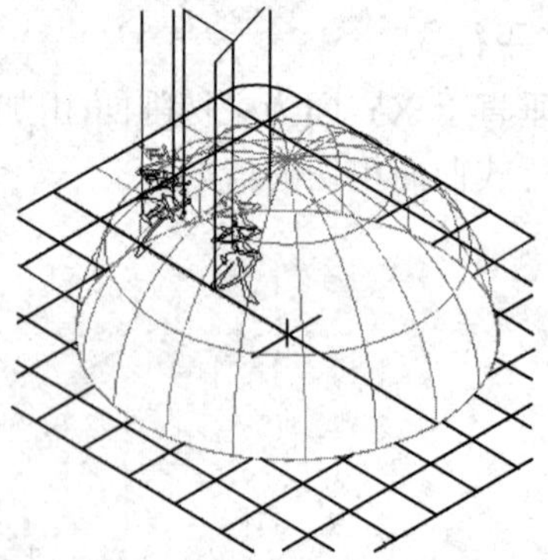

图 6-30　等高外形式粗切

5. 曲面流线式

对以举升、直纹、旋转、扫描、网格等方式绘制的单个曲面进行粗加工，如图 6-31 所示。

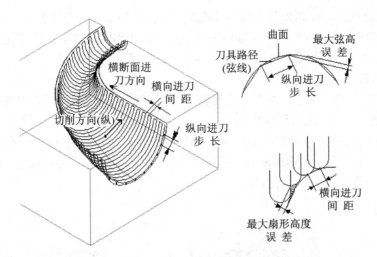

图 6-31 曲面流线式加工

当加工精度要求不高，曲面曲率变化不大时，可以控制横、纵向进刀间距为主。当加工精度要求高，曲面曲率变化大的工件，宜采用控制弦高误差和扇形残留高度误差为主的方式，但该方式所得到的程序量将很多。

上述粗加工曲面的方法适合于已加工过的毛坯或已经铸锻成形的毛坯。下述两种方法适用于长立方体或圆柱体毛坯的加工。

6. 挖槽式

以挖槽的方式，可将限制边界范围内的所有废料都切除掉，切削量分配合理，是方块料粗切的较理想的方式。挖槽式粗切刀路如图 6-32 所示。

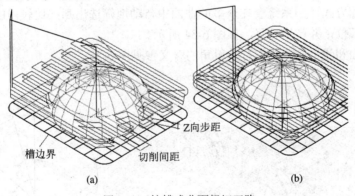

图 6-32 挖槽式曲面粗切刀路

(a) 不含精修的挖槽刀路；(b) 含边界精修的挖槽刀路

7. 钻削式

类似于传统的打排孔去料方式。

6.6.3 曲面精加工

曲面精加工的刀路类型有平行式、平行陡斜面式、放射式、投影式、曲面流线式、等高外形方式、浅平面式、交线清角式、残料清角式、环绕等距式等。其中平行式、放射式、投影式、曲面流线式、等高外形方式五种类型已在前述粗加工中有所介绍，在此不再赘述。

需要注意的是，虽然其中的参数项内容及意义几乎都相同，但粗铣和精铣刀路有着本质上的区别。粗铣时每层会有切削旁侧余料的刀路，精修时则没有。

1. 平行陡斜面式

平行陡斜面式主要是针对平行式粗精加工后因方位原因导致局部陡峭部位加工质量欠佳，在改变方位后所做的精修补加工。当选用平行陡斜面加工方式，系统将在众多的曲面中自动地筛选出符合斜角范围的部位，并生成精修刀路。如图 6-33(a)是 50°～90° 范围的陡斜面加工刀路，而图(b)是另一主切削方向上 0°～50° 范围的相对平坦斜面加工的刀路。

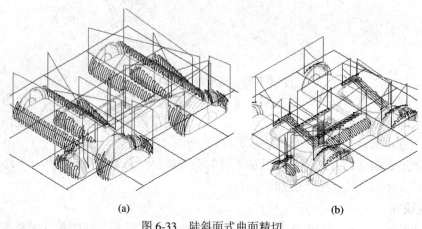

(a)　　　　　　　　　　　　　　　(b)

图 6-33　陡斜面式曲面精切

2. 浅平面式

选用浅平面方式，则系统会在众多的曲面中自动地筛选出那些比较浅的平面、平坦的曲面、浅坑等部位，并产生刀路，如图 6-34 所示。

对于陡斜面和浅平面方式中有关斜角的含义参见图 6-35。

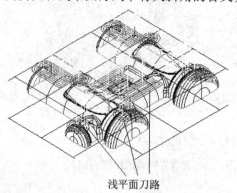

浅平面刀路

图 6-34　浅平面式曲面粗切

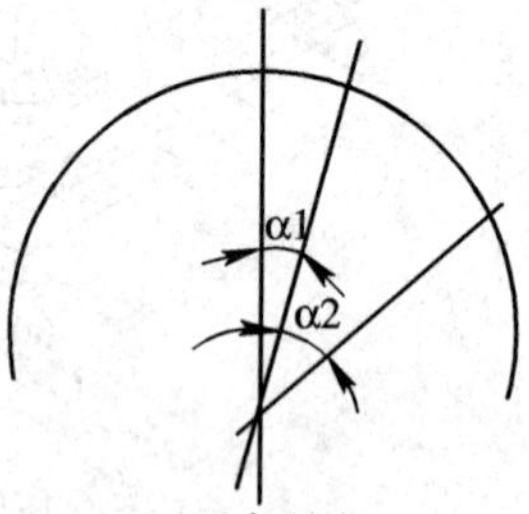

α1：起始角
α2：终止角

图 6-35　斜角设定

3. 交线清角和残料清角式

交线清角和残料清角的刀路如图 6-36 所示。

交线清角刀路主要发生在那些非圆滑过渡的曲面交接边线部位，对经过倒圆或熔接处理的曲面相交处，通常都不产生交线清角刀路。

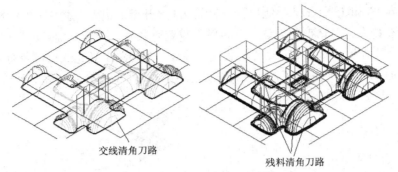

图 6-36 交线清角和残料清角

残料清角刀路通常也发生于一些曲面交接处，它不仅产生于非圆滑过渡的曲面交接处，也发生在曲面倒圆的部位。当曲面交接部位的转角较小，粗加工时刀具无法切削到，那么，就需要更换较小的刀具进行清角修整，这时就可选用残料清角曲面精修方式。

选用这两种清角方式时，系统会自动地在众多的曲面中筛选出需要精修的转角部位。

4．环绕等距式

环绕等距式是采用一种三维环绕式切削方式，可以认为，它是二维等距环切式刀路在三维曲面上的刀路投影，如图 6-37 所示。

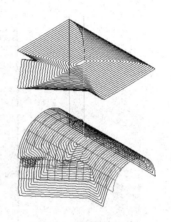

图 6-37 环绕等距式

6.6.4 线框模型和实体模型刀路

利用线框模型直接产生刀路是利用线框架产生曲面的原理来定义刀路的。和前述曲面加工刀路定义的区别在于，前述曲面已经事先做成，而线框模型刀路的产生是略去曲面生成的过程，直接生成曲面加工刀路的，但事实上，它还是基于曲面生成的基础上再进行刀路计算的。而且利用线框模型只能生成简单单一形式的曲面刀路。

利用线框模型产生刀路，首先必须会利用线框模型生成相应的曲面模型的操作原理。然后还必须掌握单一曲面刀路定义的一些加工参数。

实体模型刀路定义和曲面刀路定义是一样的，但实体模型不需要单独进行曲面的选取，若需要作干涉检查，则必须绘制干涉曲面。

6.7 多轴加工刀路

6.7.1 四轴加工刀路

1．由 2D 刀路获得四轴加工刀路

基于 4.6.2 小节所介绍的 2D 转换到四轴的编程加工方法，对图 4-36 引斜螺杆零件，在 Mster CAM 中可用 2D 刀路定义的旋转轴取代的设定获得四轴加工刀路。

按照图 6-38(a)图的形式，绘制出该零件的 2D 展开槽形边界，并进行 2D 挖槽的刀路定义。在刀具参数设置对话框中勾选"旋转轴"设定有效后，点选"旋转轴"按钮，弹出如图 6-39 所示对话框，按图设定旋转轴取代的参数，则刀路定义完成后可获得如图 6-38(b) 所示的四轴加工刀路。Master CAM 内部就是按照 4.6.2 小节中介绍的算法来处理的。

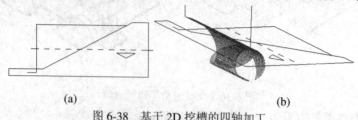

(a)　　　　　　　　　　　　　　　　　　　　　　　　(b)

图 6-38　基于 2D 挖槽的四轴加工

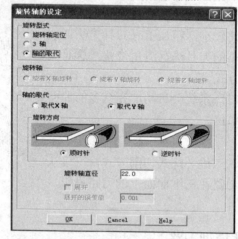

图 6-39　旋转轴取代的设定

对于如图 6-40 所示的底座零件圆柱面窗框上的轮廓与槽形，可先对其线廓用缠绕变换的解缠操作展开到 2D 平面上，然后定义其 2D 外形铣削或 2D 挖槽加工的刀路(可包含深度分层及粗精分次的设定)，再设置旋转轴取代参数即可由 CAM 自动编制出其四轴加工控制的程序。

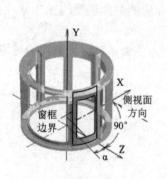
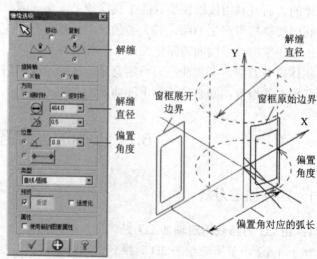

图 6-40　槽形窗框的解缠展开

2. 多轴加工的旋转四轴刀路

对于如图 6-41(a)所示周向 3D 性质的槽形或周向曲面，采用三轴数控机床必须要经过多次装夹翻面进行加工，若使用四轴加工则一次装夹即可，此时可使用多轴加工的旋转四轴刀路定义功能。

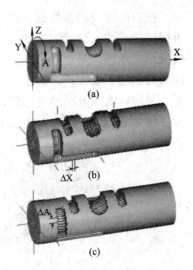

将不要加工的曲面添加定义到一个群组中，选择所有曲面作加工，干涉曲面就是不需要加工的曲面群组，旋转四轴的参数设置如图 6-42 所示。可有以下两种切削方法：

(1) 以旋转轴切削为主，轴向步进分层加工。通常以设定回转中心的计算方法，刀具始终垂直于曲面切削，旋转切削一圈后轴向作一ΔX 步进距离，再进行旋转切削，刀路如图 6-41(b)所示。

(2) 以轴向切削为主，逐步按增量ΔA 改变旋转角度，再作轴向切削，刀路如图 6-41(c)所示。

图 6-41　分流梭曲面及四轴刀路

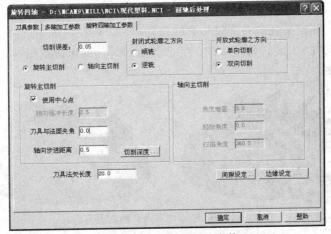

图 6-42　旋转四轴刀路参数

6.7.2　五轴加工刀路

针对叶轮零件，在 MasterCAM-X 版本中，可以选择"高级多轴加工"刀路定义功能，并从中选择"不使用倾斜曲线"的底面加工方式，如图 6-43 所示。刀路定义时应分别选择左右侧曲面和叶底曲面，同时还应将左右侧曲面设置为干涉曲面并开启干涉检查功能。

图 6-43　不使用倾斜曲线的叶底曲面刀路定义

在刀路定义的参数设置时，可切换到高级设置方式以进行较为详细的参数项定义。如可指定超越曲面边缘的延伸量、设置刀具轴倾斜的角度、进退刀的引入引出方式、提刀的安全高度面等。图 6-44(a)所示是使用相对于切削方向倾斜进给、倾斜边为沿着曲面等角方向的刀具轴控制方式，对干涉面用沿刀轴方向提刀，段间沿着曲面连接等的设置后所得到未分层时叶底的五轴加工刀路，叶间槽的粗加工刀路可在粗加工选项卡中设置深度切削的分层参数后得到。图 6-44(b)是设置 4 次粗切、2 次精切后所得到的刀路。

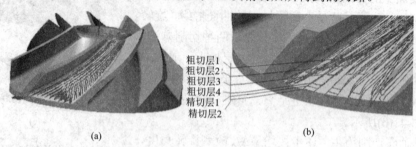

粗切层1
粗切层2
粗切层3
粗切层4
精切层1
精切层2

(a)   (b)

图 6-44　叶轮零件单槽加工的刀路

(a) 叶底五轴加工刀路；(b) 叶轮槽分层粗切刀路

当单槽加工刀路定义完成并通过仿真检查认可后，可在粗加工选项卡中设置旋转变换参数项，如旋转次数 8、旋转角度 45°、绕 Z 轴旋转等，即可得到图 6-45 所示叶轮零件多槽五轴加工的刀路。

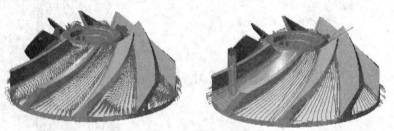

图 6-45　叶轮零件多槽五轴加工刀路

(a) 粗加工刀路；(b) 精修刀路

6.8　后置处理

6.8.1　刀路加工的仿真检查

Master CAM 具有轨迹线仿真和实体仿真验证的刀路模拟功能，通过仿真模拟可以很方便地对所定义的刀路结果进行检查，并由此发现刀路设计中过切、欠切及刀具碰撞的可能性，以指导刀路设计者合理地调整和优化加工刀路。Master CAM 在轨迹线架仿真模式下，还可以根据所设置的进给速度对切削加工的时间进行估算，可为工艺编制时定制加工工时、预算加工成本等提供参考。

1. 基于轨迹线架的仿真

采用线架形式的仿真，是以刀具刀位点按刀路定义计算的刀路轨迹动态运动的模拟过程，模拟动作的快慢可通过设置步长大小进行调节。如图 6-46 所示，还可以设置刀具的显示以及刀具覆盖痕迹的显示，以核查刀具的有效切削范围，判断欠切和过切的可能。线架仿真可以获得较快的模拟速度，而且还可以通过多视窗设置，达到从多个角度同时观察的效果，如图 6-47 所示。另外，还可以设置成单步运行的模拟切削方式，以进行更细致的刀路分析。

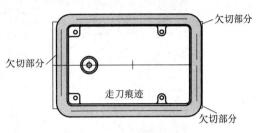

图 6-46　线架刀痕仿真

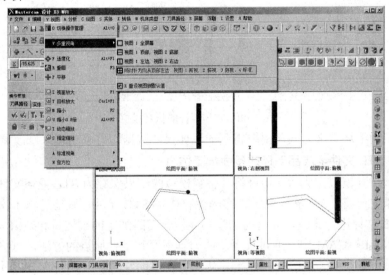

图 6-47　多重视窗设置下的多视角仿真

2．基于初始规则毛坯的实体仿真

和线架仿真相比，实体验证的模拟生动逼真，既可以看到实际加工的效果，也可以直观地查验刀具过切、碰撞以及因刀长不够后刀柄夹头引起的干涉现象。但当零件结构形状复杂时，其模拟速度稍慢。

图 6-48 所示是实体模拟验证的操控界面，它是通过一个动画播放器来控制的，可非常方便地调节模拟动画的速度。播放前应设置好毛坯形式、毛坯材料的控制方式等。毛坯的形式可选矩形块料、圆棒料、以 STL 文件保存的坯料及 CAD 绘制的实体模型。

若选择矩形或圆形初始坯料，则有三种定义毛坯尺寸的形式可选：

(1) 从 NCI 文件中读取：选用此项，则系统会自动扫描刀路定义后所生成的 NCI 文件，从中提取出 X、Y、Z 三坐标中最大的数值来作为毛坯的数值。

(2) 由工件设定中提取：若进行过工件毛坯设定，点选此项，即可从工件设定中复制毛坯数据作为此处的毛坯尺寸。工件毛坯的预设定可借助边界盒定义功能以自动获取屏幕显示的零件 CAD 图样中最大 XYZ 尺寸。此时应隐藏可能超出欲设定毛坯边界的辅助图素，否则会导致毛坯设定的不正确。

(3) 手动设定：点选此项，系统即切换到图形显示区，可临时根据显示区所显示的图形大小确定毛坯大小范围。

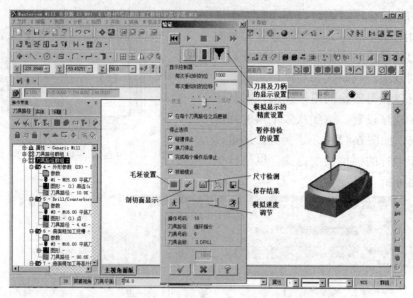

图 6-48　实体验证的仿真模拟

由以上三种毛坯定义方式所提取得到的毛坯尺寸数据均可手动输入修改调整。

3. 基于 STL 文件半成品毛坯的多面加工仿真

每次实体仿真模拟完成后，均可将其仿真模拟的结果保存为 STL 毛坯文件，供后续加工使用。若预先已将 CAD 构建的零件实体保存成了 STL 文件，则还可将本次加工的结果与预存的 STL 文件进行比较，并借助测量功能检查刀路加工的过切量和残留量。

尽管在 Master CAM 中，通过设置新的刀具平面和工件原点的方法，可将俯视面中所做的刀路变换到前/后/左/右等视图面上，从而实现多面综合加工的仿真，但其所涉及的参数设置较为复杂，对设计者的 3D 空间感要求较高。为此，自 Master CAM-X 版本起，新增了 STL 模型转换的功能。利用该功能可将上一工序所保存的半成品 STL 文件调入后进行平移、旋转等几何变换，再保存为新的 STL 文件，以供下一工序作为毛坯选用，这为实现多面综合加工的实体仿真验证提供了方便。同时，从 STL 模型的转换过程，可帮助设计者深入了解多面翻转加工时毛坯在装夹定位方面的要求。图 6-49 所示是对 STL 毛坯实施旋转、平移的翻面转换过程。

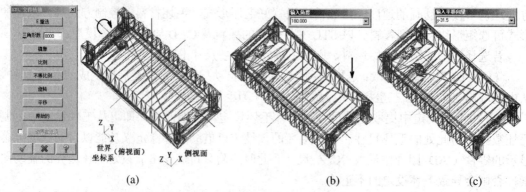

　　　　　(a)　　　　　　　　　　　　　　(b)　　　　　　　　　　　　　(c)

图 6-49　中间工序 STL 毛坯的翻面转换

(a) 调入的原始 STL；(b) 180°旋转变换结果；(c) 向下平移变换

6.8.2   刀具路径的编辑(Edit NCI)

刀具路径的编辑是将已存在的各 NCI 刀路文档进行删除 Delete、合并 Merge、转换(如镜像 Mirror、旋转 Rotate、比例缩放 Scale、平移复制 Translate 等)或曲面加工刀路进行投影 Project、修剪 Trim 等操作，以获得一个新的 NCI 文档。

1．刀路投影

使用事先已经做好的 NCI 刀路文件去投影至一构图平面、圆柱面、球面、圆锥面或任一横截面。

若要将某 NCI 刀路投影到某一平面上，那么首先应将该平面设为当前构图平面，然后再用刀路投影至构图平面功能进行投影计算。

对圆柱面、锥面、球面的投影，和前述曲面粗、精加工投影不同，这里的圆柱面、锥面和球面等是临时由特征线来定义的，并且要求确保被投影 NCI 刀路在该指定的面上能产生完整的刀路正投影。若不能产生完整的正投影，系统就会产生警告。

刀路投影事实上仅改变 Z 的深度，在 XY 方向上的坐标是不改变的。

2．刀路修剪

刀路修剪功能是使用一新定义的边界去修剪某 NCI 刀路文件，再按要求保留位于新边界内部或边界外部的刀路部分，组成一新的 NCI 刀路文件，另一部分就被修剪而舍弃了。

对于刀路太长、机床存储容量不够的 NC 程序，可采用刀路修剪功能，将一个大的 NCI 刀路文件分割为较小的 NCI 刀路文件，再分别去产生较小的 NC 程序文件。

另外，对于临时有改变，需要将某个部位作为保护边界，而当时又没有设定其为干涉保护面的部分，也可以利用刀路修剪的功能将这部分的刀路修剪掉，如图 6-50 所示。

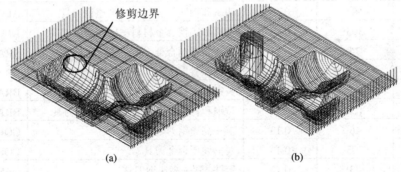

修剪边界

| (a) | (b) |

图 6-50   曲面刀路修剪

(a) 修剪前曲面刀路；(b) 修剪后刀路

3．刀路转换

当某零件的形状可由其部分形状经多次平移、旋转或对称而产生时，通常我们可先画出其部分形状，对这一部分进行刀路定义、计算，最后再利用刀路转换功能，产生对整个零件加工的刀路。这种方法可大大节省刀路计算的时间。

和对图形进行几何变换类似，刀路转换有：

平移转换——用以产生矩形阵列、均匀布局的多槽加工刀路。

旋转变换——用以产生环形阵列的加工刀路。

镜像变换——用以产生对称加工的刀路。

需要注意的是：由刀路转换功能产生的刀路和原始刀路是相关联的，当原始刀路重新计算而发生改变后，其相应的转换刀路也将跟着一起改变。若删除了原始刀路，则转换刀路也将不复存在。

4．刀路细节编辑

对刀路的增删修改操作，还可细化到具体的层、节和线段(NC 程序中的具体程序行)。

在操作管理器区的某一基本刀路项目中点鼠标右键，再在弹出的菜单中选择→选项→刀具路径编辑器，即可对这一基本刀路进行具体细致的编辑。这一编辑可细化到深度分层的每一层、粗铣和精修的每一区段、甚至于刀路的最小单位——基本刀路轨迹线段。在细节编辑中，可以进行最基本刀路轨迹线的增删操作。

6.8.3　工件材质设定(Material)

在 Master CAM 提供的工件材质库中，列举了一些常用的工件材料，同时也包含某材料使用高速钢和使用硬质合金刀具时的切削速度和切削量，并允许用户编辑修改或添加新的工件材料。

点选菜单"刀具路径"→"材料管理器"，在对话框内选择材料来源为"材料数据库"，即可显示库中已有工件材质，双击某材料即可编辑材质工艺参数，点右键可新建添加。表6-2 所示是某铣削加工库中的材质一览表，可用于编辑修改时参考。

表 6-2　铣 削 材 质 表

材料名	表面线速度 /(m/min)	每刃切削量 /(mm/flute)	注　　释	英制材料名称
铝合金-S	183	0.13	明矾和铝镁合金材料—高速钢刀具	ALUM-S
铝合金-C	305	0.13	明矾和铝镁合金材料—硬质合金刀具	ALUM-C
黄铜 1-S	76	0.13	黄铜和青铜合金，软—高速钢刀具	BRASS1-S
黄铜 1-C	305	0.25	黄铜和青铜合金，软—硬质合金刀具	BRASS1-C
黄铜 2-S	46	0.08	黄铜和青铜合金，硬—高速钢刀具	BRASS2-S
黄铜 2-C	122	0.13	黄铜和青铜合金，硬—硬质合金刀具	BRASS2-C
铜-S	46	0.13	铜—高速钢刀具	COPPER-S
铜-C	305	0.13	铜—硬质合金刀具	COPPER-C
铸铁 1-S	23	0.13	铸铁，软—高速钢刀具	CAST1-S
铸铁 1-C	76	0.25	铸铁，软—硬质合金刀具	CAST1-C
铸铁 2-S	15	0.08	铸铁，硬—高速钢刀具	CAST2-S
铸铁 2-C	61	0.13	铸铁，硬—硬质合金刀具	CAST2-C
100 钢-S	8	0.10	钢—高速钢刀具	100BHN-S
100 钢-C	137	0.13	钢—硬质合金刀具	100BHN-C
200 钢-S	21	0.10	钢—高速钢刀具	200BHN-S
200 钢-C	107	0.13	钢—硬质合金刀具	200BHN-C
不锈钢 1-S	11	0.08	不锈钢，硬—高速钢刀具	STAINLESS1-S
不锈钢 1-C	76	0.08	不锈钢，硬—硬质合金刀具	STAINLESS1-C

续表

材料名	表面线速度 /(m/min)	每刃切削量 /(mm/flute)	注　　释	英制材料名称
钛合金 1-S	11	0.08	钛合金, under 100K PSI—高速钢刀具	TITANIUM1S
钛合金 1-C	46	0.10	钛合金, under 100K PSI—硬质合金刀具	TITANIUM1-C
铁基合金-H	12	0.05	铁酸盐合金—高速钢刀具	FERR-H
铁基合金-C	46	0.08	低铁酸盐合金—硬质合金刀具	FERR-C
AUSTEN-H	6	0.03	奥氏体合金钢—高速钢刀具	AUSTEN-H
AUSTEN-C	30	0.05	奥氏体合金钢—硬质合金刀具	AUSTEN-C
镍合金-H	2	0.03	镍基合金—高速钢刀具	NICKEL-H
镍合金-C	15	0.05	镍基合金—硬质合金刀具	NICKEL-C
钴合金-H	2	0.03	钴合金—高速钢刀具	COBALT-H
钴合金-C	15	0.05	钴合金—硬质合金刀具	COBALT-C

6.8.4 后置处理(Post Proc)

后置处理模块是用于将刀具路径文档(NCI)转换为数控机床加工用程序清单文件的，NCI 文档数据是通用的，与所用机床系统无关。由于每一种特定的加工机床其数控系统的程序组织格式都不一样，所以 Master CAM 采取从某后处理数据文档(.PST)中提取程序格式转化所需的标识代码的方式，以获得适应某机床控制系统的数控程序。并且还允许用户根据所用机床的特殊性去修改后处理数据文档中的特征代码，从而使得由此生成的数控程序更适于用户的机床，尽可能地减少再去修改程序清单的工作。

Master CAM 中标准 FANUC 后置处理 MPFAN.PST 文档主要由以下几个区段所组成。

资料注释区段：关于各项设置的描述说明。所有行首为"#"号标记的信息行及从"#"号起到行尾结束部分均为注释说明内容，这部分将不影响程序的生成。

错误信息处理(Error Messages)区段：后处理编译出错时的相关变量项目对应信息显示的警示文字内容。

常量定义及变量初始化区段：定义常量名及其数值、变量名及其初始值。例如：

Omitseq$: no$ #是否取消程序行号输出的设置。当设置为 no 时，生成的 NC 程序文件每行都会有行号；设置为 yes 时，NC 程序文件将不输出行号。

breakarcs$: 0 #是否分割圆弧输出的设置(0=no,1=quadrants,2=180deg.max arcs)，即设为 0 时，不分割圆弧，可整圆输出；设为 1 时，按象限点分割圆弧，整圆则按 4 段弧输出；设为 2 时，弧心角最大不超过 180°，超过时按 2 段圆弧输出。

arcoutput$: 2 #圆弧半径输出格式的设置(0=IJK, 1=R no sign, 2=R signed neg.over 180)，即设为 0 时，以 IJK 形式输出；设为 1 时，仅以无符号的 R 值输出，超过 180°的弧将按象限点为界分段输出；设为 2 时，对弧心角超过 180°时，R 以负半径输出。

变量数据类型及输出格式定义区段：包括 G/M 指令字符串代码及其输出格式定义、数值变量的数据类型及数据输出的前导字符设定等。

例如"fs2 2 0.4 0.3"是定义类型"2"为允许小数点前 4 位、小数点后 3 位输出的数据格式；而"fmt X 2 xabs"是定义数值变量"xabs"为类型"2"的数据类型，且带前导"X"字符输出；"SM08 M08"是指输出时用"M08"字符串作为 SM08 变量的值。

程序格式预定义输出处理及数据计算处理区段：以函数定义形式，对从 NCI 文件中读入的数据行信息进行标志数据判别，选择相应的处理方式直接输出或调用数据算法处理函数计算处理后进行指令行格式的输出。以下为程序头处理函数 psof 的示例：

psof   #Start of file。

pcuttype   #调用切削类型判别处理函数。

*progno$, e$ #输出由 progno 变量确定的程序号并换行的第二行程序。

"(PROGRAM NAME - ", sprogname, ")", e$ #输出程序名的注释行。

pbld, n$, *smetric, e$ #调用 pbld 函数确定是否输出"/"，再输出格式变量 n 值对应的行号，接着输出 smetric 变量确定的公英制单位对应的字符串代码后换行。

pbld, n$, *sgcode, *sgplane, "G40", "G49", "G80", *sgabsinc, e$ #调用 pbld 函数确定是否输出"/"，再输出格式变量 n 值对应的行号，接着输出 sgcode 变量确定的进给指令方式(G00/G01/G02...)字符串代码、sgplane 变量确定的加工平面(G17/G18/G19)字符串代码，以及输出固定字符串 G40G49G80 后接着输出变量 sgabsinc 确定的坐标方式(G90/G91)字符串代码再换行。

pbld, n$, *sgcode, *sgabsinc, pwcs, pfxout, pfyout, *speed, *spindle, e$ # 前四项含义同上，除此以外，还要调用 pwcs 函数计算确定的工件坐标系方式(G54/G55...)字符串代码，再先后调用 pfxout、pfyout 函数计算确定的含 X、Y 前导的坐标指令代码，以及由变量 speed 确定的前导为 S 的主轴转速代码，由变量 spindle 确定的主轴旋向(M03/M04/M05)字符串代码，然后再换行。

后处理程序规划区段：系统设置时所定义的一些默认数据值。在函数计算时将依据这些设置值进行判断并选择确定相应的处理算法。

在 Master CAM X 版中，可按 ALT+C 启用"UpdatePost.dll"外部程序对 V9 版已有后置处理文件进行升级，以在得到 X 版的 PST 文件的同时生成同名的系统控制文件.control和机床结构模型文件.mmd。依靠这些相互关联的文件，则可在操作管理区的机床群组→属性→文件设置中点选"替换"按钮，及时更改当前设置为所需的机床及其后置处理文件，否则将以系统配置时默认的机床模型及其 PST 文件进行 NC 输出。

6.8.5　数据传送与 DNC 加工

当选用合适的后置处理数据文档转换生成适合所用数控机床的程序文档(NC)后，即可按照机床数控系统的允许情况直接调用，或转存到磁盘上并更改为允许的文档名称后调用。如果机床具有 RS232 通信端口，可通过"文件"→"通信"功能项，直接将程序输送到机床数控系统中。

1. RS232 串口通信端口的连接

RS232 串口通信常用的有 9 针串口和 25 针串口，其针脚信号说明见表 6-3。根据 PC机与机床现有串口类型，可有 9 针—9 针、25 针—25 针、9 针—25 针三钟接法，见表 6-4。通常 PC 机端为 9 针串口，机床端为 25 针串口，使用 9 针—25 针的连接方式。若 PC 机端使用 USB 接口，则必须购置 USB→串口的转换器进行转接。

表 6-3 DB9 和 DB25 的常用信号脚说明

9 针串口(DB9)			25 针串口(DB25)		
针号	功能说明	缩写	针号	功能说明	缩写
1	数据载波检测	DCD	8	数据载波检测	DCD
2	接收数据	RXD	3	接收数据	RXD
3	发送数据	TXD	2	发送数据	TXD
4	数据终端准备	DTR	20	数据终端准备	DTR
5	信号地	GND	7	信号地	GND
6	数据准备好	DSR	6	数据准备好	DSR
7	请求发送	RTS	4	请求发送	RTS
8	清除发送	CTS	5	清除发送	CTS
9	振铃指示	DELL	22	振铃指示	DELL

表 6-4 RS232C 串口通信接线方法

三 线 制 接 法 (FANUC 等)					
9 针—9 针		25 针—25 针		9 针—25 针	
2	3	3	2	2	2
3	2	2	3	3	3
5	5	7	7	5	7
另外，9 针本端口的 1-4-6、7-8 需短接，25 针本端口的 4-5、6-8-20 需短接。					
七 线 制 接 法 (HNC 系统 9 针—9 针)					
PC 端	2	3	4	5	6	7	8
机床端	3	2	6	5	4	8	7

2. DNC 连线加工

采用 FANUC 数控系统的机床，对于将 PC 机中的程序输入转存到机床数控系统中的方法，在 4.4 节中已有介绍，这种转存的方法受到机床数控系统提供的存储容量的限制，不适于大型复杂零件。对于复杂曲面零件而言，其加工程序往往非常大，尽管可以考虑将复杂零件的刀路分步定义，分为几次来进行加工，以减少程序的存储容量，但其操作很麻烦，容易出错。为此可采用系统提供的 DNC 联机加工功能，由 PC 机直接控制加工，不需要转存程序。

DNC 加工操作如下：

1) 机床数控系统方面的准备

待机床加工前所有的准备工作做好后，将机床手动操作面板上的方式开关置于"DNC 加工"方式，按压"PROG"程序功能键，输入给定一个程序番号或直接用要传送加工程序文件中的程序号，然后按压"循环启动"键，屏幕右下角闪烁显示"输入"字样。

2) PC 机方面的准备

当用 Master CAM 编好程序并生成 NC 程序文件后，即可选择"档案"→"下页"→

"传输"菜单项功能，启动如图 6-51 所示的对话框，设置好传输参数，然后点选"传送"按钮，在弹出的文件选择对话框中选中已生成的 NC 程序文件名，再点选"确定"按钮即可开始 DNC 加工。

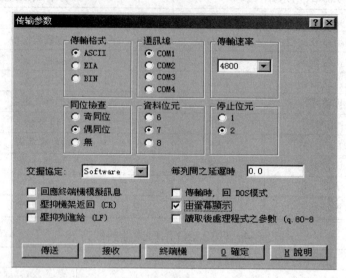

图 6-51　数据传送对话框

3) HNC 系统的 DNC 操作

由于 RS232 连接方式及通信协议的特殊性，HNC 系统要使用其专门的 DNC 传送软件。

在机床端的 HNC 控制界面中，按"F5 设置"→"F5 串口参数"，输入端口号和传送速率(波特率)即可完成 DNC 设置。然后在主菜单下按"DNC 通讯 F7"，机床端即处于等待接受数据的状态。

在 PC 机端启动 HNC 的传送软件，设置好端口、波特率等，再选择要传送的 NC 程序文件(NC 程序文件名必须以 O 开头)，点选"确定"按钮即可开始传送。

和 FANUC 系统不同的是，HNC 传送到机床端的程序文件名取决于 PC 机端的原始 NC 程序文件名，与文件内容的首行"Oxxxx"无关。若机床端已有同名的文件，必须在 PC 机端先改名或先将机床端同名文件删除后方可正常传送。FANUC 系统机床端接收后的程序名则取决于 PC 机端原始 NC 程序文件首行"Oxxxx"的内容，与原始 NC 程序文件名无关，若有同名程序，则产生通信错误报警。

6.9　车削自动编程系统简介

6.9.1　车削零件图形的生成

数控车大多是在 XZ 平面上进行二维加工的，因此其图形构建通常也是一些简单的 2D 直线和圆弧，即使绘成 3D 实体，也大多是回转体形状。如果仅仅是为了进行刀路定义，一般说来，只需要绘制出一半的 2D 图形即可。

针对车削的特点，车削模块有按半径值构图的后置式(+XZ)、前置式(–XZ)构图平面，还有按直径值构图的后置式(+DZ)、前置式(–DZ)构图平面，可以更方便地构建车削零件图形。Master CAM 的 Lathe(车削)模块中图形构建过程、方法和 Mill(铣削)模块基本相同，在此不再赘述。

6.9.2 车削刀路的定义

Master CAM 的车削模块具有阶梯轮廓(内、外轮廓)的粗、精车，切槽、车端面、车螺纹、切断等多种刀路定义功能，既能生成由基本线圆插补指令表示的程序，也能生成复合车削循环指令表示的程序。在车削模块中还能进行车削中心的 C 轴径向和轴向钻铣加工的刀路定义。

1. 轮廓粗车刀路

图 6-52 所示是阶梯轮廓粗车刀路定义时刀具参数设置对话框，在选中的刀具图上点击鼠标右键即可编辑修改刀具刀片的类型、刀具参数、刀偏角度及选择主轴卡盘的偏置方向等。点选"参考点"按钮可设置程序快速定位的起刀点和终刀点的坐标位置；点选"杂项变数"按钮可设置程序中建立工件坐标系的指令方式(G50 或 G54 等)、坐标数据计算方式(G90 或 G91)、自动回参考点的指令方式(G28 或 G30)等，点选"机械原点"可重置参考点到机床零点的距离。

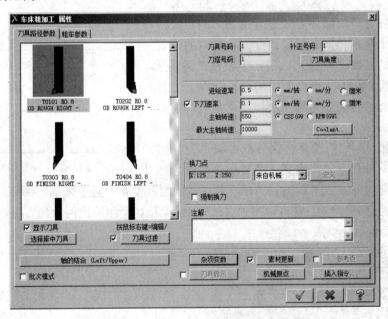

图 6-52 车削刀具参数设置对话框

图 6-53 是粗切参数设置对话框，可在其中设置粗切间距，留给精加工的余量，单、双向切削方法，是否需要考虑刀尖半径补偿及补偿状况等，还可以在粗切方向/角度设置中选择是切削外形、内形还是端面切削形式。对第 2 章习题中题图 2-2 而言，图形构建完成后，可按图 6-54(a)所示从圆弧段开始链接，然后点选 φ45 右端面线为链接的最后一段(不要一段段的点选链接，且退刀槽两端应接上)，参数定义完成后即可得到图 6-54(b)所示刀路。

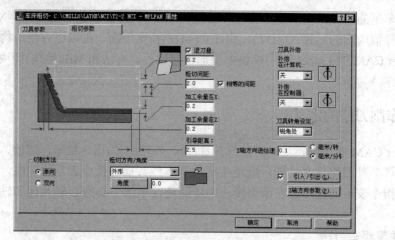

图 6-53　粗车切削参数设置对话框

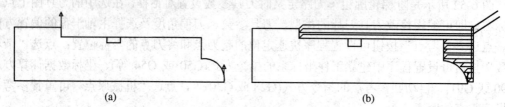

图 6-54　粗车刀路的定义

　　若使用复合车削循环方式进行粗切刀路定义，参数设置和以上基本相同，但要改变循环起点的位置，则需要在粗切参数设置的引入/引出中设置"调整循环轮廓"→"增加线段"，调整效果如图 6-55 所示。复合循环方式是外圆粗切还是端面粗切，可由粗切方向中设定。

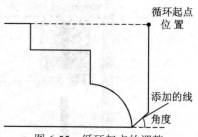

图 6-55　循环起点的调整

　　环状(固定形状)粗切复合循环应由菜单刀具路径→切削循环→外形重复来定义，其粗切参数设置和外圆粗切时不同的部分如图 6-56(a)所示。其中"固定补偿角"是用来确定循环起始处缓冲线与水平(Z 轴)方向夹角的，它将影响到 X、Z 方向上粗切间距的比例分配。图 6-56(b)所示为环状粗切的刀路。

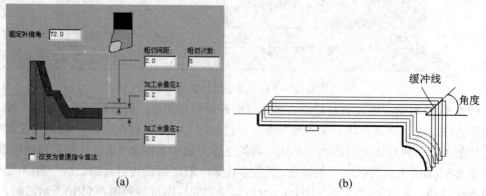

图 6-56　环状粗切设置

2．轮廓精车刀路

精切刀具参数设置和粗切相同。精切参数的部分设置如图 6-57(a)所示，图 6-57(b)是精切加工产生的刀路。

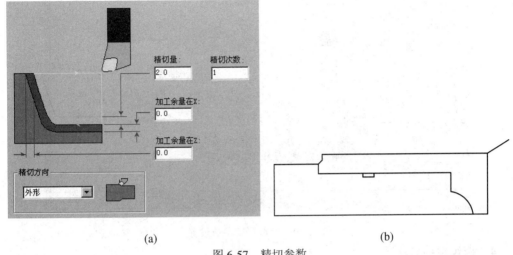

(a)　　　　　　　　　　　　　　　　　　　　(b)

图 6-57　精切参数

3．切槽刀路

车削切槽包括外圆轴或内孔中的窄退刀槽(槽宽=刀宽)、长槽(槽宽>刀宽)、端面(或锥面)圆环槽等。图 6-58 所示是切槽的槽形参数设置对话框。

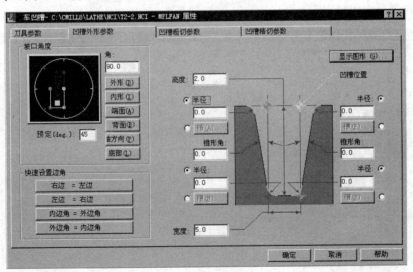

图 6-58　槽形参数设置

可根据加工要求选择方位，根据槽形设置槽深(高度)、槽宽和几何转角尺寸，对称时可设置一半后由快速设置赋给另一边。槽形粗切参数设置如图 6-59 所示，切槽刀只能沿径向切削，宽槽切削时可沿轴向由已加工部位退刀。粗切间距应小于刀宽，否则属于间断切槽，间断切槽和深槽分层切割应另外设置参数。对于刀宽=槽宽的窄退刀槽，只需进行粗切刀路定义即可。

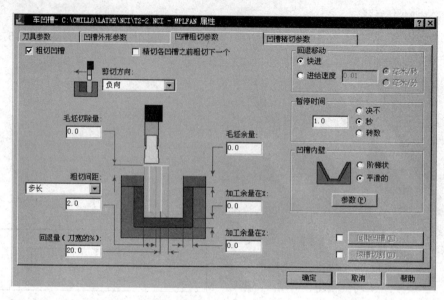

图 6-59　槽形粗切参数设置

4. 螺纹车削刀路

螺纹车削刀路定义时，螺纹轨迹图形是在螺纹形状参数设置时才去选择的，其设置对话框如图 6-60 所示。螺纹的大径、小径可通过点选对应按钮后返回到图形屏幕去拾取得到，也可根据螺纹公称尺寸和螺距大小从螺纹库表中选择标准螺纹得到。但其始、末端位置则必须切换到图形中去拾取。

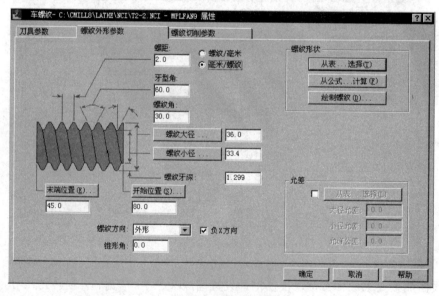

图 6-60　螺纹形状参数设置

螺纹切削参数设置如图 6-61 所示，在此可以选择后处理输出 NC 代码时是按基本车螺纹指令 G32，还是按简单车螺纹循环 G92(/G82)，或者按复合车螺纹循环 G76 指令方式生成程序；可以选择确定切削次数或每次背吃刀量(切削深度)的算法；可设定切入/切出时的前导长度和退尾长度等。

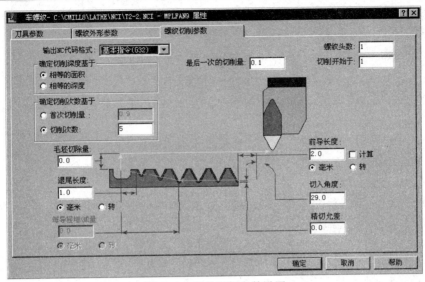

图 6-61　螺纹切削参数设置

6.9.3　车削程序的生成

车削零件所需进行的各种切削刀路定义完成后，即可在操作管理区点"实体验证 "，察看加工效果。图 6-62 所示是题图 2-2 零件的车削模拟结果。刀路验证符合要求后，可点"后处理 **G1** "生成 NC 程序。

采用普通粗、精切方式进行刀路定义后得到的是用基本线、圆插补指令格式编写的程序，只有用车削循环方式进行刀路定义，才可以得到用 G71(外圆粗切)、G72(端面粗切)、G73(环状粗切)、G76(复合车螺纹)、G70(精切)指令格式编写的程序。复合车削循环方式时，若链接的轮廓中有圆弧段，系统照样按圆

图 6-62　模拟加工效果图

弧段产生参照程序，但有些机床的数控系统是不允许其中含有圆弧段的，为此就需要构建直线段去趋近这些圆弧后再去进行刀路定义，或者直接按基本线圆插补指令生成程序。在图 6-56 中就有这样一个选择项，可将复合循环方式定义的刀路永久地转化为基本指令算法生成程序。

思考与练习题

1. 画出 Master CAM 的 Mill 模块的结构框图，并简要说明利用该铣削模块进行自动编程的大致过程。

2. Mill 的构图平面指的是什么？刀具平面又指的是什么？要进行刀路定义时，刀具平面和构图平面之间应是什么样的关系？

3. Master CAM 绘制矩形时可有哪些选项？若要以下边线中点为参照点，绘制一个具有四个圆角的矩形，该如何操作？

4. 两点画弧和两点画圆有何区别？联想到编程规则中 G02/G03 的 R 取值方法，怎样才能绘出希望得到的圆弧段？

5. 线框模型、曲面模型、实体模型三种表示 3D 结构的方式有什么不同？

6. 在 Master CAM 中，NCI 是一个什么样的文件？NC 又是什么文件？为了生成一个和某机床数控系统相适应的数控加工程序，起决定性作用的文件是什么？这类文件的扩展名是什么？

7. 如果在进行刀路参数设定时，已设定为轮廓粗铣 3 次、精铣 2 次，深度方向分层粗铣 2 次、精铣 2 次，那么当设为每层精铣方式时，将产生多少个刀路，设为最后精铣方式时，又将产生多少个刀路？

8. 画图分析说明进行挖槽、铣轮廓刀路定义时，关于深度分层、设置各参数的含义。若工件上表面为 Z=0，底部深度为 –20，最大粗切深度为 5，精修 2 次，每次精修深度 0.25，那么 Master CAM 生成程序时每次的 Z 深度分别是多少？（要求写出算法。）

9. 若使用刀具直径大于某槽宽度，试一试使用或不使用刀具半径补偿的自动优化或寻找相交性选项设置的效果。

10. 曲面加工时的过切是指什么？什么情况下会产生过切？

11. 曲面间隙部位的刀路处理有哪些方式？各适用于什么样的情况下？

12. 几种曲面粗切的方式中，哪些适于块状坯料？哪些适于铸锻坯料？

13. 残料清角和交线清角有何不同？各适于什么情况下使用？

14. 怎样在曲面上产生刻字的刀路？如果需要产生凸字，应怎样处理？

15. 曲面粗切和曲面精切中的平行式铣削有什么区别？

16. 题图 6-1 所示的曲面零件，从毛坯到零件尺寸，应分别进行什么样的刀路定义？

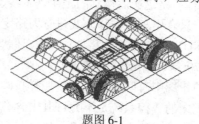

题图 6-1

17. 如何修改 FANUC 数控系统的后处理程序，使得生成的 NC 程序不含程序行号 N 代码？如何修改 MAHAO 数控系统的后处理程序，使得其生成的程序行号 N 代码后可达到 6 位数？

18. 某加工中心机床自动换刀指令格式为 TxxM98P9000，怎样修改后置处理文件的设置项来按此格式自动生成程序？

19. 什么是 DNC 加工？简要说明 XH713A 的 DNC 加工操作过程。

20. 画图表示 XH713A 的 RS232 串口通信的连接方法。

21. Master CAM 的车削模块能进行哪些主要加工刀路的定义？普通粗、精切和复合循环的粗、精切刀路定义有何不同？

22. 螺纹车削时轮廓图形如何选取？锥螺纹加工如何处理？

23. 用 Master CAM 编制题图 6-2 所示零件的加工程序，和以前用手工所编的程序进行比较。

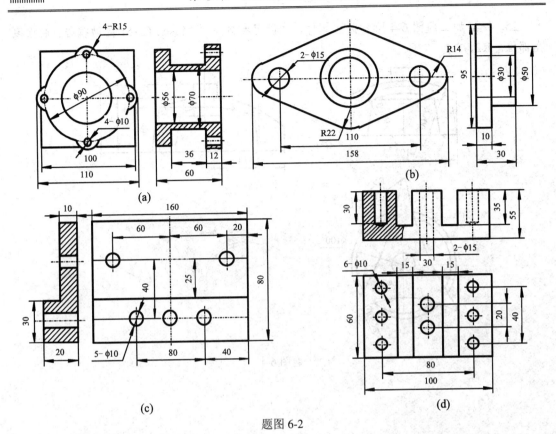

题图 6-2

24. 铣、钻加工题图 6-3 所示零件(不含外圆部分)，应分别进行那些刀路定义？各主要参数如何选取？试用 Master CAM 绘出图形并编制出 NC 程序。

假设每次切削深度不得超过 6 mm。

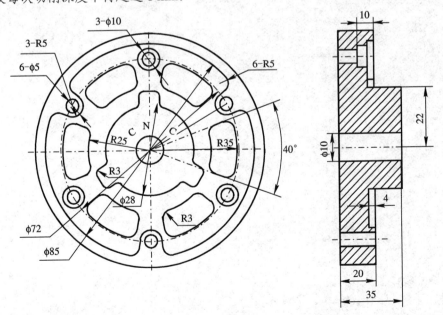

题图 6-3

25. 铣削加工题图 6-4 所示曲面零件，试设定参数并用 Master CAM 自动编程。曲面倒角部位：R2。

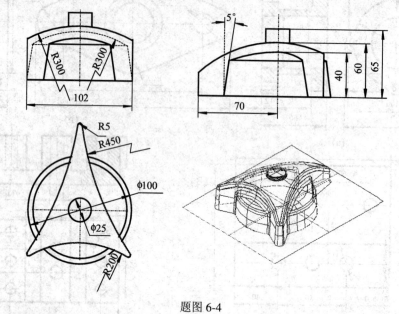

题图 6-4

附录 A　数控操作工职业资格鉴定要求

一、数控车床操作工的知识与技能要求

按照《数控车工国家职业标准》中各职业等级关于数控车工的工作要求，提出如下知识和技能方面的基本要求。其中，中级、高级的知识和技能要求依次递进，高级别包括低级别的要求。

职业功能	工作内容	技 能 要 求	相 关 知 识	职业等级
一、工艺准备	(一)读图与绘图	1. 能读懂主轴、蜗杆、丝杠、偏心轴、两拐曲轴、齿轮等中等复杂程度的零件工作图 2. 能读懂零件的材料、尺寸公差、形位公差、表面粗糙度及其他技术要求 3. 能手工绘制轴、套、螺钉、圆锥体等简单零件的工作图 4. 能读懂车床主轴、刀架、尾座等简单机构的装配图 5. 能用 CAD 软件绘制简单零件的工作图	1. 复杂零件的表达方法 2. 零件材料、尺寸公差、形位公差、表面粗糙度等的基本知识 3. 简单零件工作图的画法 4. 简单机构装配图的画法 5. 计算机绘制简单零件工作图的基本方法	中级
		6. 能读懂中等复杂程度(如刀架)的装配图 7. 能根据装配图拆画零件图 8. 能测绘零件	6. 根据装配图拆画零件图的方法 7. 零件的测绘方法	高级
	(二)制定加工工艺	1. 能正确选择加工零件的工艺基准 2. 能决定工步顺序、工步内容及切削参数 3. 能编制台阶轴类和法兰盘类零件的车削工艺卡	1. 数控车床的结构特点及其与普通车床的区别 2. 台阶轴类、法兰盘类零件的车削加工工艺知识 3. 数控车床工艺编制方法	中级
		4. 能编制复杂零件的数控车床加工工艺文件	4. 复杂零件数控车床加工工艺文件的制定	高级
	(三)工件定位与夹紧	1. 能使用、调整三爪自定心卡盘、尾座顶尖及液压高速动力卡盘并配置软爪	1. 定位、夹紧的原理及方法 2. 三爪自定心卡盘、尾座顶尖及液压高速动力卡盘的使用、调整方法	中级
		2. 能选择和使用数控车床组合夹具和专用夹具 3. 能分析并计算车床夹具的定位误差 4. 能设计与自制装夹辅具(如心轴、轴套、定位件等)	3. 数控车床组合夹具和专用夹具的使用、调整方法 4. 专用夹具的使用方法 5. 夹具定位误差的分析与计算方法	高级

续表(一)

职业功能	工作内容	技 能 要 求	相 关 知 识	职业等级
一、工艺准备	(四)刀具准备	1. 能依据加工工艺卡选取合理刀具 2. 能在刀架上正确装卸刀具 3. 能正确进行机内与机外对刀 4. 能确定有关切削参数	1. 数控车床刀具的种类、结构、特点及适用范围 2. 数控车床对刀具的要求 3. 机内与机外对刀的方法 4. 车削刀具的选用原则	中级
		5. 能选择各种刀具及刀具附件 6. 能根据难加工材料的特点,选择刀具的材料、结构和几何参数 7. 能刃磨特殊车削刀具	5. 专用刀具的种类、用途、特点和刃磨方法 6. 切削难加工材料时的刀具材料和几何参数的确定方法	高级
二、编程技术	(一)手工编程	1. 正确运用数控系统的指令代码,编制带有台阶、内外圆柱面、锥面、螺纹、沟槽等轴类、法兰盘类中等复杂程度零件的加工程序 2. 能手工编制含直线插补、圆弧插补二维轮廓的加工程序	1. 几何图形中直线与直线、直线与圆弧、圆弧与圆弧的交点的计算方法 2. 机床坐标系及工件坐标系的概念 3. 直线插补与圆弧插补的意义及坐标尺寸的计算 4. 手工编程的各种功能代码及基本代码的使用方法 5. 刀具补偿的作用及计算方法	中级
		3. 能运用变量编程编制含有公式曲线的零件数控加工程序	6. 固定循环和子程序的编程方法 7. 变量编程的规则和方法	高级
	(二)自动编程	1. 能用 CAD/CAM 软件编制中等复杂程度零件程序,包括粗车、精车、打孔、换刀等程序	1. CAD 线框造型和编辑 2. 刀具定义 3. CAM 粗精、切槽、打孔编程 4. 能够解读及修改软件的后置配置,并生成代码	中级
		2. 能用计算机绘图软件绘制装配图	5. 计算机绘图软件的使用方法	高级
	(三)数控加工仿真	1. 数控仿真软件基本操作和显示操作 2. 仿真软件模拟装夹、刀具准备、输入加工代码、加工参数设置 3. 模拟数控系统面板的操作 4. 模拟机床面板操作 5. 实施仿真加工过程以及加工代码检查 6. 利用仿真软件手工编程	1. 常见数控系统面板操作和使用知识 2. 常见机床面板操作方法和使用知识 3. 三维图形软件的显示操作技术 4. 数控加工手工编程	中级
		7. 能用数控加工仿真软件实施加工过程仿真以及加工代码检查、干涉检查、工时估算	5. 数控加工仿真软件的使用方法	高级

续表(二)

职业功能	工作内容	技 能 要 求	相 关 知 识	职业等级
三、基本操作与维护	(一)基本操作	1. 能正确阅读数控车床操作说明书 2. 能按照操作规程启动及停止机床 3. 能正确使用操作面板上的各种功能键 4. 能通过操作面板手动输入加工程序及有关参数，能进行机外程序传输 5. 能进行程序的编辑、修改 6. 能设定工件坐标系 7. 能正确调入调出所选刀具 8. 能正确修正刀补参数 9. 能使用程序试运行、分段运行及自动运行等切削运行方式 10. 能进行加工程序试切削并作出正确判断 11. 能正确使用程序图形显示、再启动功能 12. 能正确操作机床完成简单零件外圆、孔、台阶、沟槽等加工	1. 数控车床操作说明书 2. 操作面板的使用方法 3. 手工输入程序的方法及外部计算机自动输入加工程序的方法 4. 程序的编辑与修改方法 5. 机床坐标系与工件坐标系的含义及其关系 6. 相对坐标系、绝对坐标系的含义 7. 程序试切削方法 8. 程序各种运行方式的操作方法 9. 程序图形显示、再启动功能的操作方法	中级
	(二)数控车床日常维护	1. 能进行加工前机、电、气、液、开关等常规检查 2. 能在加工完毕后，清理机床及周围环境 3. 能进行数控车床的日常保养	1. 数控车床安全操作规程 2. 日常保养的方法与内容	中级
		4. 能制定数控车床的日常维护规程 5. 能监督检查数控车床的日常维护状况	3. 数控车床维护管理基本知识 4. 数控机床维护操作规程的制定方法	高级
	(三)数控车床故障诊断	1. 能判断数控车床机械、液压、气压和冷却系统的一般故障 2. 能判断数控车床控制与电器系统的一般故障 3. 能够判断数控车床刀架的一般故障	1. 数控车床机械故障的诊断方法 2. 数控车床液压、气压元器件的基本原理 3. 数控车床电器元件的基本原理 4. 数控车床刀架结构	高级
四、工件加工	(一)盘、轴类零件	能加工盘、轴类零件，并达到以下要求： 1. 尺寸公差等级：IT7 2. 形位公差等级：IT8 3. 表面粗糙度：Ra3.2 μm	1.内外径的车削加工方法与测量方法 2. 孔加工方法	中级
	(二)等节距螺纹加工	能加工单线和多线等节距的普通三角螺纹、T形螺纹、锥螺纹，并达到以下要求： 1. 尺寸公差等级：IT7 2. 形位公差等级：IT8 3. 表面粗糙度：Ra3.2 μm	1. 常用螺纹的车削加工方法 2. 螺纹加工中的参数计算	

续表(三)

职业功能	工作内容	技　能　要　求	相　关　知　识	职业等级
四、工件加工	(三) 沟、槽加工	能加工内径槽、外径槽和端面槽，并达到以下要求： 1. 尺寸公差等级：IT8 2. 形位公差等级：IT8 3. 表面粗糙度：Ra3.2 μm	内径槽、外径槽和端面槽的加工方法	中级
	(四) 轮廓加工	能进行细长、薄壁零件加工，并达到以下要求： 1. 轴径公差等级：IT6 2. 孔径公差等级：IT7 3. 形位公差等级：IT8 4. 表面粗糙程度：Ra1.6 μm	细长、薄壁零件加工的特点及装夹、车削方法	高级
	(五) 螺纹加工	能进行单线和多线等节距的 T 形螺纹、锥螺纹加工，并达到以下要求： 1. 尺寸公差等级：IT6 2. 形位公差等级：IT8 3. 表面粗糙程度：Ra1.6 μm 能进行变节距螺纹的加工，并达到以下要求： 1. 尺寸公差等级：IT6 2. 形位公差等级：IT7 3. 表面粗糙程度：Ra1.6μm	T 形螺纹、锥螺纹加工中的参数计算变节距螺纹的车削加工方法	
	(六) 孔加工	能进行深孔加工，并达到以下要求： 1. 尺寸公差等级：IT6 2. 形位公差等级：IT8 3. 表面粗糙程度：Ra1.6μm	深孔的加工方法	
	(七) 配合件加工	能按装配图上的技术要求对套件进行零件加工和组装，配合公差达到 IT7 级	套件的加工方法	
五、精度检验	(一) 高精度轴向尺寸测量	1. 能用量块和百分表测量零件的轴向尺寸 2. 能测量偏心距及两平行非整圆孔的孔距	1. 量块的用途及使用方法 2. 偏心距的检测方法 3. 两平行非整圆孔孔距的检测方法	中级
	(二) 内外圆锥检验	能用正弦规检验锥度	正弦规的使用方法及测量计算方法	
	(三) 等节距螺纹检验	能进行单线和多线等节距螺纹的检验	单线和多线等节距螺纹的检验方法	
	(四) 零件精度检验	1. 能在加工过程中使用百分表、千分表等进行在线测量，并进行加工技术参数的调整 2. 能够进行多线螺纹的检验 3. 能进行加工误差分析	1. 百分表、千分表的使用方法 2.多线螺纹的精度检验方法 3. 误差分析的方法	高级
	(五) 机床精度检验	1. 能利用量具、量规对机床主轴的垂直平行度、机床水平度等一般机床几何精度进行检验 2. 能进行机床切削精度检验	1. 机床几何精度检验内容及方法 2. 机床切削精度检验内容及方法	

二、数控铣床操作工的知识与技能要求

按照《数控铣工国家职业标准》中各职业等级关于数控铣床的工作要求，提出如下知识和技能方面的基本要求。其中，中级、高级的知识和技能要求依次递进，高级别包括低级别的要求。

职业功能	工作内容	技能要求	相关知识	职业等级
一、工艺准备	(一) 读图与绘图	1. 能读懂中等复杂程度(如凸轮、壳体、板状、支架)的零件图 2. 能绘制有沟槽、台阶、斜面、曲面的简单零件图 3. 能读懂分度头尾架、弹簧夹头套筒、可转位铣刀结构等简单机构装配图	1. 复杂零件的表达方法 2. 简单零件图的画法 3. 零件三视图、局部视图和剖视图的画法	中级
		4. 能读懂装配图并拆画零件图 5. 能够测绘零件 6. 能够读懂数控铣床主轴系统、进给系统的机构装配图	4. 根据装配图拆画零件图的方法 5. 零件的测绘方法 6. 数控铣床主轴与进给系统基本构造知识	高级
	(二) 制定加工工艺	1. 能读懂复杂零件的铣削加工工艺文件 2. 能编制由直线、圆弧等构成的二维轮廓零件的铣削加工工艺文件	1. 数控加工工艺知识 2. 数控加工工艺文件的制定方法	中级
		3. 能编制二维、简单三维曲面零件的铣削加工工艺文件	3. 复杂零件数控加工工艺的制定	高级
	(三) 工件定位与夹紧	1. 能使用铣削加工常用夹具(如压板、虎钳、平口钳等)装夹零件 2. 能够选择定位基准，并找正零件	1. 常用夹具的使用方法 2. 定位与夹紧的原理和方法 3. 零件找正的方法	中级
		3. 能选择和使用组合夹具和专用夹具 4. 能选择和使用专用夹具装夹异型零件 5. 能分析并计算夹具的定位误差 6. 能够设计与自制装夹辅具(如轴套、定位件等)	4. 数控铣床组合夹具和专用夹具的使用、调整方法 5. 专用夹具的使用方法 6. 夹具定位误差的分析与计算方法 7. 装夹辅具的设计与制造方法	高级
	(四) 刀具准备	1. 能够根据数控加工工艺文件选择、安装和调整数控铣床常用刀具 2. 能根据数控铣床特性、零件材料、加工精度、工作效率等选择刀具和刀具几何参数，并确定数控加工需要的切削参数和切削用量 3. 能够利用数控铣床的功能，借助通用量具或对刀仪测量刀具的半径及长度 4. 能选择、安装和使用刀柄 5. 能够刃磨常用刀具	1. 金属切削与刀具磨损知识 2. 数控铣床常用刀具的种类、结构、材料和特点 3. 数控铣床、零件材料、加工精度和工作效率对刀具的要求 4. 刀具长度补偿、半径补偿等刀具参数的设置知识 5. 刀柄的分类和使用方法 6. 刀具刃磨的方法	中级
		6. 能够选用专用工具(刀具和其他) 7. 能够根据难加工材料的特点，选择刀具的材料、结构和几何参数	7. 专用刀具的种类、用途、特点和刃磨方法 8. 切削难加工材料时的刀具材料和几何参数的确定方法	高级

职业功能	工作内容	技 能 要 求	相 关 知 识	职业等级
二、数控编程	(一)手工编程	1. 能编制由直线、圆弧组成的二维轮廓数控加工程序 2. 能够运用固定循环、子程序进行零件的加工程序编制	1. 数控编程知识 2. 直线插补和圆弧插补的原理 3. 节点的计算方法	中级
		3. 能够编制较复杂的二维轮廓铣削程序 4. 能够根据加工要求编制二次曲面的铣削程序 5. 能够运用固定循环、子程序进行零件的加工程序编制 6. 能够进行变量编程	4. 较复杂二维节点的计算方法 5. 二次曲面几何体外轮廓节点计算 6. 固定循环和子程序的编程方法 7. 变量编程的规则和方法	高级
	(二)计算机辅助编程	1. 能够使用 CAD/CAM 软件绘制简单零件图 2. 能够使用 CAD/CAM 软件完成简单平面轮廓的铣削程序	1. CAD/CAM 软件的使用方法 2. 平面轮廓的绘图与加工代码生成方法	中级
		3. 能够使用 CAD/CAM 软件进行中等复杂程度的实体造型(含曲面造型) 4. 能够生成平面轮廓、平面区域、三维曲面、曲面轮廓、曲面区域、曲线的刀具轨迹 5. 能进行刀具参数的设定 6. 能进行加工参数的设置 7. 能确定刀具的切入切出位置与轨迹 8. 能够编辑刀具轨迹 9. 能够根据不同的数控系统生成 G 代码	3. 实体造型的方法 4. 曲面造型的方法 5. 刀具参数的设置方法 6. 刀具轨迹生成的方法 7. 各种材料切削用量的数据 8. 有关刀具切入切出的方法对加工质量影响的知识 9. 轨迹编辑的方法 10. 后置处理程序的设置和使用方法	高级
	(三)数控加工仿真	1. 能利用数控加工仿真软件实施加工过程仿真、加工代码检查与干涉检查	1. 数控加工仿真软件的使用方法	高级
三、数控铣床操作	(一)操作面板	1. 能够按照操作规程启动及停止机床 2. 能使用操作面板上的常用功能键(如回零、手动、MDI、修调等)	1. 数控铣床操作说明书 2. 数控铣床操作面板的使用方法	中级
	(二)程序输入与编辑	1. 能够通过各种途径(如 DNC、网络)输入加工程序 2. 能够通过操作面板输入和编辑加工程序	1. 数控加工程序的输入方法 2. 数控加工程序的编辑方法	
	(三)对刀	1. 能进行对刀并确定相关坐标系 2. 能设置刀具参数	1. 对刀的方法 2. 坐标系的知识 3. 建立刀具参数表或文件的方法	
	(四)程序调试与运行	1. 能够进行程序检验、单步执行、空运行并完成零件试切	1. 程序调试的方法	
		2. 能够在机床中断加工后正确恢复加工	2. 程序的中断与恢复加工的方法	高级
	(五)参数设置	1. 能够通过操作面板输入有关参数	1. 数控系统中相关参数的输入方法	中级
		2. 能够依据零件特点设置相关参数进行加工	2. 数控系统参数设置方法	高级

续表(二)

职业功能	工作内容	技 能 要 求	相 关 知 识	职业等级
四、工件加工	(一)平面加工	1. 能够运用数控加工程序进行平面、垂直面、斜面、阶梯面等的铣削加工,并达到如下要求: (1) 尺寸公差等级达 IT7 级 (2) 形位公差等级达 IT8 级 (3) 表面粗糙度达 Ra3.2 μm	1. 平面铣削的基本知识 2. 刀具端刃的切削特点	中级
		2. 能够编制数控加工程序铣削平面、垂直面、斜面、阶梯面等,并达到如下要求: (1) 尺寸公差等级达 IT7 (2) 形位公差等级达 IT8 级 (3) 表面粗糙度达 Ra3.2 μm	3. 平面铣削精度控制方法 4. 刀具端刃几何形状的选择方法	高级
	(二)轮廓加工	1. 能够运用数控加工程序进行由直线、圆弧组成的平面轮廓铣削加工,并达到如下要求: (1) 尺寸公差等级达 IT8 (2) 形位公差等级达 IT8 级 (3) 表面粗糙度达 Ra3.2 μm	1. 平面轮廓铣削的基本知识 2. 刀具侧刃的切削特点	中级
		2. 能够编制数控加工程序铣削较复杂的(如凸轮等)平面轮廓,并达到如下要求: (1) 尺寸公差等级达 IT8 (2) 形位公差等级达 IT8 级 (3) 表面粗糙度达 Ra3.2 μm	3. 平面轮廓铣削的精度控制方法 4. 刀具侧刃几何形状的选择方法	高级
	(三)曲面加工	1. 能够运用数控加工程序进行圆锥面、圆柱面等简单曲面的铣削加工,并达到如下要求: (1) 尺寸公差等级达 IT8 (2) 形位公差等级达 IT8 级 (3) 表面粗糙度达 Ra3.2 μm	1. 曲面铣削的基本知识 2. 球头刀具的切削特点	中级
		2. 能够编制数控加工程序铣削二次曲面,并达到如下要求: (1) 尺寸公差等级达 IT8 (2) 形位公差等级达 IT8 级 (3) 表面粗糙度达 Ra3.2 μm	3. 二次曲面的计算方法 4. 刀具影响曲面加工精度的因素以及控制方法	高级
	(四)孔类加工	1. 能够运用数控加工程序进行孔加工,并达到如下要求: (1) 尺寸公差等级达 IT7 (2) 形位公差等级达 IT8 级 (3) 表面粗糙度达 Ra3.2 μm	麻花钻、扩孔钻、丝锥、镗刀及铰刀的加工方法	中级
		2. 能够编制数控加工程序对孔系进行切削加工,并达到如下要求: (1) 尺寸公差等级达 IT7 (2) 形位公差等级达 IT8 级 (3) 表面粗糙度达 Ra3.2 μm	麻花钻、扩孔钻、丝锥、镗刀及铰刀的加工方法	高级

续表(三)

职业功能	工作内容	技 能 要 求	相 关 知 识	职业等级
四、工件加工	(五)槽类加工	1. 能够运用数控加工程序进行槽、键槽的加工，并达到如下要求： (1) 尺寸公差等级达 IT8 (2) 形位公差等级达 IT8 级 (3) 表面粗糙度达 Ra3.2 μm	1. 槽、键槽的加工方法	中级
		2. 能够编制数控加工程序进行深槽、三维槽的加工，并达到如下要求： (1) 尺寸公差等级达 IT8 (2) 形位公差等级达 IT8 级 (3) 表面粗糙度达 Ra3.2 μm	2. 深槽、三维槽的加工方法	高级
	(六)配合件加工	能够编制数控加工程序进行配合件加工，尺寸配合公差等级达 IT8	1. 配合件的加工方法 2. 尺寸链换算的方法	高级
	(七)精度检验	1. 能够使用常用量具进行零件的精度检验	1. 常用量具的使用方法 2. 零件精度检验及测量方法	中级
		2. 能够利用数控系统的功能使用百(千)分表测量零件的精度 3. 能对复杂、异形零件进行精度检验 4. 能够根据测量结果分析产生误差的原因 5. 能够通过修正刀具补偿值和修正程序来减少加工误差	3. 复杂、异形零件的精度检验方法 4. 产生加工误差的主要原因及其消除方法	高级
五、维护与故障诊断	(一)机床日常维护	1. 能够根据说明书完成数控铣床的定期及不定期维护保养，包括：机械、电、气、液压、数控系统检查和日常保养等	1. 数控铣床说明书 2. 数控铣床日常保养方法 3. 数控铣床操作规程 4. 数控系统(进口、国产数控系统)说明书	中级
		2. 能完成数控铣床的定期维护	5. 数控铣床定期维护手册	高级
	(二)机床故障维护	1. 能读懂数控系统的报警信息 2. 能发现数控铣床的一般故障	1. 数控系统的报警信息 2. 机床的故障诊断方法	中级
		3. 能排除数控铣床的常见机械故障	3. 机床的常见机械故障诊断方法	高级
	(三)机床精度检查	1. 能进行机床水平的检查	1. 水平仪的使用方法 2. 机床垫铁的调整方法	中级
		2. 能协助检验机床的各种出厂精度	3. 机床精度的基本知识	高级

三、加工中心操作工的知识与技能要求

按照《加工中心操作工国家职业标准》中关于各职业等级的工作要求，提出如下知识和技能方面的基本要求。其中，中级、高级的知识和技能要求依次递进，高级别包括低级别的要求。

职业功能	工作内容	技 能 要 求	相 关 知 识	职业等级
一、工艺准备	(一)读图与绘图	1. 能读懂中等复杂程度(如凸轮、箱体、多面体)的零件图 2. 能绘制有沟槽、台阶、斜面的简单零件图 3. 能读懂分度头尾架、弹簧夹头套筒、可转位铣刀结构等简单机构装配图	1. 复杂零件的表达方法 2. 简单零件图的画法 3. 零件三视图、局部视图和剖视图的画法	中级
		4. 能够读懂装配图并拆画零件图 5. 能够测绘零件 6. 能够读懂加工中心主轴系统、进给系统的机构装配图	4. 根据装配图拆画零件图的方法 5. 零件的测绘方法 6. 加工中心主轴与进给系统基本构造知识	高级
	(二)制定加工工艺	1. 能读懂复杂零件的数控加工工艺文件 2. 能编制直线、圆弧面、孔系等简单零件的数控加工工艺文件	1. 数控加工工艺文件的制定方法 2. 数控加工工艺知识	中级
		3. 能编制箱体类零件的加工中心加工工艺文件	3. 箱体类零件数控加工工艺文件的制定	高级
	(三)工件定位与夹紧	1. 能使用加工中心常用夹具(如压板、虎钳、平口钳等)装夹零件 2. 能够选择定位基准，并找正零件	1. 加工中心常用夹具的使用方法 2. 定位、装夹的原理和方法 3. 零件找正的方法	中级
		3. 能根据零件的装夹要求正确选择和使用组合夹具和专用夹具 4. 能选择和使用专用夹具装夹异型零件 5. 能分析并计算加工中心夹具的定位误差 6. 能够设计与自制装夹辅具(如轴套、定位件等)	4. 加工中心组合夹具和专用夹具的使用、调整方法 5. 专用夹具的使用方法 6. 夹具定位误差的分析与计算方法 7. 装夹辅具的设计与制造方法	高级
	(四)刀具准备	1. 能够根据数控加工工艺卡选择、安装和调整加工中心常用刀具 2. 能根据加工中心特性、零件材料、加工精度和工作效率等选择刀具和刀具几何参数，并确定数控加工需要的切削参数和切削用量 3. 能够使用刀具预调仪或者在机内测量工具的半径及长度 4. 能够选择、安装、使用刀柄 5. 能够刃磨常用刀具	1. 金属切削与刀具磨损知识 2. 加工中心常用刀具的种类、结构和特点 3. 加工中心、零件材料、加工精度和工作效率对刀具的要求 4. 刀具预调仪的使用方法 5. 刀具长度补偿、半径补偿与刀具参数的设置知识 6. 刀柄的分类和使用方法 7. 刀具刃磨的方法	中级
		6. 能够选用专用工具 7. 能够根据难加工材料的特点，选择刀具的材料、结构和几何参数	8. 专用刀具的种类、用途、特点和刃磨方法 9. 切削难加工材料时的刀具材料和几何参数的确定方法	高级

职业功能	工作内容	技 能 要 求	相 关 知 识	职业等级
二、编制程序	(一)手工编程	1. 能够编制钻、扩、铰、镗等孔类加工程序 2. 能够编制平面铣削程序 3. 能够编制含直线插补、圆弧插补二维轮廓的加工程序	1. 数控编程知识 2. 直线插补和圆弧插补的原理 3. 坐标点的计算方法 4. 刀具补偿的作用和计算方法	中级
		4. 能够编制较复杂的二维轮廓铣削程序 5. 能够运用固定循环、子程序进行零件的加工程序编制 6. 能够运用变量编程	5. 较复杂二维节点的计算方法 6. 球、锥、台等几何体外轮廓节点计算 7. 固定循环和子程序的编程方法 8. 变量编程的规则和方法	高级
	(二)计算机辅助编程	1. 能够利用 CAD/CAM 软件完成简单平面轮廓的铣削程序	1. CAD/CAM 软件的使用方法 2. 平面轮廓的绘图与加工代码生成方法	中级
		2. 能够利用 CAD/CAM 软件进行中等复杂程度的实体造型(含曲面造型) 3. 能够生成平面轮廓、平面区域、三维曲面、曲面轮廓、曲面区域、曲线的刀具轨迹 4. 能进行刀具参数的设定 5. 能进行加工参数的设置 6. 能确定刀具的切入切出位置与轨迹 7. 能够编辑刀具轨迹 8. 能够根据不同的数控系统生成 G 代码	3. 实体造型的方法 4. 曲面造型的方法 5. 刀具参数的设置方法 6. 刀具轨迹生成的方法 7. 各种材料切削用量的数据 8. 有关刀具切入切出的方法对加工质量影响的知识 9. 轨迹编辑的方法 10. 后置处理程序的设置和使用方法	高级
	(三)数控加工仿真	1. 能利用数控加工仿真软件实施加工过程仿真、加工代码检查与干涉检查	1. 数控加工仿真软件的使用方法	高级
三、加工中心操作	(一)操作面板	1. 能够按照操作规程启动及停止机床 2. 能使用操作面板上的常用功能键(如回零、手动、MDI、修调等)	1. 加工中心操作说明书 2. 加工中心操作面板的使用方法	中级
	(二)程序输入与编辑	1. 能够通过各种途径(如 DNC、网络)输入加工程序 2. 能够通过操作面板输入和编辑加工程序	1. 数控加工程序的输入方法 2. 数控加工程序的编辑方法	
	(三)对刀	1. 能进行对刀并确定相关坐标系 2. 能设置刀具参数	1. 对刀的方法 2. 坐标系的知识 3. 建立刀具参数表或文件的方法	
	(四)程序调试与运行	1. 能够进行程序检验、单步执行、空运行并完成零件试切 2. 能够使用交换工作台	1. 程序调试的方法 2. 工作台交换的方法	中级
		3. 能够在机床中断加工后正确恢复加工	3. 加工中心的中断与恢复加工的方法	高级
	(五)刀具管理	1. 能够使用自动换刀装置 2. 能够在刀库中设置和选择刀具 3. 能够通过操作面板输入有关参数	1. 刀库的知识 2. 刀库的使用方法 3. 刀具信息的设置方法与刀具选择 4. 数控系统中加工参数的输入方法	中级
	(六)在线加工	1. 能够使用在线加工功能，运行大型加工程序	1. 加工中心的在线加工方法	高级

续表(二)

职业功能	工作内容	技能要求	相关知识	职业等级
四、工件加工	(一)平面加工	1. 能够运用数控加工程序进行平面、垂直面、斜面、阶梯面等的铣削加工,并达到如下要求: (1) 尺寸公差等级达 IT7 级 (2) 形位公差等级达 IT8 级 (3) 表面粗糙度达 Ra3.2 μm	1. 平面铣削的基本知识 2. 刀具端刃的切削特点	中级
		2. 能够编制数控加工程序铣削平面、垂直面、斜面、阶梯面等,并达到如下要求: (1) 尺寸公差等级达 IT7 (2) 形位公差等级达 IT8 级 (3) 表面粗糙度达 Ra3.2 μm	平面铣削的加工方法	高级
	(二)型腔加工	1. 能够运用数控加工程序进行由直线、圆弧组成的平面轮廓铣削加工,并达到如下要求: (1) 尺寸公差等级达 IT8 (2) 形位公差等级达 IT8 级 (3) 表面粗糙度达 Ra3.2 μm 2. 能够运用数控加工程序进行复杂零件的型腔加工,并达到如下要求: (1) 尺寸公差等级达 IT8 级 (2) 形位公差等级达 IT8 级 (3) 表面粗糙度达 Ra3.2 μm	1. 平面轮廓铣削的基本知识 2. 刀具侧刃的切削特点	中级
		3. 能够编制数控加工程序进行模具型腔加工,并达到如下要求: (1) 尺寸公差等级达 IT8 级 (2) 形位公差等级达 IT8 级 (3) 表面粗糙度达 Ra3.2 μm	3. 模具型腔的加工方法	高级
	(三)曲面加工	1. 能够运用数控加工程序进行圆锥面、圆柱面等简单曲面的铣削加工,并达到如下要求: (1) 尺寸公差等级达 IT8 (2) 形位公差等级达 IT8 级 (3) 表面粗糙度达 Ra3.2 μm	1. 曲面铣削的基本知识 2. 球头刀具的切削特点	中级
		2. 能够使用加工中心进行多轴铣削加工叶轮、叶片,并达到如下要求: (1) 尺寸公差等级达 IT8 级 (2) 形位公差等级达 IT8 级 (3) 表面粗糙度达 Ra3.2 μm	3. 叶轮、叶片的加工方法	高级

职业功能	工作内容	技 能 要 求	相 关 知 识	职业等级
四、工件加工	(四)孔类加工	1. 能够运用数控加工程序进行孔系加工，并达到如下要求： (1) 尺寸公差等级达 IT7 (2) 形位公差等级达 IT8 级 (3) 表面粗糙度达 Ra3.2 μm	1. 麻花钻、扩孔钻、丝锥、镗刀及铰刀的加工方法	中级
		2. 能够编制数控加工程序相贯孔加工，并达到如下要求： (1) 尺寸公差等级达 IT8 级 (2) 形位公差等级达 IT8 级 (3) 表面粗糙度达 Ra3.2 μm 3. 能进行调头镗孔，并达到如下要求： (1) 尺寸公差等级达 IT7 级 (2) 形位公差等级达 IT8 级 (3) 表面粗糙度达 Ra3.2 μm 4. 能够编制数控加工程序进行刚性攻丝，并达到如下要求： (1) 尺寸公差等级达 IT8 级 (2) 形位公差等级达 IT8 级 (3) 表面粗糙度达 Ra3.2 μm	2. 相贯孔加工、调头镗孔、刚性攻丝的方法	高级
	(五)槽类加工	1. 能够运用数控加工程序进行槽、键槽的加工，并达到如下要求： (1) 尺寸公差等级达 IT8 (2) 形位公差等级达 IT8 级 (3) 表面粗糙度达 Ra3.2 μm	1. 槽、键槽的加工方法	中级
		2. 能够编制数控加工程序进行深槽、特形沟槽的加工，并达到如下要求： (1) 尺寸公差等级达 IT8 级 (2) 形位公差等级达 IT8 级 (3) 表面粗糙度达 Ra3.2 μm 3. 能够编制数控加工程序进行螺旋槽、柱面凸轮的铣削加工，并达到如下要求： (1) 尺寸公差等级达 IT8 级 (2) 形位公差等级达 IT8 级 (3) 表面粗糙度达 Ra3.2 μm	2. 深槽、特形沟槽、螺旋槽、柱面凸轮的加工方法	高级
	(六)配合件加工	1. 能够编制数控加工程序进行配合件加工，尺寸配合公差等级达 IT8	1. 配合件的加工方法 2. 尺寸链换算的方法	高级
	(七)精度检验	1. 能够使用常用量具进行零件的精度检验	1. 常用量具的使用方法 2. 零件精度检验及测量方法	中级
		2. 能对复杂、异形零件进行精度检验 3. 能够根据测量结果分析产生误差的原因 4. 能够通过修正刀具补偿值和修正程序来减少加工误差	3. 复杂、异形零件的精度检验方法 4. 产生加工误差的主要原因及其消除方法	高级

续表(四)

职业功能	工作内容	技 能 要 求	相 关 知 识	职业等级
五、维护与故障诊断	(一)加工中心日常维护	1. 能够根据说明书完成加工中心的定期及不定期维护保养,包括:机械、电、气、液压、数控系统检查和日常保养等	1. 加工中心说明书 2. 加工中心日常保养方法 3. 加工中心操作规程 4. 数控系统(进口、国产数控系统)说明书	中级
		2. 能完成加工中心的定期维护保养	5. 加工中心定期维护手册	高级
	(二)机床故障诊断	1. 能读懂数控系统的报警信息 2. 能发现加工中心的一般故障	1. 数控系统的报警信息 2. 机床的故障诊断方法	中级
		3. 能发现加工中心的一般机械故障	3. 加工中心机械故障和排除方法 4. 加工中心液压原理和常用液压元件	高级
	(三)机床精度检查	1. 能进行机床水平的检查	1. 水平仪的使用方法 2. 机床垫铁的调整方法	中级
		2. 能够进行机床几何精度和切削精度检验	3. 机床几何精度和切削精度检验内容及方法	高级

附录 B　HNC-22T/M 控制软件菜单

基本功能：	程序 F1	运行控制 F2	MDI F3	刀具补偿 F4	设置 F5	故障诊断 F6	DNC通讯 F7		显示切换 F9	扩展菜单 F10
编程与加工运行：	程序选择 F1	编辑程序 F2	新建程序 F3	保存程序 F4	程序校验 F5	停止运行 F6	重新运行 F7		显示切换 F9	返回 F10
运行控制：	指定行运行 F1				保存断点 F5	恢复断点 F6			显示切换 F9	返回 F10
MDI控制：	MDI停止 F1	MDI清除 F2		回程序起点 F4			返回断点 F7	重新对刀 F8		返回 F10
刀补设定：(车床F1为刀偏表)	刀库表 F1	刀补表 F2							显示切换 F9	返回 F10
设置：(铣床)	坐标系设定 F1	图形参数 F2	设置显示 F3	网络 F4	串口参数 F5	X轴清零 F6	Y轴清零 F7	Z轴清零 F8	显示切换 F9	返回 F10
(车床)	坐标系设定 F1	毛坯尺寸 F2	设置显示 F3	F4	网络 F5	串口参数 F6			显示切换 F9	返回 F10
坐标系设定：	G54坐标系 F1	G55坐标系 F2	G56坐标系 F3	G57坐标系 F4	G58坐标系 F5	G59坐标系 F6	工件坐标系 F7	相对值零点 F8		返回 F10
故障诊断：		运行统计 F2	预设统计值 F3			报警显示 F6	错误历史 F7		显示切换 F9	返回 F10
扩展功能：	PLC F1	蓝图编程 F2	参数 F3	系统信息 F4		注册 F6	帮助信息 F7	后台编辑 F8	显示切换 F9	主菜单 F10
PLC功能：	装入PLC F1	编程PLC F2	输入输出 F3	状态显示 F4			备份PLC F7		显示切换 F9	返回 F10
蓝图编程：	轮廓定义 F1	车削编程 F2	外形铣削 F3	型腔加工 F4	编辑文件 F5					返回 F10
系统参数：	参数索引 F1	修改口令 F2	输入权限 F3		置出厂值 F5	恢复前值 F6	备份参数 F7	装入参数 F8		返回 F10
后台编辑：		文件选择 F2	新建文件 F3	保存文件 F4						返回 F10

附录 C　TSG 工具系统

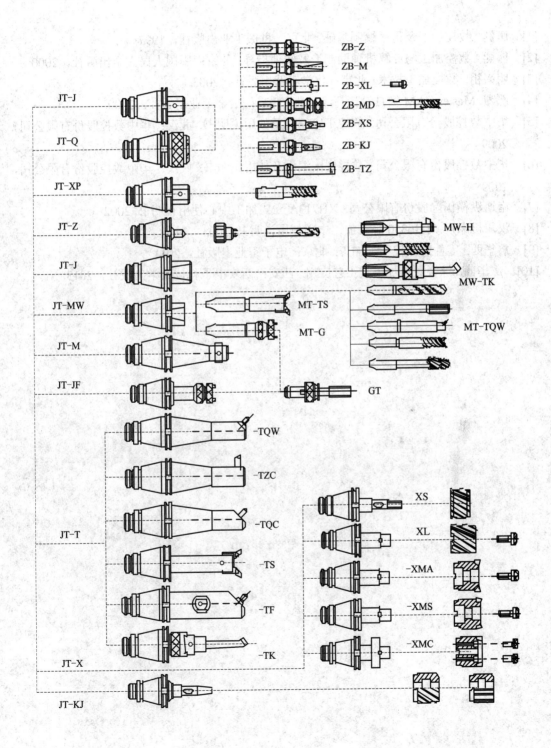

参 考 文 献

[1]　唐健. 数控加工及程序编制基础. 北京：机械工业出版社，1997

[2]　熊熙. 数控加工与计算机辅助制造及实训指导. 北京：中国人民大学出版社，2000

[3]　明兴祖. 数控加工技术. 北京：化学工业出版社，2003

[4]　严烈. Master CAM 模具设计超级宝典. 北京：冶金工业出版社，2000

[5]　华中数控股份有限公司. 数控车床编程及使用说明书. 武汉：华中数控股份有限公司，
　　　2009

[6]　华中数控股份有限公司. 数控铣床编程及使用说明书. 武汉：华中数控股份有限公司，
　　　2009

[7]　南通纵横国际股份有限公司. XH713A 立式加工中心使用说明书. 2002

[8]　汉川机床厂. TH6350 卧式加工中心使用说明书. 2003

[9]　詹华西. 零件的数控车削加工. 北京：电子工业出版社，2011

[10]　詹华西. 综合数控加工及工艺应用. 西安：西安电子科技大学出版社，2013